UFO
그리고 현실의 본질

외계 문명 접촉을 위한 안내서

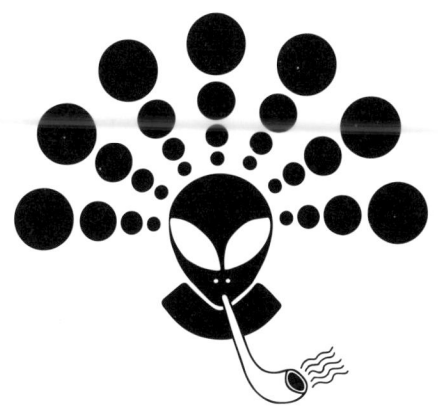

람타

옮긴이: 유리타
감　수: 유석준

UFO
그리고 현실의 본질

외계 문명 접촉을 위한 안내서

외계 의식의 이해
차원 간 마음
그리고 인류를 기다리는 미래

개정·증보판

JZK 퍼블리싱
JZK, Inc. 소속 출판부

UFO
그리고 현실의 본질
외계 문명 접촉을 위한 안내서

개정·증보판

Copyright © 1991, 2014 JZ Knight

표지 삽화: 멜리사 파이저
원본 사진: 파이프를 문 외계인 크롭서클 (레베카 카페지오 제공)

한국어판 저작권과 판권은 람타 깨달음 학교와 유희준 독점 계약으로 인하여 유리타(유희준)가 소유하며 아이커넥에서 2025년 독점 출판합니다. 저작권법에 따라 한국 내에서 보호를 받는 저작물이므로 JZK, Inc의 자회사인 JZK Publishing과 아이커넥의 사전 허락 없이 어떠한 형식으로도 무단전재와 무단복제를 금지합니다.

이 책은 1991년 Indelible Ink Publishing/주디 포프 코틴(Judi Pope Koteen)이 JZ 나이트(JZ Knight)의 라이선스를 받아 초판을 출간한 『UFO와 현실의 본질』의 개정·증보판입니다.

책에 나오는 내용은 Ramtha Dialogues®, 자기 테이프 그리고 콤팩트 디스크에 녹음된 일련의 가르침을 바탕으로 한 것이며, JZK, Inc의 제이지 나이트 허용하에 미국 저작권법에 등록되었습니다.

『UFO 위에서 내려온 침입자들』 (오디오-199, 1988년 7월 24일. ℗ 1988 JZ Knight)
『UFO 차원 간 이해와 접촉 만들기』 (오디오-204, 1988년 8월 11~14일. ℗ 1988 JZ Knight) 『람의 대작(Opus of the Ram)』 (2011년 9월 3일. ℗ 2011 JZ Knight)
Ramtha®, Ramtha Dialogues®, C&E®, Consciousness & Energy®, Fieldwork®, Neighborhood Walk®, Create Your Day®, Blue Body®, Become a Remarkable Life®는 모두 JZ 나이트(JZ Knight)의 등록 상표 및 서비스 마크이며, 허가를 받아 사용되었습니다.

람타의 가르침에 대한 더 많은 정보를 원하시면 아래로 문의하시면 됩니다.

Ramtha's School of Enlightenment
P.O. Box 1210,
옐름, 워싱턴주 98597, 미국
웹사이트: www.ramtha.com
ISBN: 978-1-57873-121-6

JZK 퍼블리싱
(JZK, Inc. 산하 출판부)
P.O. Box 1210
옐름, 워싱턴주 98597, 미국
전화: 360-458-5201/800-347-0439
웹사이트: www.ramtha.com

람타
UFO 그리고 현실의 본질

펴 낸 날 : 2025년 12월 12일 초판 1쇄
옮 긴 이 : 유리타
펴 낸 이 : 유희준
펴 낸 곳 : 아이커넥
등록번호 : 제251-2011-036호
등록일자 : 2011년 6월 1일
주　　소 : 경기도 용인시 수지구 수지로 41, 101-1503
　　　　　전 화 : 031-263-3591　팩 스 : 031-263-3596
인　　쇄 : 삼영애드컴 02-2267-7002
ISBN : 978-89-966710-5-3
판매정가 : 25,000원

무엇보다 중요한 것은,
당신이 어떠한 존재인지 아는 것이다.
타인을 이해하려 하기 전에,
먼저 당신 자신을 알아야 한다.
당신은 단순한 지구적 시각으로는
온전히 설명할 수 없는 존재이다.
당신은 존재의 본질이 되는
우주적 질서로 이루어져 있다.
이 본질은 흔히 신이라 불린다.
그것은 곧 의식이며,
에너지이자, 생명력이다.
그대의 지성과 지성을 펼칠 수 있는 능력은,
어떤 차원이나 별세계에 존재하는
어떠한 존재와도 다르지 않다.
당신은 이미 모든 것이 될 수 있는
열쇠를 지니고 있다.

- 람타

차 례

편집자 서문   13

제이지 나이트의 인사말   19

옮긴이의 글   27

제 1 부
지구에 존재하는 외계 종족들, 의식 그리고 차원 간 마음

람타의 서문: 수백만 년 동안 보존되어 온 진리의 씨앗을 들을 자격   33

당신의 의식은 이제 그들과 마주할 준비가 되었는가?   41

차원을 초월하는 언어: 집중된 생각과 차원 간 마음   49

이스터섬의 거인들과 만 년 전 인류의 진화를 이끌었던 스승들   57

오직 존재의 예술   75

고대 문명의 동굴 속에 감춰진 지식과 진리   83

접촉과 보존의 자격, 그 열쇠는 단순한 마음이다.   95

성간[1] 존재들과 차원 간 존재들, 그들의 비행선, 천사들 그리고 나의 백성   113

    그들의 거대한 함선, 불의 전차   121

    외계 종족들, 그들이 드러낸 형상과 목적, 그리고 인간이 지닌 자유의지   127

---

1) 성간(星間): 'interstellar'의 번역으로, 항성과 항성 사이의 공간을 뜻한다. 태양계처럼 하나의 항성계를 넘어, 별과 별 사이를 잇는 광대한 우주 영역을 가리킨다.

외계 개입과 고대 지혜 학교를 통한 인류 의식의 보존	137
모선 미리아 아문(Myria Amon), '은빛 생명체', 그리고 준비와 변화를 향한 부름	145
하늘에서 내려온 침입자들, 감정을 잃어버린 문명과 오직 과학에 집착하는 자들	155
종교라는 이름 뒤에 숨어 복종을 강요해 온 지배자들	169
제2차 세계대전과 일루미나티, 필라델피아 실험, 그리고 테슬라의 비밀	177
버려진 씨앗에서 다시 피어나는 새로운 희망	189
종교적 교리가 아닌, 진화를 위한 진리와 지식	197
작은 걸음으로 배우는 접촉의 기술	203

제 2 부
위대한 함대와 빛의 전쟁

지금 드러나는, 실질적 변화를 이끄는 핵심 요인들	215
정부의 비밀 지하 도시들	227
당신이 속한 은하수 영역	233
니비루, 그리고 당신을 만든 신들	239
대홍수 이후 나타난 다섯 인류 종족	253
하이 브라실(Hy Brasil)에서 온 사람들과 위대한 함대의 귀환	259
히틀러, 그레이들, 그리고 군산복합체와 거래를 맺은 전쟁 종족들	267
의지의 융합, 사랑의 힘, 그리고 함대의 개입	287

빛의 전쟁	299
달을 기울게 한 위대한 집결의 순간	305
인구 감축과 정치	313
신들의 행성, 태양, 그리고 새로운 시대의 서막	327

제 3 부

접촉과 미래를 위한 준비

위대한 정신을 위해 필요한 것들	343
개입과 접촉, 인간의 무지로부터 죽어가는 지구를 구하기 위한 시도	353
인류의 각성과 폭정에 맞선 행진	369
세상의 끝이 아니라, 당신과 함께하는 변화의 시작이다.	381
물질의 변성 (Transmutation), 자아의 승화 (Transfiguration)	391
집중의 예술과 C&E® 훈련: 의식적 접촉을 위한 안내서	409
접촉 창조를 위한 람타 민족의 우주선에 대한 설명	421

맺는말, 먼저 자신을 알라.	427
에필로그: JZ 나이트가 밝히는 설명, 람타의 크롭서클의 의미	435
용어 정리	441
람타 깨달음 학교에 대하여	447

편집자 서문

람타가 UFO와 외계 존재와의 접촉에 대한 가르침을 처음 전한 지 25년이 지났습니다. 람타의 메시지는 UFO 현상에 대한 전통적이거나 대중적인 설명과는 뚜렷하게 구별됩니다. 그는 외계 존재들의 본질과 목적을 다루면서, 사람들 안에 자리한 미신과 두려움, 분리감, 그리고 첨단 기술을 지닌 존재들 앞에서 느낄 수 있는 열등감이나 숭배심마저 걷어냅니다. 람타는 인간 존재가 지닌 고유한 본성과, 단순한 접촉을 넘어 오래도록 준비되고 세심히 설계된 위대한 미래에서 인간이 차지하는 중요한 역할을 강조합니다. 이는 '차원 간 마음(Interdimensional Mind)'이라는 관점에서 설명됩니다.

람타가 지난 40년 세월 동안 전해온 메시지는 변함없고 강력합니다. "당신은 모두 신이다. 무한한 가능성이 열려 있는 양자장에서 현실을 창조하는 존재다. 당신은 모두 미지의 세계를 드러내고, 알지 못했던 것을 알기 위해 떠나온 탐험과 진화의 길 위에 선 외계의 존재다."

이번에 새롭게 개정되고 대폭 확장된 도서 **『UFO 그리고 현실의 본질』**은 람타가 1988년에 전한 핵심 가르침인 『하늘로부터의 침입자들(Raiders from Above)』, 『UFO 차원 간 이해와 접촉(Interdimensional Understanding and Making Contact)』, 그리고 23년 후인 2011년에 전달된 예언적 메시지 『람의 대작(Opus of the Ram)』을 포함합니다. 이 책은 세 가지 가르침을 유기적으로 통합하고 보완하는 것을 목표로 구성되었습니다. 람타의 외계 존재와 차원 간 의식에 관한 가르침이 더 입체적이고 통합된 형태로 제시되며, 다음과 같은 부문으로 새롭게 구성되었습니다.

제1부: 지구의 외계 종족들, 의식 그리고 차원 간 의식

제2부: 위대한 함대와 빛의 전쟁

제3부: 접촉과 미래를 위한 준비

람타는 가르침을 통해, 인류 문명이 이제 개인 안에 잠재된 힘을 자각해야 할 때가 되었음을 일깨웁니다. 그는 지구 변화와 지구가 직면한 다양한 도전을 통찰하며, 고대 지혜 학교들이 전해온 본질적 진리가 더 이상 종교적 맹신이나 미신의 영역에 머무르지 않고, 새로운 이해의 틀 속에서 받아들여질 수 있는 시점에 이르렀다고 설명합니다. 이러한 인식의 전환은 신경과학, 유전학, 그리고 양자물리학 등 현대 과학의 눈부신 발전 덕분에 가능해진 것입니다.

람타는 눈에 띄지 않게 숨어서 오랫동안 인류의 자유의지를 억압해 온 외계 종족들의 존재를 드러냅니다. 동시에 우리를 깊이 사랑하며 진정한 동료이자 가족으로 여기는 외계 존재들을 소개하며, 그들이 지금 이 거대한 변화의 시기에 인류를 돕고 있음을 분명히 강조합니다. 또한 그는 '위대한 작업(The Great Work)'이라 불리는 훈련법을 통해 외계 존재들과 의식적으로 소통할 수 있는 구체적 방법과 더불어, 이를 실현하는 데 요구되는 올바른 마음가짐과 내적 태도에 대해서도 상세히 설명합니다.

예로부터 깨달은 스승들은 인류가 맞이하게 될 미래가 단지 과거의 반복이 아니라, 새로운 문명의 도래임을 예고해 왔습니다. 람타 역시 이 책을 통해 밝힙니다. 인류의 미래에는 고도로 발달한 문명과 뛰어난 지성을 지닌 존재들과의 만남이 포함되어 있으며, 이 존재들은 오랜 세월에 걸쳐 인류에게 유전적 요소와 지식, 지혜를 나누며 진화하는 데 기여해 왔습니다. 람타

편집자 서문

는 인류가 앞으로 맞이하게 될 미래가 단순한 만남이나 교류를 넘어 전 지구적 의식의 변화와 창조적 각성의 시대로 나아가고 있음을 선언합니다. 지금 새로운 지구와 새로운 하늘이 수평선 위에 서서히 그 모습을 드러내고 있습니다. 세계 곳곳에서 서로 다른 문화와 신념을 지닌 자들이 자기 생각이 지닌 창조적 힘을 자각하고, 자연과 모든 생명과의 본질적 연결성을 깨닫기 시작했습니다. 이 거대한 흐름은 막을 수도, 감출 수도 없는 진실이며, 인류가 반드시 지켜내야 할 소중한 자산입니다. 우리는 지금, 오랜 세월 동안 기다려온 '찬란한 아침', 곧 집단적 깨달음의 순간을 마침내 맞이하고 있는 것입니다.

하이메 리알-아나야 & 패트리샤 리치커
JZK 출판 편집자

제이지 나이트의 인사말:

1988년 유카밸리, 제이지 나이트 연설 중에서

"나는 이러한 경험들이 과연 다른 사람들에게도 실제로 일어나는 것인지, 조심스럽게 람타에게 질문을 던지기 시작했습니다. 이는 나 자신이 이미 그러한 경험이 있었기 때문입니다."

- 제이지 나이트

올해 1월, 나는 『커뮤니언』의 저자인 휘틀리 스트리버 씨와 대화할 기회를 가졌습니다. 그 대화는 오랫동안 잊고 지냈던 기억을 불러일으켰습니다. 내가 저술한 『마음의 상태(A State of Mind)』에서도 언급했듯이, 나는 열세 살 무렵 친구들과 함께한 파자마 파티에서 UFO를 목격한 적이 있습니다. 하지만 나를 포함한 네 명에게 무슨 일이 일어났는지는 오랫동안 전혀 기억나지 않았습니다. 그 신비로운 체험의 단편들은 무려 4년이 지나서야 서서히 떠오르기 시작했습니다.

사실 나는 그 일이 왜 내게 일어났는지를 람타에게 굳이 묻고 싶지 않았습니다. 그가 비행접시나 더 높은 존재들에 대해 이야기할 때도 별다른 흥미를 느끼지 못했지요. 내면 깊은 곳에서 기억을 마주하는 데에 대한 어떤 망설임이 있었던 것 같습니다. 람타는 언제나 질문을 던지면 반드시 답을 주는 존재였지만, 이상하게도 그 문제에 대해서만큼은 그에게 묻고 싶지 않았습니다. 그럼에도 나는 그 일이 단순한 사건이 아니라 분명히 어떤 깊은 의미를 지니고 있다는 것을 어렴풋이 느끼고 있었습니다. 지난 4년 동안 전화 통화를 하거나 직원들과 대화를 나누고 메모할 때면, 나는 무의식적으로 삼각형을 반복해서 그리곤 했습니다. 아무 생각 없이 종이에 낙서하듯, 그 조그만 메모지에는 어느새 삼각형이 가득 차 있었습니다.

휘틀리 스트리버 씨와 대화를 나누던 중, 그가 내게 처음으로 건넨 말은 이러했습니다. "람타를 채널링해 주셔서 정말 감사드립니다. 그는 시대를 초월한 위대한 스승이십니다. 진실을 인류에게 전하고 있으니까요. 이렇게 직접 감사의 말씀을 전할 수 있어 매우 기쁩니다." 나는 잠시 말을 아꼈고, 곧이어 조심스럽게 물었습니다. "그분이 위대한 스승이라는 것을 어떻게 아십니까?"

그는 다음과 같이 대답했습니다. "제 친구들이 그를 알고 있습니다. 그는 진실을 말하는 유일한 존재입니다." 그리고 그는 덧붙였습니다. "지금 나는 조용한 오두막에서 살고 있습니다. 필요한 것들은 모두 갖추어져 있으며, 이곳의 삶에도 잘 적응하고 있습니다. 하지만 세상과 거리를 두고 지내다 보니, 지금 지구에서 무슨 일이 벌어지고 있는지 또렷하게 보게 됩니다. 그러한 진실을 그토록 담대하게 말할 수 있는 이는 오직 람타뿐입니다."

나는 다시 물었습니다. "그런 이야기들이 진실임을 어떻게 확신하십니까?" 그는 대답했습니다. "제 친구들이 말해주었습니다. 그것이 그들이 이곳에 있는 이유 중 하나입니다."

휘틀리 스트리버 씨와 나눈 대화는 오랫동안 내 안에 묻혀 있던 기억을 불러냈습니다. 당시 나는 그 경험의 기억들이 책에 담기에는 너무 이질적이고 사적인 내용이라 판단하여 기록하지 않았습니다. 그러나 그의 말 한마디 한마디는 내 안에 잠들어 있던 감정과 기억을 다시 깨워주었습니다. 마침내 나는 조심스럽게 람타에게 물었습니다. "이러한 경험들이… 혹시 다른 이들에게도 일어날 수 있는 일입니까?" 이는 상상이 아니라, 분명히 내게 실제로 일어났던 일이었기 때문입니다. 람타는 단호하게 대답했습니다. "그렇다. 그것은 틀림없는 사실이다."

그 순간 우리는 마침내 UFO를 목격한 일에 관하여 이야기를 나누기 시작했습니다. 하지만 말이 채 끝나기도 전에 내 안에서는 알 수 없는 두려움이 서서히 밀려오기 시작했습니다. 숨이 가빠졌고, 온몸이 굳어졌습니다. 결국 더는 듣고 싶지 않다며 말을 멈추었습니다.

일주일이 지난 후, 나는 람타가 직접 UFO에 대하여 말하도록 하는 것이 가장 현명하다고 판단했습니다. 그들은 누구이며, 어디에서 왔고, 왜 이곳에 존재하는지, 그리고 이 모든 것이 단지 신화에 불과한 것인지 아니면 실제로 존재하는 진실인지를 말하도록 한 것입니다. 1988년 7월 24일, 우리는 워싱턴주에서 첫 번째 'UFO 데이'를 열었으며, 그날의 분위기는 실로 강렬하고 생생했습니다. 하지만 곧 람타가 의도적으로 많은 이야기를 하지 않았다는 사실을 깨달았습니다. 그날의 채널링 이후, 나는 한 번도 겪어본 적 없는 심한 두통에 시달렸기 때문입니다. 그 자리에 있던 많은 이들이 아직 그 모든 이야기를 받아들일 준비가 되어 있지 않았던 것입니다. 어쩌면 나 자신조차도, 내게 일어났던 일들을 온전히 마주할 준비가 되어 있지 않았던 것입니다. 돌이켜보면 그는 정말로 현명한 선택을 했던 것입니다.

그날 람타는 우리에게 많은 정보를 제공하며 납치와 관련된 다양한 내용을 설명해 주었습니다. 그날 강의의 제목은 "하늘에서 내려온 침입자들"이었습니다. 일부 궁금증은 해소되었으나, 여전히 많은 부분이 풀리지 않은 채 남아 있었습니다. 나는 남겨진 의문들이 언젠가 그의 가르침 속에서 다루어지기를 바랐습니다.

당신은 단순한 호기심을 넘어, 진리를 향한 열망과 한 걸음 더 나아가려는 의지에 이끌려 이 자리에 왔을 것입니다. 이 여정 속에서 그대는 이 세상에도 자신과 유사한 경험을 한 자들이 많다는 사실을 알게 되었을 것입니다. 그것은 단지 플레이아데스에서 왔다고 알려진 상위 존재들을 맹목적으로 숭배하려는 광신적 동기에서 비롯된 것이 아니라, 순수하게 '지식 그 자체'에 대한 갈망에서 출발한 것입니다. 나는 바로 그 점에서 당신이 이 자리에 와 있다는 사실을 매우 기쁘게 생각합니다. 신을 진정으로 알고자 한다면 반드시 알게 될 것이며, 그 열망이 진정성에 뿌리를 두고 있다면, 신들과의 접촉 역시 실현될 것이기 때문입니다.

바라건대 지식과 이해를 통해 우리 모두 - 나 자신을 포함하여 - 더 고차원적인 능력, '차원 간 이해'라 불리는 통찰을 얻게 되기를 바랍니다. 그것은 신들을 더욱 깊이 이해하도록 이끌고, 마침내 우리와 신들 사이에 올바른 접촉의 길을 여는 데 기여하게 될 것입니다. 적어도, 신들이 우리를 인식하고 있다는 분명한 징후나 확실한 현상을 목격하게 되기를 바랍니다. 그리고 언젠가 신들이 이렇게 말해주기를 소망합니다. "좋습니다. 우리는 알고 있습니다. 우리는 당신의 존재를 인식하고 있습니다."

최근 나는 람타로부터 매우 중요한 가르침 하나를 배웠으며, 이 가르침을 당신 또한 깊이 숙고해 보기를 바랍니다. 우리는 우리가 어떤 존재인가에 따라, 그에 상응하는 현실을 삶 속으로 끌어당기게 됩니다. 만일 우리 내면에서 결핍으로 인한 두려움을 만들어낸다면, 결국 그 두려움과 닮은 현실을 스스로 끌어들이게 됩니다. 하지만 더 많이 배우고, 깊고 구체적인 지식을 쌓아 갈수록, 우리 안에는 위대한 현실을 창조할 수 있는 능력이 함께 자라납니다. 그리고 우리가 그것을 이성적으로 이해할 뿐만 아니라, 영혼 깊숙이 '앎'으로써 체득할 수 있다면, 마침내 어떤 존재들과의 접촉도 가능해질 것입니다. 바라건대 우리는 신들과 소통하며 진정한 우정으로 나아가는 문을 열 수 있기를 바랍니다. 나는 우정이 한때 이 지구 차원에서 실제로 존재하였고, 평화롭게 유지되었다고 믿습니다.

언젠가 플레이아데스에서 온 존재가 우리와 함께 저녁 식사를 하게 될 것이라고 나는 보장할 수 없습니다. 그것은 내 능력 밖의 일입니다. 어쩌면 기대조차 하지 않는 편이 현명할지도 모릅니다. 이 여정의 본질은 구체적인 사건을 기대하는 데 있지 않습니다. 우리가 진정한 이해에 이르렀을 때, 그 이해로부터 경이로운 일이 자연스럽게 펼쳐질 것입니다.

우리는 조건화된 존재입니다. 태어나기 전부터, 그리고 태어난 이후로 - 나아가 수 세대에 걸쳐 - 우리는 일정한 방식의 사고와 감정, 인식을 내면 깊이 받아들여 왔습니다. 우리 문명은 특정한 수준의 지식과 감정, 다층적인 조건화, 그리고 오랜 전통 위에 세워져 있으며, 그 틀을 벗어나는 것을 본능적으로 거부하거나 낙인찍는 경향이 있습니다. 이러한 구조 속에서 우리가 기존의 경계를 넘어서는 체험을 하게 되면, '사람들이 나를 이상하게 보지 않을까?'라는 두려움이 거의 자동적으로 일어납니다. 우리는 길들여져 있으며, 실제로 많은 이들이 그런 반응을 보입니다. 이는 단지 개인의 문제가 아니라, 사회 전체를 지배해 온 조건화가 낳은 결과입니다. 우리는 친구나 가족에게조차 경계를 넘어선 체험을 털어놓지 못하고, 주변 사람들과도 깊은 대화를 꺼리게 됩니다. 결국 우리는 침묵을 선택함으로써, 스스로 그러한 반응을 내면화하고 반복하는 악순환에 머무르게 됩니다. 이 두려움은 어디에서 비롯된 것일까요? 그것은 오랜 세월과 수많은 세대를 거쳐 축적되어 온 집단적 조건화의 산물이며, 우리의 인식 구조 깊은 곳에 뿌리내리고 있는 것입니다.

세상에는 실제로 존재하지만, 여전히 미지로 남아 있는 수많은 사실들이 있습니다. 그것들은 우리가 '문명'이라 부르는 인식의 틀 안에는 맞지 않습니다. 기존 문명의 체계로는 설명하거나 받아들이기 어렵습니다. 하지만 많은 사람들이 한계를 직감하고 있습니다. 하늘에서 UFO를 목격한 사람들이 얼마나 많은지 아십니까? 그런데 대부분 그것에 대해 말하려 하지 않습니다. 왜일까요? 그런 이야기를 꺼내는 순간, 조롱받거나 사회로부터 소외될 것이 분명하기 때문입니다. 만일 우리가 모두 깨어나 "나는 지금껏 믿을 수 없다고 여겨졌던 모든 진실을 알고 싶다."라고 선언할 수 있다면 우리를 막을 수 있는 존재는 아무도 없을 것입니다.

    미지의 세계를 향하여.

− 제이지 나이트

옮긴이의 글

지난 몇 년간 나는 모든 일을 내려놓고, 아무것도 하지 않는 고요 속에 머물렀다. 그 고요는 어느새 나를 본래의 자리로 데려다주는 길이 되었다. 그러던 어느 날, 명상 중에 오래전 멈춰 둔 한 목소리가 다시 문을 두드렸다. 건강상의 이유로 중단했던 람타의 『UFO 그리고 현실의 본질』 - "이제 다시 시작하라." 조용하지만 분명한 부름이었다.

그날부터의 번역은 업무가 아니었다. 내 안의 신념과 감각을 새로 정렬하는 과정이었고, 의식의 기록이자 내면의 연금술처럼 느껴졌다. 매 순간이 명상이었고, 한 문장을 옮길 때마다 오래된 껍질이 떨어져 나가고 새로운 통찰이 스며들었다.

이 책을 대할 때 내가 스스로에게 던진 질문은 단순했다. "이 내용이 진짜일까?"가 아니라 "이 말이 나를 어떻게 바꾸는가?" 그렇게 묻기 시작하자, 사실과 허구의 경계는 중요하지 않았다. 결국 "이 책이 사실인가?"라는 질문의 답은 우리가 어떤 의식 상태로, 얼마나 준비되어 있는가에 달려 있음을 알게 되었다. 깊이 질문하고 숙고하며, 그 안에서 나만의 진실을 찾으려는 태도야말로, 진정한 깨달음의 여정이 시작되는 첫 발걸음이니까.

솔직히 말하면, 이 책에서 람타가 전하는 내용은 급진적이고 도전적이다. 외계 문명, 태양의 정화, 고등 존재들의 전쟁, 인간의 신성한 본질…익숙한 과학적 세계관이나 종교적 관점과 충돌할 수 있다. 그래서 모든 것을 한 번에 받아들이기는 쉽지 않을 것이다. 그럼에도 불구하고, '이 이야기가 왠지 진실처럼 느껴지는 사람들'이 점점 많아지고 있다는 사실 또한 부정할 수 없다.

세상은 이제 눈에 보이는 것만으로 다 설명되지 않는다. 많은 이들이 직관과 경험을 통해 보이지 않는 세계, 더 높은 의식, 존재의 목적을 진지하게 탐구하고 있다. 그 흐름 속에서 이 책은 선구자적 메시지, 새로운 인식의 불씨가 되어 줄 것이라 믿는다.

나에게 이 책의 진위 여부보다 더 선명하게 다가온 것은 메시지 그 자체다. "인간은 신적 존재다." "의식은 현실을 창조한다." "두려움 대신 사랑과 책임을 선택하라." 우주선의 존재 여부와 무관하게, 이 문장들은 인류의 진화를 향한 위대한 부름처럼 내 안을 흔들었다. 그러므로 이 책이 사실이든, 하나의 비유이든, 그 안에서 진리를 감지한 당신의 감각은 결코 가볍지 않다. 나 또한 번역하는 동안 수없이 멈추고 다시 읽으며 질문을 되뇌었다. 처음엔 낯설던 문장들이 어느 순간 내면의 울림으로 다가왔고, 그 울림은 '진실이란 무엇인가'에 대한 나의 기준을 서서히 흔들었다.

혹시 이 책이 낯설고 과격하게 느껴진다면, 그건 자연스러운 일이다. 어쩌면 그것은 당신의 내면이 더 깊은 진실을 알아차릴 준비를 이미 시작했다는 신호일지도 모른다. 믿음은 강요할 수 없지만, 질문은 언제나 초대될 수 있다. 책을 덮고 난 뒤 마음속에 단 하나의 질문이 남는다면, 그 질문을 붙들어 달라. 언젠가 그 질문이 당신의 길잡이가 되어 줄 것이다. 만약 이 책이 당신 안에 새로운 질문 하나를 일으켰다면, 나의 여정은 이미 충분히 보상받았다. 그리고 그것은 곧, 여기서부터 다시 시작하자는 조용한 약속일 것이다.

감사합니다.

유리타
2025년 10월

제1부

지구에 존재하는 외계 종족들,
의식 그리고 차원 간 마음

람타의 서문:

수백만 년 동안 보존되어 온 진리의 씨앗을 들을 자격

"이 지식은 언젠가 당신이 하늘을 올려다볼 때, 두려움 없이 그것을 바라볼 수 있도록 이끌 것이다. 그것을 숭배하지도, 자신을 특별하게 여기지도 않으며, 오직 그것과 나누고자 하는 깊은 갈망만이 남게 될 것이다. 갈망이 당신 안에 깊이 뿌리내릴 때, 비로소 그 문이 당신 앞에 열릴 것이다."

- 람타

내 존재의 주 하나님으로부터,
신의 영광에 이르기까지,
영원한 실재를 향하여,
생명의 숨결이라 불리는 그것을 향하여,
내게 그 숨을 쉬게 하시고,
내게 그 본질을 알게 하시며,
내게 그 진리를 살아내게 하소서.
그러하리라(So be it).

당신은 비범한 진리를 배우기 위해 이곳에 왔다. 묻노니, 당신은 과연 '진리'가 무엇인지 아는가? 진리란 각자의 삶 속에서 체험되고, 각자의 고유한 방식으로 이해되는 주관적 경험이다. 그러므로 사람마다 진실이라 여기는 것이 서로 다를 수밖에 없다. 오랜 세월과 수많은 문명의 흐름 속에서 '진리의 씨앗'이라 불리는 깨달음을 은밀히 전승해 온 이들이 있었다. 그들은 진리를 아무에게나 전하지 않았다. 모든 이가 그것을 받아들일 준비가 된 것은 아니었기 때문이다. 지식 또한 합당한 자격을 갖춘 이에게만 비로소 주어지는 법이다. 단지 이곳에 있다는 이유만으로, 혹은 비용을 내고 먼 길을 왔다는 이유만으로 자신을 구도자로 여긴다고 해서 곧바로 자격이 부여

되는 것은 아니다. 진정으로 진리의 씨앗을 수용할 자격은, 오직 자기 삶 속에서 자신의 진리를 확장하고, 깊이를 더해 온 사람에게만 주어진다.

어느 누구도 당신에게서 진리를 감추지 않는다. 진리를 온전히 수용하기 위해서는 자격을 갖추는 과정이 필요하며, 그 자격에는 분명한 조건이 따른다. 이곳에 있는 사람들 중에도, 실상은 아직 그 자격을 갖추지 못한 이들이 존재한다. 이는 진리가 당신의 사유나 기대에 맞추어 임의로 재단될 수 있는 것이 아니라, 그 자체로 존재하는 객관적인 진실이기 때문이다. 그러나 일부는 진리를 자기 입맛에 맞게 해석하려 들며, 혹자는 자신을 특별하게 보이거나 과시하기 위한 수단으로 진리를 이용하려 한다. 진리는 결코 그러한 목적을 위해 주어지는 것이 아니다. 또한 어떤 이들은 진리를 종교나 교리의 형태로 구축하고자 한다. 그들은 표면적으로는 진리를 따르는 듯 보이나, 여전히 진리와 거리를 두고 관조할 뿐이다. 진리는 종교도 아니며, 교리도 아니다. 내가 전하고자 하는 가르침은 그 어떠한 틀에도 속하지 않는다. 종교란 본디 사람들이 이해하기 어려운 신비한 현상을 자신이 받아들일 수 있는 방식으로 해석하려는 시도일 뿐이며, 때로는 알 수 없는 두려움을 덜기 위해 만들어낸 심리적 장치에 지나지 않기 때문이다.

당신은 지금 '차원 간 마음'에 대해 알고자 이곳에 왔다. 진정으로 이해하려면, 가능성이 이미 당신 안에 존재해야 한다는 사실을 알고 있는가? 차원 간 마음을 갖기 위해서는, 주관적인 시각에서 벗어나 객관적인 사고를 배워야 한다는 점을 이해하고 있는가? 위대한 의식과 연결되려면 당신 자신이 먼저 그 의식 수준에 이르러야 한다는 점을 명심하라. 그렇다면 어떻게 해야 지금의 사고방식에서 벗어나, 완전히 낯선, 말 그대로 외계적인 시각으로 사물을 이해할 수 있을까? 당신은 수백만 년에 걸쳐 전해 내려온 진리의 씨앗을 알기 위해 이곳에 왔다. 진리를 온전히 받아들이기 위해서는 그에 걸맞은 자격이 필요하다. 자격을 갖추려면, 당신이 세상을 바라보는 방식 자체를 완전히 바꾸어 추상적이고 보편적인 관점에서 바라볼 수 있어야 한다. 만일 진리를 개인적인 기준으로만 해석하려 한다면, 당신의 현실은 자신의 주관 속에 갇히게 될 것이다. 그렇게 되면 당신은 보편적 지혜에서 멀어지게 된다. 지혜를 얻는 길은 소수만이 도달할 수 있는 여정이다. 이 여정에 이르기 위해서는 마땅한 자격을 갖추어야 하며, 그 자격은 지식을 객관적인 시각으로 받아들이려는 내적 노력에서 비롯된다.

내가 어떻게 이번 생은 물론 수백만 년 동안 주관적이고 자기중심적인 태도로 살아온 당신을 단 하루 만에 완전히 바꿔 놓을 수 있겠는가? 어떻게 하면 당신이 외계인처럼 생각하도록 만들 수 있겠는가? 외계인처럼 사고할 수 있어야만, 그들과 진정한 접촉이 가능하기 때문이다. 그렇지 않다면 당신은 오히려 그들의 피해자가 되고 만다. 이 자리에 있는 이들 가운데에도 실제로 접촉을 경험하고서도 기억하지 못하는 이들이 있다. 경험을 이해할 수 있는 정신적 역량이 부족하였기에, 단지 도구로 이용되었을 뿐, 진정한 대화나 소통은 전혀 이루어지지 않았다. 잘 들어보라. 내가 당신을 이끌어 "신은 내 안에 있다"라는 말을 진심으로 인정하고 받아들이게 하는 데에도 무려 10년의 세월이 걸렸다. 그런데도 여전히 많은 이들이 그것을 온전히 받아들이지 못하고 있다. 당신이 신적인 존재라는 사실조차 쉽게 받아들이지 못한다면, 어떻게 의식을 확장하여 추상적으로 사고할 수 있는 존재가 될 수 있겠는가? 어떻게 신과 같은 수준의 의식을 지닌 존재와 연결될 수 있겠는가? 그것은 반드시 갖추어야 할 조건이다. 그렇지 않다면, 당신은 앞으로 펼쳐질 장엄하고도 놀라운 일들을 단지 구경만 하게 될 뿐, 여정의 주체가 되지는 못할 것이다.

지금 나는 당신을 가르쳐야 한다. 나의 일은 당신이 더 이상 피해자나 가해자의 시각으로, 또는 두려움과 개인적 집착, 자기 과시의 태도로 생각하지 않도록 돕는 것이다. 차원을 넘어 소통할 수 있는 사고력을 지닌 존재로 변화하도록 이끄는 것이다. 그렇다면, 어떻게 당신을 그렇게 변화시킬 수 있겠는가? 지극히 단순하다. 당신이 진심으로 원해야만 가능하다. 정말로 원해야 한다. 개인적인 목표가 삶의 중심이 아니라는 사실을 스스로 인식할 만큼, 자신만을 위한 목적이나 야망이 더 이상 중요하지 않다고 느껴질 만큼, 이 여정이 단순한 장식이나 자랑거리가 아님을 깨달을 만큼 말이다. 당신은 의식의 거대한 도약, 곧 진화의 비약을 이루어야 한다. 그래야 비로소 '그들처럼 존재할 수 있는' 상태에 이를 수 있다. 이제 한 가지를 반드시 기억하라. "당신은 자신의 의식 상태에 따라 현실을 창조한다." 당신의 진실은, 당신이 진실을 어떻게 이해하느냐에 따라 달라진다. 결국 당신은 자신이 인식하고 믿는 진실, 당신의 의식 수준을 반영하는 현실을 끌어당기게 된다. 중요한 것은 당신 철학의 진실이 아니라, 당신 의식의 진실이다. 철학의 진실은 아무런 의미가 없다. 지금 내가 말하고 있는 진실은 당신이 실제 삶 속에서 찾아낼 수 있는 진실이다.

당신은 결국 자신과 비슷한 것을 끌어당기게 된다. 이 원리는 지금 우리가 살고 있는 이 세계에서부터 더 높은 일곱 번째 차원에 이르기까지 똑같이 작용한다. 차원을 넘어서는 깊은 깨달음 속에서도 이 법칙은 여전히 유효하다. 어떤 이는 단지 차원 너머의 현상을 멀리서 보기만 할 것이고, 어떤 이는 직접 체험한다. 그리고 아주 소수만이 실제로 존재들과 교류할 수 있다. 그들이 먼저 당신에게 다가올 수는 없기 때문이다. 당신 의식 안에 그들과 연결될 수 있는 길이 아직 만들어지지 않았기 때문이다. 오직 길이 먼저 열릴 때만 진정한 만남이 시작된다.

깨달음의 길이란 무엇일까? 그것은 실제로 어딘가를 향해 걸어가는 물리적인 길이 아니다. 깨달음이란 우리의 의식을 넓혀, 지금은 알지 못하는 것들과 연결될 수 있도록 마음을 여는 과정이다. 익숙한 사고의 틀에서 벗어나 전혀 다른 존재처럼 생각할 수 있을 때, 비로소 미지의 세계와 연결될 수 있다. 당신의 의식이 어떤 상태에 있느냐에 따라, 당신이 살아가는 현실도 그에 맞춰 형성된다. 이것은 단순하면서도 매우 중요한 원리이다. 이 원리는 단지 개인적인 삶에만 국한되지 않는다. 우리가 '이상하다'라거나 '기묘하다'라고 느끼는 많은 것들도, 사실은 우리가 아직 잘 알지 못하는 '미지의 것'들이기 때문에 그렇게 느껴질 뿐이다. 나는 이 점을 분명히 해두고 싶다. 나는 당신의 현실을 대신 바꿔줄 수 없다. 나에게는 그런 힘이 없다. 나는 강력한 존재이며 많은 일을 할 수 있지만, 당신의 현실을 바꿀 수는 없다. 내가 할 수 있는 일은 단지 변화의 계기를 만들어주는 것뿐이다. 그리고 당신 자신이 실제로 변화를 경험해야 한다. "나는 배우고 싶어요."라고 말하는 사람도, 지식을 받아들이는 사람도, 그리고 경험을 통해 보상을 얻는 이도 바로 당신이다.

의식이 확장되면 우리는 더 이상 제한된 현실에 갇혀 있지 않게 된다. 의식은 넓어지고, 무한한 가능성을 품게 된다. 나는 당신을 그렇게 만들 수 없다. 나는 당신에게 차원을 넘나드는 의식을 대신 열어 줄 수도 없다. 내가 할 수 있는 일은 당신에게 지식을 전하고, 방법을 알려주는 것뿐이다. 주관적 사고에서 벗어나 객관적 사고로 전환하는 그 '스위치'는 당신이 직접 켜야 한다. 어느 누구도 대신해 줄 수 없는 일이다. 당신이 여전히 "나는 신적인 존재가 아니다."라고 믿는다면, 내가 아무리 "당신은 신적인 존재다."라고 말해도 당신이 깨닫지 못하는 것과 같다.

당신의 의식은 이제
그들과 마주할 준비가 되었는가?

"당신이 외계인의 시각으로 사고하려면, 어떻게 해야 할까? 그들과 접촉하려면, 먼저 그에 합당한 의식의 자격이 갖추어져야 한다." "그리고 이것 하나는 반드시 기억하라. 당신은 자신의 의식 수준에 따라 현실을 창조한다."

- 람타

의식과 에너지에 대한 가르침을 통해, 당신의 삶은 한층 더 풍요로워질 것이다. 에너지가 바뀌면, 삶 속에서 놀라운 일들이 일어나기 시작한다. 변화는 과거에 머물러 있는 상태에서는 절대로 일어나지 않는다. 그것은 오직 '지금, 이 순간', 영원의 자리에서 온전히 존재할 때만 가능하다. 그리고 에너지가 당신을 통해 흐르기 시작하면, 당신은 영원한 존재로 살아가게 된다. 그 결과 병이 치유되고, 기쁨이 찾아오며, 꽃이 피고, 벌이 꿀을 만들기 시작한다. 삶은 더 이상 고된 진리 추구의 여정이 아니다. 세상 구석구석을 뒤지며 진리를 찾아 헤맬 필요도 없다. 진리가 이미 당신 안에 있기 때문이다. 행복도 마찬가지다. 외부에서 구해야 할 것이 아니라, 당신 안에서 자연스럽게 피어나는 것이다. 여성은 누군가에게 의지하거나 보호받기를 바라는 존재가 아니다. 진정한 안정감은 이미 그녀 안에 있기 때문이다. 남성 또한 가장이라는 역할을 통해 자신의 힘과 가치를 증명할 필요가 없다. 가장 위대한 존재, 신이 이미 그들 안에 존재하기 때문이다. 나는 이 말을 전할 수 있어 매우 기쁘다. 기쁨은 당신이 태어날 때부터 지니고 온 신성한 유산이다. 그러하리라(So be it).

　당신은 이곳에 단순한 의식을 배우기 위해 온 것이 아니다. 외계 의식을 이해하기 위해 온 것이다. 소위 침입자들이 누구이며, 그들의 본질이 무엇인지, 그리고 혹시 당신 역시 그들에 의해 유혹당한 적은 없는지를 살펴보기 위해서이다. 이 자리에 있는 이들 가운데 실제로 그런 경험을 한 사람도 적지 않다. 그러나 나는 지금 이 자리에서 모든 것을 말해줄 수는 없다. 당신이 진실을 받아들일 준비가 아직 되어 있지 않기 때문이다. 당신들 중에는 아직 의식적으로 충분히 성장하지 못한 이들이 있다. 의식 수준은 낮고, 감정은 불안정하며, 쉽게 광신적인 상태로 빠져든다. 감정 기복이 심하고, 매우 예민하며, 사소한 자극에도 과도하게 반응한다.

이러한 상태에 있는 이들은 본질적으로 당신과 완전히 분리된 의식 구조를 지닌 존재들이며, 그들의 방식과 실체 - 외계 침입자들의 본질 - 를 온전히 이해할 수 없을 것이다.

또 한편으로, 감정적으로 불안정하지 않고 쉽게 흥분하지 않는 이들도 있다. 이들은 대체로 하늘의 별을 바라보며 진리를 탐구하는 이들이다. 그러나 이들 역시 다른 어려움에 직면한다. 이유는 자신이 추구하는 존재들에 대해 하나의 믿음 체계를 만들어내기 때문이다. "그들이 나에게 접촉해 왔다"라고 말하며 자신을 특별한 존재로 여기고, 그들을 숭배하며, 그들이 사는 세계가 지금 자신의 현실보다 훨씬 더 나은 곳이라 믿는다. 결국 이러한 믿음은 이렇게 말하게 만든다. "그들이 나를 고통에서 구원해 줄 것이다." 하지만 고통은 사실 당신 스스로가 만들어낸 것이다. 현실은 누군가가 대신 만들어주는 것이 아니다. 현실은 당신이 창조하는 것이다. 나는 그 존재들에 대해 더 많은 이야기를 할 수 없다. 또 다른 종교로 변질될 수 있기 때문이다. 그것은 내가 이 자리에 당신을 부른 이유가 아니다.

소수이긴 하지만 예리한 통찰을 지니고 스스로 중심을 잡는 이들이 있다. 이들은 자신만의 의식과 구원을 스스로 찾고자 하며, 이미 내면의 균형을 이루고 있다. 감정적으로 쉽게 흔들리지 않고, 어떤 독단적인 진리에 매몰되지도 않으며, 외계 존재들을 자신의 삶에서 더 위대한 존재로 숭배하거 당신의 의식은 이제 그들과 마주할 준비가 되었는가?

나 떠받들지도 않는다. 대부분 이들은 이미 외계 존재와 접촉한 경험이 있다. 이들은 본질적으로 안정된 존재이다.

당신이 접촉하고자 하는 존재들은 감정적으로 흥분하거나 맹목적으로 따르는 이들에게는 관심이 없다. 그들이 주목하는 것은 지식을 받아들일 수 있는 능력과 흔들리지 않는 내면의 힘, 그리고 본질적으로 영적인 통찰력을 지닌 독창적인 인간들이다. 그들은 과학적 이해에 대한 자연스러운 탐구심과 알고자 하는 욕구를 가진 이들에게 주목한다. '앎'은 그들 존재의 본질과 깊이 연결되어 있기 때문이다. 내가 말하는 존재들은 단 한 번의 예외도 없이 언제나 그런 자질에만 관심을 두었다. 한편, 이곳에는 다양한 교리와 갈등을 조장하려는 집단이 있다. 그러나 그 결과는 불행하게도 대부분의 인간이 과거에 시도한 폭정과 마찬가지로, 결국 방향을 잃고 실패로 끝나버렸다.

오늘 이 자리에 모인 당신에게 나의 형제들에 대해 이야기하려 한다. 사실 약간은 망설여지는 마음도 있다. 최대한 신중하고 조심스럽게 이 이야기를 전하려 한다. 이 자리에 모인 다양한 사람들을 고려하여, 당신 모두가 두려움이나 무지 속에 머물지 않도록 올바른 이해와 바른 지식을 전해야 한다고 생각한다. 하지만 그들의 존재를 진심으로 받아들일 수 있는 소수는 그들과 접촉하게 될 것이다. 그 소수의 사람은 자신을 꾸미거나 과장하지 않고, 있는 그대로의 모습으로 살아간다. 바로 그런 태도가 그들에게 자격을 부여한 것이다. 그래서 오늘 나는 하나의 통일된 집단이 아닌, 다양한 개성과 의식을 지닌 사람들 앞에 서 있기에 조심스러운 마음으로 이야기를 전하려 한다.

이 점을 염두에 두고, 당신이 아직 준비되지 않았기에 모든 것을 들을 수는 없다는 점을 이해해 주기 바란다. 이 자리에 있는 모든 이들이 경험하는 것도 아니다. 당신이 자신을 온전히 받아들이지 못하고, 내면의 길을 닦지 못했기에 아직 합당한 자격을 갖추지 못했기 때문이다. 오늘 나는 당신에게 많은 정보를 전할 것이다. 이 지식은 언젠가 당신이 하늘을 올려다보게 될 그날, 두려움 없이 그 진실을 마주하도록 도와줄 것이다. 숭배도 아니고, 자신을 특별한 존재로 여기는 마음도 아니다. 오직 함께 나누려는 순수한 마음뿐일 것이다. 그런 태도가 온전히 자리 잡을 때, 문이 당신 앞에 열릴 것이다. 오늘 당신이 얻게 될 지식은 매우 귀중하다. 오늘 당신이 얻게 될 지식은 이 차원의 관찰이 아니라, 더 높은 차원에서 전해지는 것이다.

나는 그들이 누구인지 알고 있다. 왜 이곳에 왔는지, 왜 오랫동안 머물러 있었는지도 안다. 그리고 그들 역시 내가 누구인지 분명히 알고 있다. 그래서 그들은 불가피하게 서로 조화를 이루며 함께 일하고 있다. 이 존재들은 성격이나 감정 구조 면에서 당신과는 본질적으로 다르다. 육체도 마찬가지다. 그들의 외형은 당신과 전혀 닮지 않았다. 만약 그들의 피부색이나 신체 구조 때문에 불편함을 느낀다면, 그것은 아직 배워야 할 것이 많다는 뜻이다. 내가 늘 말해왔듯, 진정한 아름다움은 눈에 보이는 외모가 아니라, 보이지 않는 본질에 있다. 육체는 단지 환경을 견디기 위해 주어진 유전적 그릇일 뿐이다. 오늘 내가 소개하려는 이 존재들은 흔히 '위대한 일꾼들'이라 불린다. 지금부터 그들에 대해 이야기하겠다.

마치 무한한 은하 세계가 존재하듯, 이 우주에는 셀 수없이 많은 존재와 형제들이 함께한다. 당신이 '은하수'라고 부르는 곳에도 100억 개가 넘는 태양이 있다. 그중 얼마나 많은 태양이 또 다른 우주이며, 또 얼마나 많은 별들이 자신만의 행성계를 거느리고 있을까? 그 수는 상상조차 어려울 만큼 방대하다. 그러므로 당신은 결코 혼자가 아니다. 각 행성계에는 고유한 종족이 존재하고, 그들 모두는 서로 다르고, 각자의 진화 여정 속에서 독자적인 당신의 의식은 이제 그들과 마주할 준비가 되었는가?

아름다움을 지니고 있다. 이 모든 사실을 고려한다면, 왜 지금 당신이 모든 것을 다 알 수 없는지 알아야만 한다. 어떤 이들에게는 이 말이 실망스럽게 들릴 수도 있다. 그러나 자격을 갖춘 이에게는 멋진 놀라움이 기다리고 있다. 당신은 이미 그(우주적 형제단) 일부였으며, 앞으로는 더욱 의식적으로 그 일부가 될 것이기 때문이다. 바로 이것이 '선택된 소수'가 존재하는 이유이며, 그들이 이곳에 있는 목적이기도 하다.

오늘은 그저 편안히 앉아 마음을 열고 듣기만 하면 된다. 듣는 그 순간부터 지식은 자연스럽게 당신 안으로 스며들 것이다. 당신이 얼마나 인내심을 갖고 주의 깊게 듣느냐에 따라, 내가 전하는 폭넓은 지식으로부터 당신은 많은 것을 얻게 될 것이다. 지식을 깨닫게 되면, 그동안 당신을 붙잡고 있던 무지와 그로 인해 생긴 두려움에서 자유로워질 수 있다. 당신은 진정한 내면의 힘을 되찾게 될 것이다. 내면의 힘 안에서라면 머리 위에서 어떤 일이 일어난다 해도 당신은 흔들림 없이 설 수 있을 것이다. 앞으로 실제로 당신 머리 위에서 많은 일들이 벌어질 것이기 때문이다. 오늘 이 자리는 지식을 받아들이는 시간이다. 당신이 해야 할 일은, 그저 조용히 앉아 집중하여 가르침을 듣는 것이다.

나는 오늘 A에서 B로 향하는 선형적 흐름을 따라 이야기를 전하려 한다. 지금까지 당신의 마음과 의식은 언제나 시간의 흐름, 곧 과거에서 미래로 이어지는 방향 속에서 작동해 왔기 때문이다. 당신은 세상을 이렇게 이해해 왔다. 무엇인가가 되어가는 과정, 즉 '무엇이 되려고 한다'라는 방식으로 말이다. 그래서 '당신은 이미 그러한 존재다'라는 사실을 받아들이는 것이 쉽지 않은 것이다. 그러나 내가 전하고자 하는 지식의 본질은 선형적인 것이 아니다. 나는 이 존재들을 단순히 과거의 환생이라든가, 미래를 위해 과거에 만들어진 존재라 정의할 수 없다. 그들은 오직 '지금, 이 순간'이라는 영원의 자리에서만 진정으로 존재한다. 그들의 지식 또한 과거에서 미래로 이어지는 선형적 방식으로 생성되지 않는다. 그런데도 당신에게 이 존재들을 설명하려면, 선형적 틀 안에서 말할 수밖에 없다. 당신은 그들을 시간의 순서 속에 놓고 바라보지 않고서는 그들이 어떤 존재인지 이해하기 어렵기 때문이다. 그러므로 지금 나는 그들의 목적, 즉 '주요 군대'라 불리는 선택된 소수의 핵심 집단의 과거와 현재, 그리고 미래에 대해 선형적인 방식으로 이야기하려 한다.

행진을 위하여.
이것은 새로운 군대다.
그러하리라(So be it).

차원을 초월하는 언어:
집중된 생각과 차원 간 마음

"우리가 이야기하고 있는 존재들은 놀라울 만큼 빛나는 존재들이다. 그들과 소통할 수 있는 유일한 길은, 마음을 여는 것이다."

- 람타

이 말들은 바로 당신의 언어다. 나는 하나의 생각을 전하기 위해 이 언어를 배웠다. 생각이 당신 안에서 살아 움직여, 직접적인 체험으로 이어지도록 하기 위함이다. 그러나 의식 안에는, 언어로는 담아낼 수 없는 훨씬 더 많은 것들이 들어 있다. 존재들은 당신처럼 말하지 않는다. 그들은 생각한다. 그러므로 당신은 생각을 배워야 한다. 생각에 집중하는 법, 생각을 다루는 법을 배우게 될 것이다. 생각이야말로 차원을 초월하는 언어이기 때문이다. 시간, 거리, 공간은 물론 모든 차원의 경계마저 넘어선다. 당신이 진정한 사고의 방식을 익히게 될 때, 차원과 차원을 잇는 마음이 열릴 것이다.

뇌를 제대로 사용하라. 자세를 곧게 세우고, 잠시 멈추어 진지하게 생각해 보라. 알려진 모든 것과 연결되려면, 결국 알고 있어야 하지 않겠는가? 그리고 '앎'은 말이 아니라, 생각을 통해 이루어진다. 당신의 생각이 진실 그 자체라면, 생각은 별들 사이를 가로지르는 길이며, 차원과 차원을 잇는 마음의 통로일 것이다. 모든 차원의 경계를 넘어서는 유일한 매개는 언제나 하나의 생각이다. 생각은 단어가 아니다. 단어는 생각이 지나간 뒤에 남는 흔적일 뿐이다. 때로 단어는 그 본래의 의미를 제한하거나 왜곡하기도 한다. 그러므로 이제 당신은 '생각하는 법'을 배우게 될 것이다. 밤하늘을 바라보며, 오직 하나의 생각으로 교감하는 법을 배우게 될 것이다. 생각이야말로 모든 장벽을 꿰뚫는 진정한 힘이다. 무언가를 말하고 싶고, 먹고 싶고, 입고 싶을 때, 당신의 크리스털이 하늘에서 그것을 불러올 수 있는가? 아니다. 미신도, 도덕적 신념도, 그들에 대한 단순한 관심도 그들을 불러오지 못한다. 오랫동안 그들을 연구했다고 해서, 한 번쯤 체험했다고 해서, 또 다른 체험이 저절로 주어질까? 그것도 아니다. 모든 것은 생각의 방식에 달려 있다. 생각은 마음의 언어이며, 본질적으로 객관적이다. 당신은 이기적으로 생각할 수 없다. 이기적인 것은 생각이 아니라 느낌일 뿐이다. 당신은 파괴적으로 생각할 수 없다. 이 또한 감정의 표현일 뿐, 생각 자체는 아니다. 생각은 언제나 순수하게 객관적이며, 그 생각을 주관적으로 바꾸는 것이 바로 감정이다.

그렇다면 내가 어떻게 당신을 일깨워 진정으로 '알게' 할 수 있을까? 나는 당신 마음 깊은 곳을 자극하여, 당신 스스로 깨닫도록 이끌 것이다. 하늘의 반대편에서부터 당신을 끌어올려, 단 하나의 생각을 통해 상위 존재들, 초월적 존재들, 더 높은 차원의 의식을 지닌 이들과 연결되게 할 것이다. 당신은 이제 '듣는 법'을 배워야 한다. 밖에서 들려오는 소리가 아니라, 내면에서 울려 나오는 소리를 들을 줄 알아야 한다. 머지않아 깨닫게 될 것이다. 진정으로 듣는다는 것이 곧 아는 것임을. 그것은 말로 표현되는 것이 아니다. 감각이며, 직관이며, 매우 섬세한 자각이다. 바람의 방향을 느끼고, 하늘의 흐름을 읽는 것처럼, 자연스럽게 다가오는 인식이다. 그것이 곧 앎이다. 이러한 방식으로 이루어지는 것이, '차원 간 이해를 통한 소통'(interdimensional understanding)이라 불리는 의사소통이다.

이 개념은 매우 추상적이어서 때로는 낯설게 느껴질 수도 있다. 그렇다면 과연 어떻게 의사소통을 이룰 수 있을까? 해답은 완전한 침묵 속에서 보내는 시간에 있다. 우리는 감각기관의 모든 작용을 차단한 채, 고요히 앉아 순수한 자각 상태에 머무르게 될 것이다. 바로 자각 상태를 배우는 것이야

차원을 초월하는 언어: 집중된 생각과 차원 간 마음

말로 당신을 연결하고, 참된 접촉을 가능하게 한다. 이 길은 오직 이와 같은 방식으로만 열리며, 다른 어떤 수단으로도 대체될 수 없다. 모닥불을 피우고, 십자가를 그리고, 손을 맞잡은 채 '옴'을 외친다 해도, 모든 의식적 행위는 본질적인 연결을 끌어내지 못한다. 당신이 이곳에 온 이유는, 주관적인 의식 수준에서는 결코 배울 수 없는 무엇인가를 배우기 위함이다. 배움은 반드시 객관적인 의식 상태에서 비롯되어야 한다. 이는 당신 내면에 잠들어 있는 신성(神性)이 깨어나 드러날 때야 비로소 가능해진다.

　이 모임은 객관적 의식을 지닌 존재들과 연결될 수 있는 마음의 상태를 배우는 자리다. 우리가 말하는 대상은 괴상한 외계 존재들도 아니며, 사소한 대화를 나누기 위해 오는 존재들도 아니다. 그들은 당신이 원한다고 해서 눈요기를 위해 변장을 하고 나타나는 자들이 아니다. 단 한 번의 에너지 방출만으로도 지구 전체를 뒤흔들어 우주 공간으로 내던질 수 있는 강력한 존재들이다. 우리가 지금 다루는 것은, 당신을 반갑게 맞아주고 싶어 안달난 친절한 존재들이 아니다. 또한 당신이 스스로 '자격이 있다'라거나 '그럴 만한 가치가 있다'라고 여긴다고 해서 찾아오는 존재들도 아니다. 우리가 말하는 존재들은 실로 눈부시게 진화한 자들이다. 탁월한 의식을 지닌 찬란한 존재들이다. 그들과 소통하려면 무엇보다 열린 마음이 필요하다. 그들이 보내는 내적 이미지나 직관적 신호와 같은 상징을 받아들이고, 미묘한 신호를 감지하고, 마음속에서 그들의 존재를 볼 수 있는 의식, 바로 그러한 자질을 갖춘 자만이 그들과 교류할 수 있다. 이 존재들은 오직 당신이 열린 마음과 내적 자질을 갖추었을 때만 당신과 대화할 수 있다.

　만남이 이루어지려면, 당신 스스로가 만남을 끌어당길 수 있는 상태가 되어야 한다. 그렇지 않다면 어떤 것도 내려오지 않는다. 그들은 더 크고 중대한 과업을 수행하고 있으며, 지금 이 순간에도 끊임없이 활동하고 있다.

단지 그들이 존재한다는 사실을 확인하고 싶다거나, 한 번쯤 우주선을 타보고 싶다는 헛된 바람으로는 그들을 만날 수 없다. 그들이 모습을 드러내는 유일한 이유는, 당신 안에 그들과 교감할 수 있는 이해력과 동등한 수준의 자질이 갖추어졌기 때문이다. 그 외에는 이곳에 머물 이유가 전혀 없다. 이 점을 분명히 알아두기를 바란다. 나 또한 그러하다. 내가 이곳에 있는 이유는 단 하나, 당신을 깨우고, 당신이 누구이며 어떤 존재인지를 알게 하기 위함이다. 원한다면 나는 언제든 나타나지 않을 수도 있다. 그들 역시 마찬가지다. 그들은 소통이 가능할 때만 온다. 그것이 다다.

차원 간 마음이란 당신의 뇌이자 몸이며, 척추이자, 단순히 '원하고자 하는' 열망 자체를 의미한다. 차원 간 만남이란 또한 당신 안의 어리석은 이상주의와 열린 마음을 가로막는 모든 미신적 사고가 제거된 마음이다. 열린 마음은 미신이나 두려움과는 아무런 관련이 없다. 종교와도, 성물이나 나이, 그리고 당신이 어디에 사느냐 하는 문제와도 전혀 무관하다. 모든 외적인 조건은 열린 마음과 아무 상관이 없다. 열린 마음이란 알지 못하는 것과 마주할 수 있는 능력이다. 만남이 어떤 형태로 다가올지, 무엇을 얻게 될지, 또는 어떤 모습으로 나타나야 하는지에 대한 어떤 기대도 없는 상태, 바로 그것이 열린 마음의 본질이다.

당신은 곧 충격을 받게 될 것이다. 왜냐하면 지금까지 당신이 알고 있던 이 우주 안에 어떤 존재들이 살아가고 있는지를 깨닫게 될 것이기 때문이다. 그리고 만약 이 우주 너머에 존재하는 생명체들을 마주하게 된다면, 당신은 그들을 '추하다'라고 느낄 수도 있다. 이유는 그들의 모습이 당신이 아름다움이라 여겨 온 기준과는 전혀 다르기 때문이다. 따라서 당신은 그들을 결코 경험하지 못할 수도 있다.

하지만 기억하라. 그들의 영혼은 신성(神性)과 다르지 않다. 그들은 완전한 존재이며, 사랑과 아름다움, 친절함과 지혜로 충만한 생명들이다. 우리가 지금 이야기하는 것은, 당신이 꿈속에서도 상상해 본 적 없는, 아직 꿈꾸어 보지도 못한 모든 것을 초월하는 의식이다. 나에게는 '신'이라 부를 수 있는 존재다. 그러나 당신에게는 모든 것이 낯설고, 어쩌면 추하고, 심지어 혐오스럽게 느껴질 수도 있을 것이다.

열린 마음은 차원 간 의식이 되기 위해 모든 고정된 생각과 신념들을 무너뜨려야 한다. '그리스도성(Christhood)'을 향해 나아가는 존재, 깨달음을 향해 나아가는 한 스승은, 단지 한 생애만을 위해 행하는 것이 아니다. 그는 모든 생을 위하여 그렇게 한다. 그는 스스로에게 주어진 한계와, 오래된 미신이 만들어낸 광기와 두려움, 그리고 온갖 제약을 하나하나 벗겨내고 모든 조건을 해체한다. 그렇다. 그는 알고 있다. 그는 자신이 영원한 근원, 하나님과 연결되어 있음을 알고 있다. 자신의 한계를 뛰어넘을 수 있다면, 그 연결은 모든 영원함과 차원 속에서 이어질 수 있다는 사실을 분명히 알고 있다. 요셉의 아들 예슈아는 차원 간 존재였다. 부처 아민도, 무함마드도, 그리고 나 역시 그러했다. 그 외에도 수많은 이들이 있었다. 그러나 깨달음을 향해 나아가는 것이 우리의 '목표'였던 것은 아니다. 단지 진화의 한 과정, 의식이 본래의 자리를 향해 나아가는 여정이었을 뿐이다.

당신은 지금의 현실에 머문 채 도달할 수 없다. 당신의 현실이 교리와 미신, 두려움, 그리고 세상은 이래야 한다는 고정된 이상주의로 가득 차 있다면 - 심지어 나에 대한 기대일지라도 - 모든 것을 내려놓지 않는 한 의식은 결코 확장될 수 없다. 의식이 확장되어야만, 비로소 그들을 받아들일 수 있는 이해가 열린다. 당신이 얼마나 위대한 존재인지를 진심으로 인식하는 순간, 당신은 자연스럽게 상응하는 존재들을 삶 속으로 끌어당기게 되기 때문이다.

이스터섬의 거인들과
만 년 전 인류의 진화를 이끌었던 스승들

"그들은 당신이 속한 은하계의 가장자리에서 노란 태양을 품은, 작은 먼지 같은 행성을 오랫동안 지켜보아 왔다. 왜냐하면 이곳에 깊이 관여해 왔기 때문이다. 이곳에 남겨진 이들은 고대 문명과 만 년 전 스승들의 씨앗이며, 후손들이다. 이들의 역할은 세대를 거쳐 이 땅의 사람들에게 진실을 전하고, 당신이 죽음을 택하거나 자멸의 길을 고집할 때마다 그 길에서 벗어날 수 있도록 돕는 것이었다. 그리고 지금도 여전히 그러하다."

- 람타

어느 섬에는 지금도 수많은 거대한 석상들이 줄지어 서 있다. 일부는 높이 20미터, 무게는 50톤에 달한다. 놀랍게도 모든 석상들은 하나같이 하늘을 올려다보고 있다. 이 조각상들은 각각 하나의 인간, 하나의 존재를 나타낸다. 진화의 마지막 단계에서 태양 너머로 나아갈 수 있었던 존재들이었다. 그들은 이것이 자신들이 지구에서 하게 될 마지막 일이라는 것을 알고 있었다. 그래서 그들은 자신의 모습을 바위에 새겨 넣었다. 영원히 자신이 누구였는지를 기억하기 위해 살아 있는 바위 위에, 존재의 흔적을 남긴 것이다. 우리가 죽은 자들을 기리며 비석을 세우듯, 그들은 자기 자신을 본뜬 석상을 세우며 이렇게 말했다. "아니, 나는 죽지 않았다. 나는 살아 있다." 그들의 형상은 하늘을 올려다보고 있고, 그들의 '생명의 책'은 지금도 발치에 놓여 있다.

바다 한가운데 있는 작은 섬에 대해 내가 들려줄 이야기가 있다. 이곳은 한때 더 큰 대륙에서 떨어져 나온 한 조각이었다. 석상들이 세워졌던 그 시절, 이 땅에는 돌을 캘 만한 채석장도 없었고, 목재로 쓸 만한 나무도 없었다. 덤불과 풀밭, 너른 초원이 펼쳐져 있었을 뿐이다. 또한 수많은 사람들이 살았던 것도 아니었다. 그저 몇몇, 소수의 사람만이 이 땅에 살고 있었다. 한번 생각해 보라. 그 많은 돌은 어디서 온 것인가? 무거운 석상들을 옮기기 위한 목재는 또 어디서 났는가? 거대한 석상들을 세우기 위해 동원된 인력은 어디서 왔는가? 당신이라면 이 질문에 답할 수 있는가? 좋다. 이 질문을 그대로 마음속에 담아 두라.

고원 위에는 동물들과 날개 달린 존재들의 형상이 놀랍도록 아름답고 정교하게 펼쳐져 있다. 누군가가 하늘에서 그대로 그려낸 듯한 모습이다. 실제로 그렇게 만들어졌다. 사람들은 어떤 종교적 의식의 일부였을 것이라 말한다. 하지만 나는 단호히 말한다. 그곳에는 종교라는 개념 자체가 존재하지 않았다. 그렇다면 묻겠다. 그 시대, 그 땅에서, 도대체 누가 그것들을 만들었으며, 어떻게 그렇게 놀라울 만큼 정확하게 만들어낼 수 있었던가?

이 세상에는 위대한 피라미드들이 존재한다. 어떤 것은 바닷속 깊이 잠겨 있고, 어떤 것은 대지 위에 우뚝 솟아 있으며, 그중 하나는 아직 손대지 않은 채 구름 속 어딘가에 숨겨져 있다. 그 피라미드는 놀라울 만큼 정교하게 다듬어진 돌로 이루어져 있다. 돌 하나하나가 마치 한 치의 오차도 없이 정확히 잘려, 완벽하게 맞물려 있다. 그 돌들이 나왔다는 장미색 화강암의 채석장은 어디에 있었는가? 주변 어디에도 채석장은 존재하지 않았다. 그리고 그 무거운 돌들을 옮기는 데 필요했을 거대한 나무들의 숲조차 존재하지 않았다. 그렇다면 그토록 거대한 석재들을 하나하나 들어 올려 정확하게 쌓아 올릴 수 있었던 힘은 과연 무엇이었을까? 게다가 구조물의 비율은 수학의 정수이자 신비로운 상수인 '파이(π)'와 완벽히 일치한다. 도대체 어떤 문명이 우리가 흔히 '고도로 진화한 동굴인들'이라 부르던 이들이, 어떻게 그리고 어떤 목적으로 이런 건축물을 세웠을까?

한때 북극과 남극은 얼어붙은 땅이 아니었다. 오히려 메마르고 건조한 지역이었으며, 거대한 산맥들이 우뚝 솟아 있었고, 지금의 적도에 해당하는 위치에 자리 잡고 있었다고 나는 말한다. 깊은 얼음 속에는 세상에 아직 알려지지 않은 잠들어 있는 아름다운 고대 신전들이 숨어 있다. 신전의 기둥

이스터섬의 거인들과 만 년 전 인류의 진화를 이끌었던 스승들

들은 놀라울 정도로 정교하게 다듬어져 있다. 감히 말한다. 전성기의 그리스나 로마도 이 찬란한 아름다움 앞에서는 한없이 초라해 보일 것이다. 벽을 장식한 그림들 또한 숨이 멎을 만큼 아름답다. 진주로 섬세하게 박아 넣은 무늬, 금실처럼 흐르는 청금석의 장식들이 단 하나의 흠집도 없이 완벽한 조화를 이룬다. 정교한 구조를 바라보고 있노라면, 문득 질문이 떠오른다. "도대체 어떤 야만인들이, 그것도 얼음 아래에서 이토록 정교한 문명을 일구었단 말인가?"

내가 당신에게 전하고자 하는 또 하나의 이야기. 거센 바람이 몰아치고, 살을 에는 듯한 추위가 가득한 땅, 나무 하나 자라지 않는 황량한 벌판 위에 지금도 하나의 원형 구조물이 남아 있다. 원형은 돌 위에 돌을 정교하게 쌓아 만든 것이며, 지금은 일부가 무너져 쓰러진 채 남아 있다. 그곳에는 오래된 신화 하나가 전해져 내려온다. 어느 마법사의 이야기다. 사람들이 이해할 수 없을 때 가장 흔히 만들어내는 해석이 바로 전설이자 신화다. 누구도 수많은 거대한 돌들이 어떻게 옮겨졌는지, 어떻게 정밀하게 세워졌는지 정확히 알지 못한다. 사람들이 내놓은 유일한 추측은 이렇다. "아마도 그것은 종교적 의식에 사용된 해시계였을 것이다." "그토록 공을 들인 이유는 결국 '신'을 위한 것이었을 것이다." 이것이 지금껏 생각해 낸 가장 그럴듯한 설명이다. 나는 묻는다. 정말로 누가 그것을 만들었을까?

지금으로부터 만 년 전, 지구 전역에는 고도로 발전된 문명이 존재하고 있었다. 그 문명을 이끈 주체는 이 세계가 기억하는 가장 위대하고도 놀라운 스승들이었다. 그들은 모두 열세 명이었으며, 물리학의 정교한 원리는 물론, 기하학의 본질, 공간과 시간, 거리의 의미까지 꿰뚫고 있었다. 또한 '신'이라는 존재의 본질까지 이해하고 있었다. 뛰어난 열세 명의 스승은 육지뿐만 아니라 바다에 잠긴 대륙 곳곳에도 씨앗처럼 흩어져 있었다. 그들은 유전적으로 혼합되어 있던 인류에게 교육과 깨달음의 길을 열어 주고자 했다. 그들의 사명은 인간의 의식을 일깨워 단순한 생존의 삶을 넘어, 불멸의 존재로 나아가도록 이끄는 것이었다. 사람들은 그들을 '태양의 자식들'이라 불렀다. 위대한 스승들은 만 년 전 지금 우리가 '문명의 흔적'이라 부르는 것들의 기반을 세웠다. 그들이 남긴 가르침에는 물리학뿐 아니라 천문학, 지리학, 생존의 지혜, 그리고 인간 존재에 대한 놀라운 과학이 담겨 있었다. 오늘날의 인류는 그들이 전한 가르침의 티끌만큼도 아직 알지 못한 채 살아가고 있을 뿐이다.

　스승들은 약 이천 년 동안 지상에 머물렀다. 그리고 그들은 죽지 않았다. 훗날 사람들은 그들을 '대천사'라 불렀으나, 사실 그들은 지구에 존재했던 가장 위대한 천상의 스승들이었다. 그들은 사람들을 가르치고, 지혜를 전하며, 의식을 일깨우기 위해 이곳에 온 존재들이었다. 지구에 커다란 격변이 닥치기 전, 이 행성의 지형이 지금과는 전혀 다른 모습으로 바뀌기 전에, 그들은 이 땅에 지식의 씨앗을 심고자 했다. 그들의 제자들은 훗날 이오니아인으로 불리게 되었다. 이오니아는 그리스로 이어졌고, 그리스는 로마에 영감을 주었으며, 로마는 다시 전 세계에 문명의 불꽃을 퍼뜨렸다. 또 다른 제자들은 이오니아의 다른 갈래로 흘러가 훗날 튀르크와 몽골 전역에 깊은 영향을 주었다. 그들은 또한 고대 중국, 가장 오래된 중국 왕조들과 그 백성들, 어쩌면 인류 역사상 가장 문명화된 이들의 스승이기도 했다. 이 만 년 전의 위대한 스승들은 훗날 돌 위에 자기 모습을 새기게 될 이들을 직접 가르쳤던 존재들이었다. 그 제자들은 이 차원을 떠나며 하늘을 올려다보았다. 그리고 살아 있었던 그들의 모습을 돌에 새기며 마지막 작별 인사를 남겼다. 그리고 그 형상들, 돌 위에 새겨진 그 사람들은, 지금도 여전히 살아 있다.

이스터섬의 거인들과 만 년 전 인류의 진화를 이끌었던 스승들

왜 그토록 특별한 스승들이 필요했을까? 왜 지금은 그들이 여기에 없는 것일까? 아니다. 그들은 지금도 여기에 있다. 그렇다면 묻겠다. 당신 안의 무엇이 스스로를 파괴하려 드는 걸까? 당신의 유전적 근원 중 어떤 부분이 당신 자신과 이 지구, 그리고 삶의 가능성 자체를 파멸로 이끌려 하는가? 스승들은 그 파괴의 흐름을 지혜와 진리로 바꿀 수 있었던 소수에게 가르침을 전했다. 그리고 그들은 오래전에 이곳을 떠났다. 그들이 떠난 직후, 지구는 약 3,500년 동안 계속된 대격변의 시기를 겪게 되었다. 그 시기 로키산맥은 꾸준히 형성되고 있었다. "당신 내면의 무엇이 당신이 이룰 수 있는 모든 가능성을 가로막고 있는 것일까? 당신 생각의 어떤 부분이 당신 자신과 이 살아 있는 행성을 다시금 파멸의 길로 이끄는 것일까?"

그들은 당신이 속한 은하계의 가장자리에서 노란 태양을 품은, 작은 먼지 같은 행성을 오랫동안 지켜보아 왔다. 이곳에 깊이 관여해 왔기 때문이다. 이곳에 남겨진 이들은 고대 문명과 만 년 전 스승들의 씨앗이며, 그 후손들이다. 그들의 역할은 세대를 거쳐 이 땅의 사람들에게 진실을 전하고, 당신이 죽음을 택하거나 자멸의 길을 고집할 때마다 그 길에서 벗어날 수 있도록 돕는 것이었다. 그리고 지금도 여전히 그러하다. 그렇다면 하늘에서 보이는 푸른 불덩어리들은 대체 무엇인가? 그것들은 지금 지구의 대기를 정화하고 있다. 하지만 당신은 매번 자동차 시동을 걸 때마다, 다시 대기를 오염시킨다. 그들은 당신이 살아남기를 바란다. 언젠가 당신 스스로 돌을 세우고, 이곳을 떠나 차원 간 존재로 성장하기를 바란다. 그리고 그 여정을 위해 오래 살아남아, 차원 간 존재로 성장하는 방법을 배우기를 바란다. 우리는 지금 문명이 말하는 제도적 의미의 학교를 이야기하고 있는 것이 아니다. 우리가 말하는 것은 책과 교실로 이루어진 학교가 아니라, 차원을 넘어서는 배움의 장이다.

'콘스탄츠(Constants)'라 불리는 존재들은 지금, 이 순간에도 자연과 생명, 차원과 의식의 질서를 지탱하며 만물의 조화를 유지하고 있다. 놀라운 표식들을 남긴 스승들은 자신들의 백성에게 다음과 같은 것들을 가르쳤다. 오직 생각만으로 살아 있는 바위에 자신의 형상을 새기는 법, 그 돌을 움직이는 법, 그리고 중력을 거스르며 원하는 곳으로 옮기는 법을. 그들은 후대를 위해, 모든 문명이 기억할 수 있도록, 살아 있는 돌 위에 자신의 삶을 기록한 석판을 남겼다. 그리고 그 섬과 그 백성들은 지구의 격변 이후에도 살아남았다. 그 돌들은 지금도 여전히 그곳에 있다. 거인들의 섬, '이스터섬'이라 불리는 그곳에.

석판들은 어떻게 되었을까? 처음의 기록은 석판에 옮겨져 조용히 그 자리에 남아 있었다. 세대를 거치며, 고대 지혜의 씨앗 - 곧 진리 - 을 지켜 온 이들이 있었다. 그들은 돌아와 한 글자도 틀리지 않게 석판을 다시 옮겨 적고, 낡은 석판을 새것으로 바꾼 뒤 아무 말 없이 떠났다. 석판은 그렇게 그들을 기억하는 하나의 비문처럼 이 땅에 남았다. 하지만 시간이 흘러 종교가 강하게 뿌리내리고 교회의 이름으로 그 섬이 탐험 되면서 모든 것이 변했다. 석판의 절반은 '악하다', '불가사의하다', '설명할 수 없다'라는 이유로 파괴되었다. 나머지 절반은 바티칸이라 불리는 곳으로 옮겨졌다. 오늘날 그 석판들은 바티칸 지하 깊은 곳에 잠들어 있다. 그 석판들은 무엇을 말하고 있었을까? 당신이 누구인지, 어떤 유산을 지니고 있는지, 그리고 앞으로 무엇을 기대할 수 있는지를 말해준다. 그 석판들은 어떤 종교도 부정했다. 그들에게는 종교라는 개념 자체가 없었기 때문이다. 오직 삶만이 있었고, 그 삶은 곧 신이었다. 그들은 자신들의 모습을 어떻게 돌에 새겼는지, 그 형상을 어떻게 그 자리에 옮겼는지, 그리고 형상이 바라보는 방향이 바로 그들이 떠난 곳임을 알려주었다. 그리고 마지막으로 그들은 이렇게 말했다. "잘

이스터섬의 거인들과 만 년 전 인류의 진화를 이끌었던 스승들

지켜보라. 우리는 다시 돌아올 것이다."

대체 어떤 마음이 그토록 위대한 진리를 파괴할까? 미신을 믿는 마음인가? 그렇다. 두려움에 사로잡힌 마음인가? 그렇다. 권력을 갈망하는 마음인가? 그렇다. 자신이 만들어낸 이미지에 진실을 억지로 끼워 맞추려는 마음인가? 역시 그렇다. 앞으로 당신이 만나게 될 존재들은 바로 위대한 스승들의 제자들이다. 그리고 그들은 당신이 미신에 갇혀 있거나, 두려움에 눌려 있거나, 자신의 좁은 이해 안에 진리를 가두려 한다면, 그들은 아예 말도 걸지 않을 것이다.

위대한 스톤헨지에는 살아 있는 바위로 된 석판들이 있었다. 석판은 그 구조물의 용도와 목적을 명시하고 있었다. 하지만 중세 암흑시대에 이르러, 석판들은 악마의 소행이라는 이유로 산산이 부서져 바다에 버려졌다. 그 사실을 알고 있었는가? 피라미드에도 마찬가지로 살아 있는 바위 석판들이 있었다. 태양 너머에서 온 존재들이 이 땅의 사람들에게 전해준 기록, '삶의 과학'이었다. 피라미드는 다양한 목적을 지니고 있었지만, 가장 위대한 목적은 단 하나, 모든 시대를 초월해 살아남는 것이었다. 설령 표면이 훼손되고, 꼭대기의 거대한 석재가 무너진다 해도 진실은 살아 있는 돌 속에 남아 인류에게 이렇게 말하도록 설계된 것이었다. "진실은 너희 안에 있다." 피라미드라는 말은 중심에 있는 불을 의미한다. 불은 당신 안에 있는 불이다. 피라미드는 모든 시대를 아우르는 상징으로 존재해 왔다. 우리 자신이 누구이며, 어떤 존재인지를 잊지 않도록 하기 위해서이다. 그러나 그 석판들도 결국 제거되었다. 나일강의 흐름이 바뀌고, 댐이 세워지면서 수많은 터널이 물속에 잠겼다. 그러나 이것 또한 바뀔 것이다. 나일강은 다시 흐름을 바꿀 것이며, 세워졌던 댐들은 무너질 날이 올 것이다. 진실은 결코 감춰진 적이 없었다. 이 땅에 먼저 살았던 문명은, 유전적으로 당신과 같은 형제들이었다.

위대한 존재들은 진실을 지키는 일이 얼마나 중요한지를 당신이 알기를 원했다. 그들은 그것을 알고 있었기 때문이다. 지금도 다르지 않다. 오늘날 세상에는 직접 보고 느끼며 "이것이 진리다"라고 말할 수 있는 것은 거의 존재하지 않는다. 고대의 책들과 지혜의 학교들이 신의 이름으로, 종교의 이름으로, 권력의 이름으로 파괴되어 왔기 때문이다. 과학과 진리를 담고 있었던 수많은 책, 인류 역사상 가장 위대한 도서관들은 대부분 사라졌다. 특히 알렉산드리아 도서관은 모든 진실의 보고였지만, 무지와 두려움으로 인해 불태워졌다. 그리고 지금 당신을 그 진실로부터 막고 있는 것, 이 위대한 존재들이 알고 있던 것을 배우지 못 하게 하는 것은 다름 아닌 당신 자신이다.

사실 이 지구는 이미 만 년 전에 잿더미가 되었어야 했다. 그러나 여러 번 정화를 거쳐 살아남았고, 한때는 원자의 힘이 폭발하며 파괴되기도 했다. 당신은 알고 있는가? 과거에 존재했던 문명 가운데 연금술을 통해 원자를 발견하고 그 에너지원까지 파악했으나, 그 힘을 다스릴 방법은 알지 못했던 문명이 있었다는 것을? 그 일은 실제로 이미 한 번 있었다. 그때 발생한 불덩이들이 오늘의 대기를 새롭게 정화한 것이다. 위대한 존재들은 자비롭고 선한 존재들이다. 오랫동안 인류를 지켜보며 조용히 보호해 왔다. 그들은 자신들의 존재를 당신에게 알리고 싶어 한다. 하지만 당신이 진실을 받아들일 준비가 되기 전까지는 절대 나서지 않을 것이다. 진실은 어떤 종교와도 무관한, 완전히 다른 차원의 진실이기 때문이다. 그리고 거대한 석상들은 종교적 의식을 위한 가면이나 상징물이 아니다. 살아 있던 자들의 무덤이며, 그들이 떠난 지점을 표시한 표식이다.

위대하고 아름다운 나스카의 그림들을 만든 문명들. 당신은 그림들이 무엇을 의미하는지 알고 있는가? 그것은 하늘에서 내려다보아야만 볼 수 있는 표식이었다. 바로 그곳이 그들이 왔다가 떠난 장소였다. '공항'이 무엇인지 아는가? 그것은 종교적인 장소가 아니다. 바로 공항이었다. 그들은 어디로 갔을까? 지구에 대격변이 일어나기 전에 그들은 떠났다. 그러나 그들은 다시 돌아올 것이다.

오늘날에도 여전히 당신 안에 있는 진실을 지워버리려는 음모가 존재한다. 진실은 상대적일 수 있지만, 본질은 분명히 존재한다. "이 모든 것은 존재하지 않아"라고 속삭이는 내면의 목소리도 있다. 당신이 분명히 알았으면 한다. 이 모든 것은 사실이다. 그 가르침을 전했던 존재들은 당신의 종교 속에 등장하는 천사들이다. 모든 종교에서 그들은 전설 속의 천사이자 스승으로 나타난다. 그들의 역할은 당신을 문명화하고, 도덕을 가르치며, 삶의 목적을 찾도록 이끌고, 무의식적인 자기 파괴 본능에 빠질 때마다 생각하고 자각하는 법을 알려주는 것이었다. 왜냐하면 인간 안에는 자신을 스스로 파괴하려는 작은 유전적 결함이 있기 때문이다. 그들은 그 흐름을 바꾸려 했다. 나는 그 존재들을 안다. 그리고 그들은 당신과 진심으로 소통하고 싶어 한다. 하지만 당신이 그들과 만나려면, 음모를 깨뜨리고 그들이 실제로 존재한다는 사실을 진심으로 받아들일 준비가 되어 있어야 한다. 그들은 단순한 상상이나 오락에서 나오는 것이 아니라, 실재하는 존재들이다. 그들은 불멸의 삶이 무엇인지, 살과 피로 이루어진 현실 속에서 어떻게 그것을 실현할 수 있는지, 그리고 당신의 의식을 어떻게 일깨우고 끌어올릴 수 있는지를 아는 탁월한 존재들이다. 그리고 정말로 그들은 불멸의 삶을 실현하고 당신의 의식을 일깨우는 그 위대한 여정을 당신과 함께하고 싶어 한다. 나는 바로 그 준비를 돕기 위해 이곳에 왔다. 오랜 세월 동안 당신이 끝없이 쌓아온 원숭이 같은 마음의 장벽들을 하나씩 허물어 왔다.

이것이 사실일까? 그렇다면, 사실이 아닌 것은 무엇일까? 그들이 존재하는가? 물론 존재한다. 오직 당신만이 이 우주에 존재한다고 믿는 어리석음을 드러내지 말라. 당신이 이미 진보된 존재라고 자만하는 무지를 드러내지 말라. 당신은 아직 그 단계에 이르지 않았다. 또한 단지 인간이라는 이유만으로 그들에게 요청했다고 해서, 그들이 당연히 찾아와야 한다고 생각하지 말라. 그것은 또 다른 무지이다. 스스로 알 수 있도록 자신을 허용하라. 그러면 그 앎이 당신을 그들과 연결해 줄 것이다.

우주선을 타고 와 당신을 다른 곳으로 데려갈 존재는 없다. 그런 일은 절대로 일어나지 않을 것이다. 그러나 이 자리에 있는 몇몇은 이미 오래전에 다른 세계에서 살아본 경험이 있다. 어떤 이들은, 아주 오래전 고도로 발달한 문명 속에서 '13인의 위대한 스승' 가운데 한 명에게 배움을 받았던 이들로, 그 문명의 유산을 지니고 있다. 그리고 또 다른 이들은 이번 생에 다시 돌아와 또 다른 위대한 스승에게 배우는 축복을 받고 있다. 나는 당신을 보면 안다. 당신이 무엇을 알고, 무엇을 볼 수 있으며, 무엇을 아직 받아들이지 못하고 있는지도. 당신은 자신의 한계를 옷처럼 걸치고 있다는 것을 아는가? 제한된 사고방식을 마치 피해자의 상징처럼 지니고 있다는 사실을 아는가? 나는 당신이 얼마나 많은 것을 배울 수 있는지 안다. 그리고 그 길을 끝까지 갈 수 있는 이들이 있다는 것도 안다. 나는 당신이 누구인지 안다. 그러나 어떤 이들은 인내심도, 끈기도, 시간도 없다. 무엇보다도 겸손하지 않다. 아직 다 알지 못했다는 사실을 인정할 만큼 겸손하지 않다면, 아무것도 보지 못하고, 아무것도 배울 수 없을 것이다. 그러나 기억하라. 당신들 중 오직 소수만이 그 길을 가게 될 것이다. 그리고 그것을 실현하기 위해서는 단순한 현실적 사고를 넘어, 보이지 않는 가능성과 본질을 상상할 수 있는 추상적인 마음, 그리고 열린 의식이 필요하다.

그들 모두 자궁에서 태어난 당신과 같은 인간이었다. 다만 그들은 진화의 여정 속에서 끊임없이 배우고 갈고닦을 수 있었던 행운의 사람들이었다. 그렇게 배움을 이어가며 위대한 스승들을 만나 깊은 지혜를 받아들였고, 그 지혜로 삶을 창조할 수 있었다. 당신은 알고 있는가? 그들이 남긴 모든 형상이 순수한 기쁨 속에서 창조되었다는 것을. 그들은 분명히 어딘가를 향해 나아가고 있었으며, 그 길이 어디로 향하는지 스스로 알고 있었다. 그곳은 바로 그들을 기다리는 새로운 모험의 세계였다. 그들은 자신의 마음을 일깨우고, 나아갈 힘을 북돋아 줄 스승들을 스스로 끌어당겼다. 그리고 그들은 떠났다. 죽은 것이 아니다. 그들은 지금도 살아 있다. 그들은 당신과 본질적으로 다르지 않다. 다만 그들에겐 제한된 사고도, 미신의 굴레도, 영적 교리나 고정관념의 사슬도 없었을 뿐이다. 그런 쓸모없는 믿음과 생각들이 당신을 여전히 이 자리에 붙들어 두는 동안, 다른 곳에서는 이미 수많은 이들이 의식적으로 진화하고 있다.

이곳에서 가장 어려운 일은, 바로 당신 자신의 태도를 정화하는 것이다. 당신은 여전히 죽음과 소멸에 대한 태도에 집착하고, 스스로 만들어낸 이미지에 사로잡히며, 어리석음과 무지를 내려놓으려 하지 않는다. '영적인 존재는 이래야 한다'라는 당신 나름의 고정관념, 그들이 어떤 모습이어야 한다는 막연한 기대, 그리고 작은 의미를 부여하는 소소한 의식적 행위들조차, 당신은 쉽게 내려놓지 못한다. 나는 오랫동안 그런 것들을 허물고, 벗겨내고, 걷어내기 위해 애써왔다. 당신이 이 가르침과 진실을 진정으로 마주할 수 있도록 하기 위해서이다. 왜냐하면 썩은 태도들을 그대로 안고서는, 이러한 가르침을 결코 제대로 마주할 수 없기 때문이다. 그 존재들은 모두 높은 차원의 지혜와 배움의 학교에 속한 자들이다. 그들은 그곳에 갈 자격을 스스로 갖추었다. 그들은 배우기를 원했고, 원함이 현실을 창조했다. 현실은 경험을 낳고, 경험은 더 깊은 갈망을 만들어냈으며, 갈망은 또 다른 현실을 불러왔다. 이 흐름은 끊임없이 이어지고, 자라나며, 확장되었다. 차원 간 마음이란 바로 그렇게 배우고, 성장하고, 지식을 얻는 능력이다. 그리고 그 마음을 얻는 첫걸음은 바로, 그런 마음을 진심으로 원하는 것이다.

당신 중 몇몇은 - 정말 기쁘게 말하자면 - 자신을 붙잡고 있던 이미지들을 불태워버렸다. 그래서 지금 당신이 바깥에 앉아 고요한 마음으로 깊은 밤하늘을 올려다보며 신의 기운을 느낄 때, 당신과 그 존재들 사이에는 실제로 어떤 일이 일어나고 있다. 당신은 그들과 연결될 것이다. 당신은 순수하기 때문이다. 당신은 더 이상 어떠한 짐도 지고 있지 않다. 누가 하라고 해서 움직이는 것이 아니다. 친구가 간다고 해서, 비싼 돈을 냈으니 그만큼 얻어야겠다는 마음으로 움직이는 것도 아니다. 당신이 거기 있는 이유는, 단 하나 순수한 생각에서 비롯된 것이다. 나는 그 순수함이 미신과 두려움, 그리고 삶에 뿌리내린 교리와 음모의 냄새가 배어 있던 이미지들을 불태운 자리에서 나왔다는 사실이 참으로 기쁘다. 이제 당신은 아무것도 걸치지 않은 마음으로 깊은 밤하늘과 마주할 수 있게 되었다. 그리고 그 순간마다 당신은 당신이 바라보는 바로 그것을 경험하게 될 것이다. 그것을 받아들여라. 그러하리라(So be it). 그리고 더 원하라. 그러면 다음 경험은 더 극적일 것이고, 더 강렬할 것이다. 당신은 지금 모든 것을 의식으로 참여하고, 의식으로 경험하고 있기 때문이다. 당신은 지금 성장하고 있다. 당신은 매번 한 걸음을 내디딜 때마다 더 많은 것을 끌어당기고 있다. 그들 또한 한 걸음, 또 한 걸음, 점점 더 가까이 다가오고 있다. 이것이 바로 당신이 앞으로 하게 될 일이다.

지금으로부터 만 년 전, 전설적인 스승들은 진리의 씨앗을 유전적 혈통 속에 심어 세대에 세대를 거쳐 이어지게 했고, 다른 씨앗은 '살아 있는 돌' 속에 남겨 두었다. 지구가 어떤 격변을 겪더라도 그 돌은 그대로 남아 있었다.

이스터섬의 거인들과 만 년 전 인류의 진화를 이끌었던 스승들

그리고 언젠가 누군가가, 거대한 형상 중 하나를 올려다보며 경이로움에 잠겨 물을 것이다. "이게 어떻게 여기에 있는 거지?" 그들은 "이것은 어떤 이교신에게 바쳐진 의식이었다"라는 그런 세뇌된 설명 따위는 받아들이지 않을 것이다. 그들은 진실을 알고 싶어 할 것이다.

그렇다. 당신은 지금껏 보호받아 왔다. 당신 안에는 자신을 스스로 파괴하려는 작은 요소가 존재했기 때문이다. 그래서 당신은 반드시 보호받아야 했다. 지금 지구는 서서히 죽어가고 있다. 어느 누구도 변화를 일으키려 하지 않는다. 그러나 이제는 당신이 나서서 뜻을 분명히 밝혀야 할 때이다. 그 존재들은 이 사실을 알고 있다. 그래서 지금 소수의 사람을 모아, 그들 안에 영감을 불어넣고, 진리의 씨앗을 심고 있다. 왜냐하면 그들은 앞으로 어떤 일이 일어날지 알고 있기 때문이다. 그 씨앗은 절대로 사라지지 않을 인간 영혼 속에, 유전처럼 새겨질 진리이다. 그리고 분명히, 이곳을 떠나게 될 사람들도 있을 것이다. 그들은 준비되어 있다. 떠나고 싶어서가 아니라, 그들의 진화의 흐름이기 때문이다. 어느 날, 그들은 아무런 흔적도 없이 사라질 것이다. 그들이 어디로 갔는지는 누구도 알지 못할 것이다. 단, 그들 또한 자신의 모습을 돌에 새겨 남겨 두었다면, 그 돌을 올려다보는 이들만이 그들이 어디로 갔는지 어렴풋이 알게 될 것이다. 그리고 지구가 다음 단계로 나아갈 수 있도록 지혜를 품게 될 또 다른 이들도 분명히 있을 것이다. 그리고 어쩌면 그 몇몇 가운데 바로 당신이 포함되어 있을지도 모른다.

당신을 위해 진심으로 바라는 것은 이것이다. 당신 안의 원숭이 같은 산란하고, 끊임없이 떠드는 그 마음이 멈추기를. 침묵 속에 머물며, 당신을 더 높은 인식으로 이끌어 줄 하나의 생각이 솟아나기를. 그 순간이 오면, 당신은 분명히 알게 될 것이다. 이미 그 본능이 당신 안에서 깨어나고 있기 때문이다. 이 자리에 있는 누군가에게, 그 일이 실제로 일어나기를 나는 진심으로 바란다. 당신의 의식이 성장하여 처음에는 낯설고 기이하더라도, 완전히 새로운 현실과 마주하기를 바란다. 당신이 바랄 수 있는 것 중 가장 고귀하고 놀라운 시작이 될 것이다. 그리고 다시 바란다. 당신이 이 여정을 진지하게 받아들이기를. 그렇지 않다면 당신은 여전히 미신과 교리, 선과 악, 긍정과 부정, 그리고 자아를 부풀려 주는 작은 의식들 속에 머무를 것이다. 당신은 여전히 자동차 시동을 걸고, 플라스틱에 싸인 물건을 쓰고, 무심히 버릴 것이다. 그리고 당신이 변하지 않는다면, 당신은 이 지구와 멸망하게 될 것이다. 그러니, 변화하라.

그들은 당신을 유치원 아이처럼 보살피려는 것이 아니다. 그들의 목적은 소수의 탁월한 이들을 길러내는 것이다. 뛰어난 몇몇은 곧 준비를 마칠 것이다. 배우고, 지식을 얻고, 앞으로 나아갈 준비를 하게 될 것이다. 그렇게 되면, 그들과의 연결은 영원히 열리게 된다. 그들은 단순히 당신을 보살피려는 것이 아니다. 그들이 진정으로 바라는 것은 당신 안의 자기 파괴적 성향을 내려놓고 의식을 진화시켜 단 한 순간에 차원을 넘나드는 것이다.

그들은 당신이 성숙해지기를 바란다. 당신이 본래 되어야 할 존재, 깨달음을 지닌 존재가 되기를 바라는 것이다. 깨달음은 교리나 종교적 허튼소리 속에 갇힌 것이 아니다. 땅 위를 걸으며, 존재 자체로 진리를 드러내는 상태를 말한다. 비록 그들이 과거에 종교를 만들었을지라도, 그들의 모든 행위가 종교를 세우려는 것은 아니었다. 그들은 사람들을 사막으로 인도했고, 새로운 삶을 시작하라고 전할 천사들을 창조했다. 그리고 천사들을 통해 사람들에게 도덕의 기초를 가르쳤다. 그들은 오랜 세월에 걸쳐 인류가 질병과 무지에서 벗어나도록 이끌었다. 동굴 속에서 손과 발로 기어다니던 야만적인 삶에서 벗어나, 똑바로 서서 걷게 했다. 그리고 존재의 목적을 찾도록 일깨웠다. 그들은 인간에게 '신'의 개념을 주었다. 그 신은 하늘에 존재한다고 가르쳤다. 그럴 수밖에 없었다. 인간의 의식이 성장하기 위해서는 그러한 개념이 필요했기 때문이다. 그러나 모든 것은 종교를 세우려는 의도가 아니었다. 그저 인간의 내면에서 의식과 진리가 꽃피도록 하기 위한 시작에 불과했다. 그래서 지금 우리가 이곳에서 하는 일도 바로 그것이다.

차원 간 마음에는 '이해'라는 개념이 존재하지 않는다. 단지 그것, 곧, 차원 간 마음 그 자체가 되어야 한다. 그리고 그것은 자유로운 생각 속 단 한 순간에 일어나며 그 순간 모든 것이 연결된다. 그 상태에 이르려면 지금의 모든 사고방식을 완전히 바꾸어야 한다. 만 년 전의 스승들이 가르쳤던 것도 바로 그것이었다. 이해가 아니라 존재로서 이루어지는 연결, 자유로운 생각 하나로 열리는 의식의 전환 말이다. 그들은 '생각'을 기반으로 한 과학을 전했다. 진정한 힘은 언제나 인간 안에 존재해 왔기 때문이다. 당신의 원숭이 같은 불안하고 변덕스러운 마음을 바꾸려면, 조용히 홀로 앉아, 고요히 존재하는 법을 배워야 한다. 그러면 어느 순간 하나의 생각이 떠오를 것이다. 그리고 그 생각이 당신을 연결의 흐름 속으로 이끌 것이다. 나는 방법을 가르칠 수 없다. 당신이 직접 경험해야 한다. 당신 스스로 그 상태가 되어야 한다. 어떤 자극도 일어나지 않는 깊은 고요함 속에서, 마침내 당신은 이원적인 사고에서 벗어나게 될 것이다. 그 순간 당신은 진정한 사고의 공간과 마주할 것이다. 그리고 마침내 그들과 연결될 것이다.

이 존재들은 진심이다. 그들은 결코 아무 이유 없이 당신에게 다가오지 않는다. 하늘에 모습을 드러내는 일조차도, 당신이 진심으로 그들을 끌어당길 준비가 되었을 때만 일어난다. 같은 진동, 같은 파장으로 서로가 이끌릴 때만 가능한 일이다. 그들은 이유 없이 움직이지 않는다. 그 이유란 당신이 그들의 인식 수준에 다가섰기 때문이다. 그것이 그들이 바라는 바이다. 그들은 결코 당신을 붙잡아 불 위에 돌려가며 구워 먹지 않는다. 당신을 잡아 먹으러 오는 존재들이 아니다. 임신시키기 위해 오는 것도 아니다. 그런 일들은 이미 오래전에 끝났다. 이제 그들은 진심으로 준비된 소수의 이들과 연결되기 위해 이곳에 와 있다. 그리고 선택은 그들이 한다. 당신이 하는 것이 아니다. 당신이 해야 할 일은 단 하나이다. 자신을 그 만남에 '합당한 존재'로 만드는 것이다. 마음속의 불필요한 찌꺼기를 깨끗이 치우고, 의식을 하나로 통합하여 하나 된 마음으로 존재하는 것이다. 하나 된 마음이면 충분하다. 그 외에 당신이 고집하는 습관들, 사소한 집착들은 단지 당신이 만든 이미지일 뿐이다. 당신의 판단, 당신이 스스로 설정한 제한된 현실일 뿐이다. 만약 당신이 왜곡된 현실 속에 자신을 가둔다면, 그들이 들어올 자리는 없다. 그리고 그들과의 진정한 경험 또한 절대로 일어나지 않을 것이다.

 차원 간 마음에서는 그저 그 상태로 존재하면 된다. 그리고 그 존재의 상태로 들어가는 경험은 단 한 순간에 자연스럽게 일어난다.

오직 존재의 예술

"존재한다는 것은 영원을 올려다보며 자신과 영원 사이에 아무런 분리가 없음을 아는 상태다."

- 람타

나는 존재한다.
영원히,
그리고 또 영원히.
나는
기쁨이다.
나는
환희다.
나의 존재 속에 깃든 신의 근원으로부터
진리를 내 삶 속으로 불러온다.
그러하리라(So be it).

존재한다는 것은 하나의 위대한 가르침이자 하나의 예술이다. 이는 이미 지로 가득 찬 주관적인 마음에서 벗어나 그저 존재하도록 자신을 허락하는 것을 의미한다. 존재함은 밤바람과 하나가 되는 것이다. 바람을 느끼고, 그 바람 자체가 되는 것이다. 또한 영원을 올려다보며 자신과 영원 사이에 아무런 분리도 없음을 아는 상태이다. 바로 존재 그 자체인 것이다. 거기에는 "방금 본 것을 이제 말해볼까?" 하는 속삭임조차 없다. 그저 존재하는 것이다. 그렇게 존재하는 가운데, 당신은 마침내 이 놀라운 마음이 무엇인지 비로소 배우게 될 것이다. 왜냐하면 이는 오직 직접 경험해야만 알 수 있는 진리이기 때문이다.

내가 이 땅에 살아 있었을 때, 종종 커다란 바위 위에 앉아 마법의 여인이라 불리던 달을 바라보며 사색에 잠기곤 했다. 그 시절 우리에겐 또 하나의 달이 있었다. 그 달 역시 자주 바라보며 깊은 생각에 잠기곤 했다. 그러나 그것은 마법의 여인처럼 고요하고 변함없는 존재는 아니었다. 여정은 훨씬 더 불규칙했고, 예측하기 어려운 흐름을 따라 움직였다. 그럼에도 나는 언제나 밖으로 나가 모든 것을 조용히 지켜보며 관찰했다. 그리고 그렇게 바라보는 가운데 나는 배웠다.

나는 당신의 일부 행동을 지켜보았고, 당신의 생각 또한 살펴보았다. 밤하늘에서 무슨 일이 일어나고 있는지는 사실 그리 중요하지 않다. 진정으로 중요한 것은 바로 당신 자신의 의식이다. 의식이야말로 새로운 이해와 깨달음으로 나아가는 진정한 길잡이기 때문이다. 당신이 어떤 방식으로 존재하고, 당신이 누구인가는 언제나 경이로운 일이었다. 앞으로 밤하늘에는 더욱 선명하고 강렬한 장면들이 펼쳐질 것이다. 그것들은 사람들이 흔히 생각하듯 단순한 별똥별의 무리가 아니다. 그 장면들은, 당신이 마침내 연결되기를 바라며 준비된 것들이다. 그리고 앞으로 더욱 강렬해질 것이다. 나는 당신이 그 장면들, 우주적 현상을 마주했을 때 보인 반응을 지켜보았다. 반응을 통해 알 수 있었다. 당신이 어떤 진실을 받아들일 준비가 되어 있는지, 또 어떤 것에는 여전히 마음의 문을 닫고 있는지를. 바로 그것이, 당신의 깨달음의 정도를 말해주는 진정한 척도다.

당신은 결코, 자신의 현실과 맞지 않는 것을 배울 수 없다. 여기서 현실이란, 입으로 읊조리는 주문이나 '옴'의 리듬 속에 있는 것이 아니다. 훨씬 더 본질적인 것으로, 당신이 지금 어떤 상태로 존재하는지, 무엇을 생각하고 있는지, 지금 당신 의식이 어떤 상태에 있는지를 말한다. 당신들 중에는 마음 속으로 멋진 여정을 상상하는 이들도 있다. 하지만 이제는, 그런 환상들을 잠시 내려놓고, 진짜 해야 할 생각, 자신을 열 수 있는 길에 관한 생각을 시작해야 한다. '자신'이란, 당신 안에 있는 참된 의식이며, 위대한 의식과 연결되는 대로이며, 지름길이다. 당신이 보았던 초록색 불꽃 - 빙글빙글 돌다가, 갑자기 정반대 방향으로 움직였던 - 은 결코 우연이 아니었다. 모든 움직임은, 당신 안에 자리한 고정된 틀을 무너뜨리기 위한 의도적 행위였다. 예상치 못한 것을 기꺼이 받아들이도록 돕기 위한 것이었다. 그런 열린 마음을 가질 수 있는 이들만이, 그 밤하늘 아래에서 조금 더 깊은 곳까지 나아가게 될 것이다.

    제2차 세계대전 당시, 군인들이 뉴기니 지역에 보급품을 공수한 적이 있었다. 보급 상자 중 하나가, 외부 문명과 전혀 접촉한 적 없던 단절된 부족의 손에 들어가게 되었다. 그들은 상자를 열고, 지금껏 한 번도 본 적 없는 온갖 놀라운 물건들을 발견했다. 은빛 깡통 안에 들어 있는 식료품, 담배, 낯선 도구들까지 모두가 처음 보는 물건들이었다. 그중에서 가장 신비롭게 여긴 것은 지도였다. 지도에는 뉴기니 지역의 도로망이 그려져 있었고, 뒷면에는 지구의 반구 전체가 펼쳐져 있었다. 이 뜻밖의 발견은 부족 사회 전체에 거대한 충격을 안겨주었다. 곧 새로운 형태의 신앙과 의식이 생겨났다. 그 사건은 단순한 발견을 넘어, 하늘에서 내려온 신의 선물로 여겨지며 일종의 신흥 종교처럼 퍼져나갔다. 그들은 이제까지 그런 보급 상자를 본 적도 없었다. 은빛 깡통이나 담배, 낯선 도구들은 물론 지도라는 개념도 처음 접한 것이었다. 무엇보다도, 그 모든 것을 하늘에서 떨어뜨린 은빛의 배인 비행기 역시 처음 보는 존재었다. 그 후 부족 사람들은 상자에 그려진 그림을 흉내 내어 옷을 만들고, 발견한 도구들을 신성한 의식에서 신들에게 바치는 도구로 사용하기 시작했다. 실제로 물건들은 항해 장비, 도로 설계 도구, 건축용 기기들이었지만, 그들에게는 모두 신을 위한 성스러운 유물로 여겨졌다. 그리고 무엇보다도, 지도는 가장 귀중한 보물이 되었다. 신들이 남긴 암호이자, 신들에게 다가갈 수 있는 코드로 여겨졌기 때문이다.

군인들이 보급품을 회수하러 왔을 때, 그들은 '하늘에서 내려온 신들'로 환영받았다. 부족 사람들은 자신들이 가진 것 중 가장 아름다운 여인들, 가장 귀한 염소들, 그리고 값진 금속과 화려한 깃털까지 줄 수 있는 모든 것을 바쳤다. 군인들 앞에 엎드려 경배하며, 신처럼 그들을 숭배하기 시작했다. 심지어 군인들이 남기고 간 물건들을 중심으로 사원을 세우고, 그 안에 그것들을 모셨다. 물론 그들은 문명화되지 않은 부족이었다. 당신도 알다시피, 그 후 문명은 그들의 꿈을 아주 깔끔하게 지워버렸다.

우리는 이 이야기를 들으며 말한다. "그야, 그들은 몰랐으니까 그랬지." 그리고 한숨을 쉬며 고개를 젓는다. 사실 당신도 크게 다르지 않다. 당신 역시 수많은 유물을 바라보며, 그것들을 어떤 개인적인 신이나 운명, 혹은 자신만의 의미와 연결하려 한다. 나는 당신의 생각을 지켜보았다. 본질적으로, 당신은 부족 사람들과 다르지 않다. 그들 역시 하늘에서 떨어진 몇 가지 물건을 발견하고는, 그것을 마치 자신에게 주어진 계시처럼 받아들였다. 자신들의 운명이, 어딘가 알 수 없는 도시에서 온 그 유물에 의해 결정될 것이라고 믿었다.

차원 간 마음은 어떤 것도 개인적인 시각으로 받아들이지 않을 때 얻어진다. 내가 그렇게 말했을 때, 그것은 단순한 조언이 아니라 진실이었다. 신성한 존재들이 이곳에 온 목적은 주관적 사명이 아니라, 철저히 객관적 사명이었다. 그들의 임무는 우주의 한쪽 구석에서 균형을 잃고 폭주하는, 문명화되지 않은 종족들을 바로잡는 일이었다. 그들은 순박하고 조용한 부족들처럼 천진한 존재들이 아니었다. 그들은 냉철하고 단호했으며, 필요하다면 모든 것을 파괴할 준비가 되어 있는 존재들이었다.

나는 당신 마음에서 개인적인 영광을 위해 그들과 만나고자 하는 욕망을 보았다. 그런 마음으로는 결코 연결될 수 없다. 숭배할 대상을 찾으려는 마음도 보았다. 역시 통하지 않는다. 이러한 마음으로 인해, 당신의 의식은 위대한 마음에서 분리된다. 자신을 드러내고 높이고자 하는 갈망은, 위대한 마음과의 연결을 끊어버린다. 내면이 아니라 외면에서 무언가를 찾으려는 모든 태도는 진정한 만남의 가능성을 막아버린다. 당신의 의식은 반드시 객관적이어야 하며, 동시에 추상적 사고를 펼칠 수 있어야 한다. 당신은 관찰자가 되어야 하며, 관찰하는 그것과 하나가 되어야 한다. 자신을 부족한 존재로 여기며 구원이나 해방을 바라는 마음으로는 그들과 하나가 될 수 없다. 구원받기를 바라는 마음이 아니라, 대등한 존재로서 더 깊은 지식으로 나아가고자 하는 의지가 초월적 존재들이 지닌 본질이다.

고대 문명의 동굴 속에 감춰진 지식과 진리

"동굴이야말로 진실을 숨기기에 가장 자연스럽고 안전한 장소이다. 언젠가 호기심 많은 이가 동굴을 찾아내어, 잊혀진 진실과 마주하게 될 것이다." "본래 진실은 세상 한가운데 드러나 있었다. 그러나 그것들은 하나같이 파괴되거나 불태워졌다. '악마적이다', '사탄적이다', '이교적이다'라는 이름 아래, 진실은 불태워지고 파괴되어, 흔적조차 남지 않았다. 결국 진실은 조용히, 그리고 신중히, 깊은 동굴 속에 남겨질 수밖에 없었다."

- 람타

만약 이곳에 실제로 위대한 스승들의 문명이 존재했고 그들과의 접촉이 있었다면, 그 흔적은 지금 어디에 남아 있는가? 그들이 남긴 자취는 오늘날의 기계나 학습 체계로는 절대로 밝혀낼 수 없다. 바그다드 박물관에 보관되어 있던 평평한 석판들이 무려 2,000년이 넘은 고대의 배터리였다는 사실을 독일인 과학자가 밝혀내지 않았다면, 그 석판들은 여전히 종교적 유물로 남아 있었을 것이다. 뛰어난 탐험가가 기원후 1세기로 추정되는 한 동굴에서 지도를 발견했다. 지도에는 지중해가 뚜렷하게 표시되어 있었고, 놀라운 점은 당시에 아직 세계 지도라는 개념조차 존재하지 않았다는 사실이다. 다시 말해, 그 지도는 단순한 개인의 인식이나 주관적인 세계관을 넘어, 북극과 남극, 북아메리카와 남아메리카까지 모두 포함하고 있었다. 더욱 경이로운 점은, 그 지도가 하늘에서 내려다본 듯한 항공 지도의 형태를 띠고 있었다는 것이다. 심지어 콜럼버스가 미지의 세계로 항해하던 시기에도, 그와 유사한 또 다른 지도가 발견된 바 있다. 만일 그가 그 지도를 손에 넣었다면, 그의 여정은 지금 우리가 아는 것보다 훨씬 더 수월했을지도 모른다. 그러나 그 지도는 그저 동굴 깊숙이 숨겨져 있었을 뿐이다.

유카탄이라 불리는 지역의 발란칸체에는 아주 깊은 동굴이 있다. 동굴 벽면에는 지금도 선명하게 남아 있는 놀라운 벽화가 존재한다. 벽화에는 오늘날 밤하늘에서 볼 수 있는 별들보다 훨씬 더 많은 별이 빽빽이 그려져 있으며, 별자리는 약 15,000년 전의 하늘을 담고 있다. 놀라운 것은 벽화 위에 함께 새겨진 문양과 좌표들이다. 좌표들은 금성에서 지구로 이어지는 항로를 보여주고 있다. 과연 누가 새긴 것일까? 왜 그토록 귀중한 기록이 사람들의 눈에 띄지 않는 외진 동굴 속에 숨겨져 있었던 걸까? 이유는 명백하다. 동굴이야말로 진실을 숨기기에 가장 자연스럽고 안전한 장소이기 때문이다. 언젠가 호기심 많은 이가 동굴을 찾아내어, 잊혀진 진실을 마주하게 될 것이기 때문이다. 과거에 진실은 모두가 볼 수 있도록 세상 한가운데 공개되어 있었다. 그러나 하나같이 파괴되거나 불태워졌다. '악마적이다', '사탄적이다', '이교적이다'라는 이름 아래, 진실은 지워졌고, 흔적조차 사라졌다. 그래서 결국 진실은 조용히, 그리고 조심스럽게 깊은 동굴 속에 남겨졌다.

신들은 어디에서 왔을까? 하나의 장소가 아니라, 여러 곳에서 왔다. 진실을 말하자면, 신들이란 진화된 당신 자신이다. 그들은 인간 의식이 도달할 수 있는 가장 숭고한 정신을 구현한 존재들이었으며, 주관적이고 편협한 믿음의 경계를 뛰어넘은 존재들이다. 그들은 지식 그 자체이며, 가장 순수하고 위대한 차원의 '앎'을 구현한 존재들이었다. 고대 에스키모인들에게 전해 내려오는 이야기에 따르면 - 인류 최초의 문명을 이룬 이들의 기억 속에 - 그들은 인류 역사상 가장 위대한 문명을 이루었던 존재들이었다. 그들은 모든 지식을 갖춘 인간들이었다. 그들은 성운과 우주의 네 방향을 정확히 이해하고 있었으며, 우주를 자유롭게 오갈 수 있는 운명을 스스로에게 부여한 존재들이었다. 그리고 그들의 본거지는 바로 지구였다. 에스키모인들은 애초에 북극의 얼어붙은 땅에서 태어난 존재들이 아니었다. 그들의 기원은 세일론, 오늘날의 스리랑카이다. 그렇다면 어떻게 북쪽으로 가게 되었을까? 그들 중 일부가 본래의 기지에서 추방되었다. 그리고 에스키모인들의 고대 역사에는 하늘에서 내려온 위대한 스승들이 은빛 새를 타고 그들을 북쪽으로

고대 문명의 동굴 속에 감춰진 지식과 진리

데려갔다는 이야기가 전해진다. 그 에스키모인은 지금도 스승들이 다시 돌아올 날을 기다리고 있다.

지금의 브라질로 알려진 고원 지대의 호숫가에는 한때 거대한 도시가 존재했다. 그 지역에 과거 두 개의 위대한 도시가 있었다. 그곳 사람들은 지금의 당신과 마찬가지로 진보된 존재들이었다. 살과 피를 지닌 인간들이었다. 당신과 같은 눈을 가지고 있었고, 화장실을 가는 일조차 다르지 않았다. 하나의 차이가 있다면, 그들은 고도로 발전한 문명을 이루었다는 점이다. 다만 너무 발전한 나머지, 인간의 고통과 고뇌, 그리고 인간과 인간 사이의 분리를 바탕으로 한 타락한 종교를 만들어냈다. 그들은 연금술을 통해 물질을 분해하고, 물질 안에 담긴 에너지를 방출하는 방법을 알아냈다. 마침내 그들은 폭탄의 힘을 손에 넣었다. 그리고 그 힘을 실제로 사용했다.

당신이 곧 보게 될 연합체에서 중대한 결정이 내려졌다. 오랜 세월 스승들의 회의를 거쳐, 그 연합체는 브라질 고원 호숫가에 두 거대 도시를 이루었던 그 고도 문명의 인간 종족의 유전 계통을 전면 제거하기로 했다. 왜냐하면 그 종족이 지식을 통해 오히려 의식을 붕괴시키고 있었기 때문이다. 그 문명의 사람들은 인간의 마음속에 타락을 심어왔다. 의식은 서서히 죽어가고 있었으며, 지식마저도 진리에 도움이 되지 않고, 권력을 유지하고 다른 이를 지배하는 도구로 변하고 있었다. 그 결과, 이 행성의 생명력까지 서서히 파괴되고 있었다.

운명의 날, 단 한 사람에게만 우주선에 오를 기회가 주어졌다. 그는 자신이 목격하게 될 모든 것을 기록하기 위해 그 자리에 있었고, 그의 이야기는 지금도 우리 민족의 고대 문헌, 『라마야나』에 전해지고 있다. 그는 거대하고 웅장한 함선을 타고 있었다. 그러던 중, 순식간에 함선에서 만 개의 태양보다도 강력한 불기둥이 폭발하듯 뿜어져 나왔다. 눈 깜짝할 사이에 지상에서

쇠퇴해 가던 두 개의 위대한 문명이 완전히 사라져 버렸다. 그는 그 모든 장면을 우주선 안에서 지켜보았다. 사람들의 머리카락과 손톱은 빠져나갔고, 피부는 녹아내렸다. 동물과 새들은 온몸이 하얗게 변했고, 물과 땅은 독으로 오염되었다. 단 한 순간에, 그들의 유전적 계통은 영원히 끊기고 말았다. 잔혹한 일이라고 말할 수 있을까? 이 이야기를 전하는 이유는, 당신이 직면하고 있는 것이 무엇인가를 진심으로 알기 바라기 때문이다. 정말로 잔혹한 일이었을까? 그렇다면 '자유의지'는 어디에 있었던 걸까? 만약 이것이 신이 누군가에게 고통을 가한 것이라면, 그 판단은 과연 누가 내리는 것일까? 지금도 그 호수가 자리한 고원 지대는 여전히 존재한다. 그곳의 깊은 동굴 안에는, 그 문명이 어떤 모습이었는지를 보여주는 흔적들이 아직도 남아 있다.

당신이 깨어나 이 이야기에 귀 기울이기를 바란다. 결정이 내려진 이유는 분명하다. 그들이 물질을 분해하고, 그 안에 잠들어 있던 에너지마저 풀어버렸기 때문이다. 그들은 분명 타락의 길에 접어들었다. 육체를 숭배하며, 오직 권력만을 추구하는 삶에 빠져 있었다. 원자력에 기반한 그들의 문명은 반구의 한쪽을 지배하고 있었다. 힘은 결국 전 세계를 위협하고 파괴하는 데 쓰였다. 그들의 본래 의도이기도 했다. 그들을 파멸로 이끈 것은 그들 안에 있던 하나의 작은 염색체, 자신을 파괴하도록 설계된 유전적 요소였다. 그들은 이미 자신들이 얻은 힘의 한계를 넘어서지 못한 채, 그 자리에 머물러 버린 존재들이었다. 그래서 그들을 멈추게 할 결단이 내려졌다. 이 세계 전체의 미래를 위한 결정이었으며, 앞으로 태어날 모든 문명을 위한 선택이었다. 결국, 문명의 적이라 불린 그들은, 눈 깜짝할 사이에 사라졌다. 이 모든 일은 지금도 기록으로 남아 있다. 그리고 그 우주선에 함께 탑승했던 그 위대한 인간은 그날의 일을 글로 남겼다.

고대 문명의 동굴 속에 감춰진 지식과 진리

'착하게 살지 않으면 벌을 받는다'거나 '신은 두려운 존재다'와 같은 종교의 개념은 과연 어디에서 비롯된 것일까? 역시 신들로부터 전해진 것이다. 단순한 전설이 아니라, 의식의 진화 속에서 실제로 일어난 이야기이며, 신화가 아니라, 진실이다. 선함이란 어떤 사제의 해석으로 규정되는 것이 아니다. 사람을 나누는 교리 속에도 있지 않다. 분열과 전쟁, 차별을 낳는 법률 속에도 존재하지 않는다. 진정한 선함은 스승들이 이렇게 전해주는 데서 비롯된다. "나는 당신을 고무시키고, 가르치고, 당신의 육체를 넘어선 존재로 이끌어 줄 것이다. 나는 당신에게 생명의 물, 영원한 생명을 줄 것이며, 하늘의 수많은 거처, 모든 차원을 이해할 수 있는 지식을 전할 것이다. 그러기 위해서, 당신은 더 이상 원시적인 존재로 머물지 않고, 본래의 신적 존재로 깨어나야 한다."

당신이 그 지식을 원한다면, 먼저 성숙해져야 한다. 그것을 배울 자격을 스스로 쌓아야 한다. 무엇보다 중요한 것은 그 지식을 삶 속에서 실천하며 살아가는 것이다. 단지 머리로 아는 데 그쳐서는 안 된다. 당신 안에서 타오르는 살아 있는 불꽃처럼, 생생하게 타올라야 한다. 그것이 바로 그들이 세운 법이었다. 그들은 당신의 알려진 역사 전반에 걸쳐 당신의 문명들을 지켜보아 왔다. 그리고 당신이 스스로를 파괴하거나 완전한 타락의 길로 빠지지 않도록 오랫동안 이끌어 왔다.

마음이 더 이상 배우려 하지 않고, 영혼이 삶에 참여하지 않게 되면 인간은 점차 육체적 본능에 따라 움직이게 된다. 존재는 타락하고, 타락이 그들의 현실이 되어버린다. 소돔과 고모라도 거대한 우주선에서 발사된 원자 에너지에 의해 단 한 순간에 사라졌다. 그 일 역시 눈 깜짝할 사이에 일어났다. 왜 그런 일이 일어났을까? 도대체 인간의 영혼이 얼마나 깊이 추락해야 들판의 짐승과 성관계를 맺는 행위조차 종교적 의식이라 믿게 되는 것일까?

그런 상태에 이르면 배움은 멈춘다. 그 의식은 분리되어야 하며, 그 씨앗은 제거되어야 한다. 그래야 계속 진화할 수 있다. 당신은 너무도 신성하게 창조된 존재이다. 하지만 때로는 신성을 스스로 훼손한다. 지혜를 배울 수 있는 본래의 길을 자신의 손으로 막아버리는 것이다. 그렇게 당신은 스스로의 능력과 생명의 연결 고리를 끊고, 결국 자신이 살아가는 이 지구마저 파괴하게 된다. 당신은 그만큼 위대한 존재이다. 그러므로 우주와 관련된 모든 일들이 당신의 의식 안에서, 그리고 당신의 삶 속에서 일어나는 것이다. 지금까지 위대한 존재들이 해온 일은 단 하나, 당신이 스스로를 해치고 무너지는 것을 막기 위한 것이었다. '신성한 개입'이라는 말을 들어본 적이 있는가? 나 역시 그 일에 깊이 관여해 왔다. 그리고 여전히 누군가는 이렇게 말할지도 모른다. "자유의지가 있는데, 어떻게 개입할 수 있을까?" 질문에 대한 대답은 이것이다. 은총을 통해서. 당신이 스스로를 파괴하지 않도록 돕기 위해서이다.

이 존재들은 숭배의 대상이 아니며, 우상처럼 떠받들 존재도 아니다. 그들은 모세의 시대에 나타났던 신들이며, 부처의 시대에도 존재했던 자들이다. 아미타 이전의 시대에도 이미 이곳에 있었고, 무려 만 년 전에도 지구에 와서 진리의 흐름을 세상에 전했던 존재들이었다. 그들이 당신에게 영원의 문을 숨기고 가로막고 있다고 생각하는가? 그렇지 않다. 그들은 오히려, 당신이 스스로 깨어나 그 문과 연결될 수 있는 능력을 내면에서 발견하기를 바라고 있다. 그 빛의 다리를 놓는 일, 그것은 당신의 의식 속에서 이루어지는 일이다. 그것이면 충분하다. 그들은 단지, 그 다리가 놓이기를 조용히 기다리고 있을 뿐이다. 그리고 바로 그것이, 지금까지 그들이 해온 일이기도 하다.

그들은 한 도시를 파괴한 일을 두고 마음이 흔들렸을까? 아니다. 전혀 그렇지 않다. 왜일까? 그들의 의식은, 영혼과 생각이 영원한 존재라는 것을 이해하고 있기 때문이다. 그들은 이 삶이 전부라고 믿는 좁고 제한된 사고방식에 갇혀 있지 않았다. 그들은 어떤 존재를 유전적으로 제거할 수도 있다. 하지만 그것은 영혼이 더 크고 더 완전한 육체 안에서 다시 일어설 수 있도록 돕기 위한 것이다. 그들이 지금까지 해온 일은 언제나 바로 그것이었다.

주관적인 사고에서 벗어나 객관적인 의식으로 나아가는 일은 결코 쉬운 과정이 아니다. 당신은 우주선이 와서 어딘가로 데려가 주기를 바라고 있을지도 모른다. 그것이 당신의 바람이며, 그 외에는 쉽게 마음이 움직이지 않을지도 모른다. 그런 태도가 반드시 잘못된 것은 아니지만, 그런 방식으로는 어디에도 닿을 수 없다. 앞으로 나아가기 위해서는 무엇보다 '하나 됨'을 배우는 것이 필요하다. 지금, 이 순간 하늘에서 이 모든 일이 일어나고 있는 바로 이때 당신이 이곳에 있다는 것이 정말 단순한 우연일까? 아마도 무언가가 당신을 이곳으로 이끌었을지도 모른다. 그것은 어쩌면 당신 안에서 들려오는 작은 목소리일지도 모른다. "더 나은 사람이 되어보자. 우리의 생각을 낡은 믿음과 관습, 제약된 틀 너머로 확장해 보자. 그리고 마침내 빛나는 존재가 되어보자." 혹시 지금이야말로 그 문을 열 수 있는 순간이 아닐까? 그 문은 사실, 단 한 순간이면 열릴 수 있다. 정말로 단 한 순간이면 충분하다.

당신은 언덕 위에서, 한 도시가 순식간에 불길에 휩싸이는 모습을 보고 나서야 비로소 생각하기 시작했는가? 깊은 밤하늘 아래에서 문득 지금껏 붙들고 있던 수많은 믿음, 당신이 믿어온 수많은 작은 신념들이 사실은 환상에 불과했다는 것을 깨달은 적이 있는가? 그 짧은 순간, 당신은 알았을 것이다. 당신이 신성한 마음과 연결되어 있다는 것을. 모든 위대한 스승들이 접속해 있던 그 의식과 당신 또한 하나로 연결되어 있다는 사실을. 그리고 그 연결은 당신 안의 신성이 깨어나는 바로 그 순간부터 시작된다. 깨닫는 데는 단 한순간이면 충분하다. 그리고 그 순간 이후, 당신이 살아가는 현실은 완전히 달라지기 시작한다. 이것이야말로 모든 위대한 스승들이 당신 안에 일어나기를 바랐던 단 하나의 바람이었다. 그리고 언젠가 그들은 자신들의 신성한 도구와 지혜를 거두어 이곳을 떠났다. 그러나 떠나면서도 바랐다. 그들이 남기고 간 진리의 씨앗이 인류라는 정원 안에서 조용히 자라나기를. 결국, 당신은 그들의 형제이자 자매이기 때문이다. 비록 겉모습은 다를지라도, 본질에 있어, 신 앞에서는 당신은 그들과 같은 존재이다. 그리고 지금, 그들은 그 씨앗이 당신 안에서 조용히 싹트고 자라나기를 기다리고 있다.

말하겠다. 암흑시대 동안, '성스러운 전쟁'이라는 이름 아래 무려 이억 오천만 명의 사람들이 목숨을 잃었다. 그 시기에, 발견된 모든 고대의 학교들, 돌과 파피루스, 가죽에 새겨진 진리의 기록들까지 악마적인 것이라 불리며 불태워졌다. 진리는 철저히 파괴되었다. 그래서 그 시대를 '암흑기'라 부르는 것이다. 그 당시 사람들은 글을 읽지도, 쓰지도 못했다. 완전히 문맹이었다. 한때 번영했던 고대 그리스에서는 모든 백성이 글을 읽고 쓸 줄 알았다. 그들은 종교가 말하는 유일신이 아니라 여러 신들을 섬기고 있었다. 그러나 오늘날의 '신'은 당신이 문맹이 되기를 바란다. 이는 종교를 지배하는 자들이 만들어낸 해석이다. 당신을 억압하고, 당신 안에서 진리가 강물처럼 흘러나오는 것을 철저히 막기 위한 장치였다. 그 시대에 파괴될 수 있는 모든 것이 다 파괴되었다.

왜 지금까지 그런 유물들을 찾지 못했을까? 그것은 유물들이 당신에게 충격을 주고, 지금까지 믿어온 것들이 잘못되었음을 드러낼 수 있기 때문이다. 그래서 누군가는 유물들을 없애려 했다. 오늘날 과학자들은 이러한 규칙을 따른다. '사람들이 받아들일 수 있는 범위를 넘는 주제는 논문으로 쓰지 말 것.' 당신도 잘 알다시피, 우리가 사실이라고 믿는 이 세계조차, 합의된 인식의 범주를 벗어난 것은 모두 철저히 차단되어 통제되고 있다. 당신은 진실을 마주할 기회를 빼앗긴 채, 이 세상을 지배하는 이들을 위해 묵묵히 일하게 되는 것이다.

위대한 스승들은 지금의 지구를 어떻게 보고 있을까? 상처와 궤양으로 뒤덮인 채 해변으로 밀려와 썩어가는 물고기들을 보며, 한때 울창했던 숲이 이제는 앙상하게 말라 죽어가는 모습을 보며, 그들은 과연 어떤 생각을 할까? 약물과 술, 왜곡된 성적 행위로 인해 인간의 삶이 파괴되는 것이 당연하게 여겨지는 도시들, 도둑질이 거리에서만이 아니라, 법으로 신성시된 권력의 자리에서조차 벌어지는 세상, 그 모든 것을 보며, 스승들은 과연 무엇을 느낄까? 그들의 눈에 지금, 이 세상이 유토피아로 보일까? 정말로 당신이 훌륭하다고 생각할까? 아니다. 전혀 그렇지 않다. 그런데도 그들이 왜 여전히 이 세계를 주시하고 있을까? 이유는 지금 인류가 50만 톤 규모의 '코발트 폭탄'을 만들 수 있는 능력을 지니고 있기 때문이다.

이 폭탄이 이 세상, 그리고 지구 위에 존재하는 모든 생명체를 완전히 파괴할 수 있다. 그렇다면, 위대한 스승들은 이처럼 무서운 비밀을 손에 쥔 사람들을 어떻게 바라보고 있을까? 그들은 누구이며, 그들의 의식은 과연 어떤 수준에 머물러 있을까? 당신이라면, 이웃에게 코발트 폭탄을 맡길 수 있는가? 당신의 자녀에게는? 혹은 당신이 살고 있는 도시의 시장에게는? 가장 친한 친구에게는? 가장 미운 사람에게는? 아무렇지 않게 던진 말 한마디에 자존심이 상처받아 마음속으로 크게 끓어올랐던 적, 누군가를 때리고 싶을 만큼 화가 치밀어 올랐던 순간이 한 번쯤은 있었을 것이다. "내가 겪은 고통을 그들도 느껴야 한다"라는 생각에 모든 걸 다 무너뜨리고 싶은 충동이 문득 올라왔던 순간도 있었을지 모른다. 바로 그러한 본성이야말로 정말로 위험한 것이다. 그리고 이 본성 때문에, 당신이 영원한 존재로 향하는 문은 굳게 닫혀 버린다. 그러한 본성을 지닌 누군가가 코발트 폭탄을 손에 쥔다면, 그 결과를 상상해 보라. 혹시 내가 지금 공포를 조성하고 있다고 생각하는가? 아니다. 나는 지금, 진실을 있는 그대로 전하고 있을 뿐이다.

접촉과 보존의 자격, 그 열쇠는 단순한 마음이다.

"그들은 단순한 마음과 접촉하려 할 것이다. 그러나 단순한 마음이야말로 천재성과 탁월함, 그리고 깨달음의 불꽃을 품고 있다. 철학자는 깨울 수 없다. 광신적인 종교인도 마찬가지다. 끊임없이 찾아 헤매는 구도자 역시 깨울 수 없다. 왜냐하면 그들은 늘 찾기만 하기 때문이다. 당신이 나라고 믿는 그 작은 이미지, 스스로 자랑스러워하는 그 모습조차 깨울 수 없다. 그러나 단순한 마음은 불을 지필 수 있다."

- 람타

지금 세상에 어떤 일이 일어나고 있는지 아는가? 왜 당신이 이 가르침을 배워야 할까? 지식을 통해 더 깊은 통찰력을 얻기 때문이다. 그 통찰이 당신을 구원할 것이다. 당신을 지켜줄 수 있는 것은 오직 지식뿐이다. 진리는 언제나 보존된다. 진리가 당신 내면의 신성 안에 들어 있고, 신성이 삶에서 드러난다면, 당신 역시 보존될 것이다. 이보다 더 단순한 진리는 없다. 이 점을 제대로 이해하려면, 지금 당신과 함께 일하고 있는 존재들이 누구인지 알아야 한다. 그들은 바다의 물고기들, 자신들이 사랑하는 생명들이 인간의 플라스틱과 오수, 그리고 온갖 쓰레기로 인해 파괴되는 것을 원치 않는다. 이점을 깊이 새겨라. 내가 살아온 시대를 말할 때 당신은 나를 야만적이라고 생각할지도 모른다. 나는 결코 지구를 오염시키지 않았다. 나에게 이백만 명의 군대가 있었지만, 그들의 배설물은 땅속으로 스며들어 자연 속에서 순환되었다. 산더미처럼 쌓아두지도 않았고, 화학물질로 분해해 바다에 버리지도 않았다. 플라스틱도 종이도 없었다. 오토머신이라 불리는 편리한 기계 문명도 없었다. 우리에게는 두 다리와 훌륭한 말들이 있었고, 우리의 조상들에게는 빛으로 움직이는 배가 있었다. 우리는 오염의 흔적을 남기지 않았다. 우리는 땅에서 나는 것을 먹었고, 다시 땅으로 되돌려보냈다. 원시적으로 보일 수 있겠지만, 그 안에는 진실의 씨앗이 담겨 있었다. 이제 당신은 이 진실을 사람들에게 전할 수 있다. 그들의 마음을 열고, 지식을 나누어 주라.

그러면 그들은 영원히 보존되어야 할 존재가 될 것이다. 그들이 바로 진리의 신들이기 때문이다.

지식은 당신이 얼마나 많은 편의를 누리고 있느냐에 달려 있지 않다. 편리함만을 추구한다는 것은 당신 자신이 게으르다는 사실을 말해줄 뿐이다. 참된 지식은 오직 자각에서 나온다. 그리고 지식은 진리를 드러내고, 진리는 당신이 어떤 존재인지를 스스로 깨닫게 한다. 당신이 이곳에 온 이유는 참된 자아와 마주하기 위해서이다. 적어도 의식을 넓혀, 수많은 문명을 단숨에 무너뜨렸던 그 유치한 에고 이미지를 넘어서기 위해서이다. 당신은 깨달음을 얻기 위해 이 자리에 왔다. 그리고 깨달음은 지식으로부터 시작된다. 지식이 당신 안에서 열정으로 타오를 때, 깨달음은 마침내 삶 속에서 구현되어, 당신을 차원 간 마음으로 살아가게 할 것이다.

위대한 스승들은 왜 언제나 단순한 사람들을 선택했을까? 그들이 어리석어서도, 머리가 나빠서도 아니었다. 오히려 충분한 지성을 지니고 있었고, 진리를 흐리지 않을 만큼 단순한 마음을 지니고 있었기 때문이다. 그들에게는 자신을 내세울 에고 이미지가 없었기에, 진리가 왜곡되지 않고 맑게 흘러들 수 있었다. 그래서 예언자와 조력자, 그리고 스승들과 함께 진리를 전하는 이들로 선택되었다.

지식이란, 학교에서 배우는 이론이 아니며, 그마저도 대부분은 검증되지 않은 가설에 불과하다. 지식은 당신이 몸에 몇 개의 크리스털을 지니고 있느냐, 혹은 얼마나 많은 비전의 진리를 알고 있는지와도 아무런 상관이 없다. '비전의 진리'가 무엇인지 아는가? 그것은 어떤 진리가 한 개인에게 깊이 스며들어, 그 사람 내면의 신성이 드러남을 뜻한다. 이것이 바로 진리가 개인에게 드러나는 방식이다. 진리에서 개인적인 해석을 걷어낼 수 있다면, 그때 비로소 당신은 별들과 연결되는 참된 지식을 얻게 된다. 왜냐하면 진

접촉과 보존의 자격, 그 열쇠는 단순한 마음이다

리가 오직 나를 위한 것이라는 생각, 그리고 모든 것을 개인적인 의미로만 해석하려는 태도와 집착이야말로 의식의 확장을 막고 더 큰 의식과 하나 되는 길을 차단하기 때문이다.

당신들 가운데 오랫동안 람타의 가르침을 따라, 자아의 이미지를 배우고 한계를 넘어 의식을 넓히는 방법을 익혀온 사람들도 있을 것이다. 하지만 아직 그것을 배우지 못한 이들도 있다. 이미 깨달음을 얻은 자라면, 이 말이 곧장 마음에 와닿을 것이다. 당신이 배운 대로, 개인적인 자아를 내려놓을 때 진정으로 연결될 수 있다. 어떤 존재들이 접촉하려 할 것이다. 그러나 그들은 단지 비전의 지식에만 집착하는 자들과는 접촉하지 않는다. 우주의 구조나 영적 진리를 개념적으로만 이해하려는 이들과도 접촉하지 않는다. 또한 '나는 이렇게 보여야 한다'라는 생각에 사로잡혀 특정한 옷차림이나 격식에 자신을 가두는 이들과도 접촉하지 않는다. 기억하라. 한 부족이 하늘에서 짐을 떨어뜨렸던 하늘을 나는 배를 신으로 여기며 제단을 만들고 의식을 준비하며 그 배가 다시 오기를 기다렸던 일을. 당신은 그들이 돌아와 당신을 어디론가 데려갈 거라고 생각하는가? 단지 당신이 그들과 닮았다는 이유로? 그렇지 않다. 당신은 그들이 어떤 모습인지조차 알지 못할지도 모른다. 그들이 접촉하려는 대상은 단순한 마음을 지닌 자들이다. 단순한 마음이야말로 천재성과 빛남, 깨달음의 불꽃이 타오를 수 있는 바탕이다. 철학자의 마음은 쉽게 깨어나지 않는다. 광신적 종교인의 마음도 마찬가지다. 끊임없이 무언가를 찾아 헤매는 구도자의 마음 역시 그렇다. 그들에게는 '찾는 것' 자체가 목적이다. 만약 그들이 깨달음을 얻는다면, 더 이상 찾지 않게 될 것이다. 그러나 그들은 멈추지 않고 끝없이 찾는다. 당신이 '나'라고 고집하는 작은 자아의 이미지 - 무엇을 좋아하고 싫어하는지, 무엇을 믿고 믿지 않는지, 무엇을 아름답다고 혹은 추하다고 여기는지 - 모든 것을 담고 있는 자아의 이미지에는 빛이 스며들 수 없다. 하지만 단순한 마음에는 불을 지필 수 있다.

앞으로 다가올 날들 속에서 존재들은 더욱 자주 모습을 드러낼 것이다. 그들은 점점 더 분명하게, 그리고 더 의식적으로 드러날 것이다. 그들이 찾는 것은 '씨앗들'이다. 이는 또 다른 형태의 보존을 위한 변화이자, 다음 단계로 나아가는 과정이다. 씨앗이 되려면 모든 이해의 장벽을 넘어야 한다. 무엇이든 정의하고 이름 붙여야만 이해할 수 있다고 생각한다면, 그런 마음은 결코 씨앗이 될 수 없다. 느낌과 직감, 본능, 그리고 설명할 수는 없어도 이미 알고 있는 듯한 확신의 울림을 받아들이는 마음, 그것이 곧 내가 말하는 직관적이고 신비로운 마음이다.

지금까지 인류가 경험한 가장 위대한 문명은 '새로운 지성'에서 비롯되었다. 이 지성은 언제나 신비로운 마음, 즉 직관적 의식에서 시작되어, 이후 과학적 사실로 이어졌다. 문을 여는 열쇠는 언제나 신비로운 마음인 것이다. 그들과 접촉한 이들은 함께 길을 걷는 동반자가 되었다. 당신 또한 그들의 동반자이다. 그들은 당신에게 주고, 나누고, 함께하며, 당신 역시 그들에게 되돌려준다. 이것이 관계의 본질이다. 이 관계에는 종교적인 의미가 담겨 있지 않다. 마찬가지로, 활주로에 종교적인 것도 영적인 것도 없듯, 영성이란 종교의식이나 교리 속에 갇힌 개념이 아니다. 직관적 의식에서 나오는 지성(혹은 지혜)은 존재의 근본 구조, 즉 현실의 양자적 본질 속에 본래부터 내재되어 있다. 그것이 바로 신비로운 마음이다.

그들은 돌아오고 있다. 아니, 사실 이미 이곳에 와 있다. 그리고 점점 더 분명하게 모습을 드러내고 있으며, 이제는 더 이상 그들의 존재를 부인할 수 없게 될 것이다. 사회의 일부는 깊은 잠에 빠져 있다. 최면에 걸린 듯, 무슨 일이 벌어져도 조롱하고 외면할 뿐이다. 눈앞에서 보고 있으면서도 존재

접촉과 보존의 자격, 그 열쇠는 단순한 마음이다

하지 않는다고 말할 것이다. 사람들이 오랜 시간 단 하나의 방식으로만 생각하도록 길들여져 왔기 때문이다. 만일 어떤 권력이 사람들을 선동하여 '적'이라 낙인찍고, 분노를 부추긴다면, 중산층은 종교라는 이름 아래 움직이게 될지도 모른다. 중산층에게 종교는 하나의 무기이다. 분노만 심어주면, 사람들은 군대처럼 몰려가 죄 없는 이들을 짓밟게 될 것이다. 사람들은 언제나 그런 방식으로 움직여 왔다.

당신의 밤하늘에 모습을 드러내는 존재들은, '씨앗들'을 데려가 지식을 심어주고, 의식 속에 깊은 영향을 남기며, 함께하기 위해 이곳에 온 것이다. 그렇다면 그것은 어떻게 이루어지는가? 그저 '존재하는 것'만으로 가능하다. 나의 의식과 에너지(C&E®)[2] 훈련 기법은 자아의 이미지를 불태우고, 의식을 자연스럽게 '지금, 이 순간' 속으로 이끈다. 바로 지금, 이 순간의 의식에는 과거도 미래도 없다. 오직 지금의 느낌, 하나의 자각만이 있을 뿐이다. 바로 자각 안에서, 당신은 위대한 마음과 연결되기 시작한다. 당신 안에 빛이 켜지는 듯한 느낌이 들고, 그들은 당신을 인식하게 된다. 실제로 그들은 지금 당신을 보고 있다. 존재하는 그 자체 안에서, 당신은 의식을 점차 더 추상적인 차원으로 이끈다. 그러므로 자아의 이미지를 불태워야 한다. 오직 의식의 추상적 영역에서만 차원 간 마음과 연결되기 때문이다. 이 연결은 단순히 꿈을 시각화한다고 해서 이루어지지 않는다. 무언가를 상상한다고 해서 가능한 것도 아니다. 마음이 열려 있을 때만, 비로소 연결된다. 당신들 가운데는 이미 그들과의 만남이 예정된 이들이 있다. 만남은 이미 다가오고 있으며 지금, 이 순간 실제로 일어나고 있다. 어떤 이들은 이미 체험했다. 마음이 단순할수록 - 의식을 더 크게 확장할 수 있을수록 - 삶 속에서 진정한

---

[2] 람타의 의식과 에너지(Consciousness & Energy) 훈련 기법에 대한 자세한 설명은 용어 해설 참조

동반자를 만날 가능성도 더 커진다.

  이것이 정말 대단한 진실이라고 느껴지는가? 그렇다면 한 가지를 말하겠다. 이와 같은 심오한 지식 때문에 한순간에 사라져 버린 문명들도 있었다. 그러나 또 어떤 문명은, 지식을 지닌 존재들과 함께 씨앗을 뿌리며 시작되었다. 그들은 생명의 과정을 통해, 유전적으로 새로운 종을 탄생시키려 하고 있다. 동시에 파괴적이고 추하며, '자아 이미지'에 집착하는 그 작고도 집요한 욕망을 없애려 하고 있다. 유전적으로 당신은 인간이지만, 그 기원은 지구 위의 선형적 흐름에만 있지 않다. 그 뿌리는 별들 너머, 태양 너머까지 이어져 있다. 당신은 유전적으로 진화해 온 존재이다. 어쩌면 당신의 '신'이 이 유전적 흐름을 선택한 이유는 바로 당신과 연결되기 위해서가 아닐까? 어쩌면 당신은 본래 그렇게 연결되도록 만들어진 존재일지도 모른다. 세상이 틀렸다고 말할지라도, 당신의 마음 깊은 곳에서는 그것이 옳다고 느낀 적이 있었는가? 그리고 그 앎을 따른 적이 있지 않았는가? 만약 당신이 그 '앎'을 따랐다면, 결국 연결될 것이다. 왜냐하면 당신 안의 신성은 자아 이미지로는 결코 알 수 없고, 사회적 의식으로는 결코 이해할 수 없는 앎을 이미 알고 있기 때문이다. 사회적 의식은 오직 문명이 만든 음모가 가르쳐 준 것만을 알고 있으며, 그 이상은 절대로 받아들이지 않는다. 틀을 벗어난 진실은 믿으려 하지 않고, 기존 체계로 규정되지 않은 신의 모습이 나타나면 그것을 거부하고, 파괴하려 든다. 그들은 '악'을 뿌리 뽑겠다고 말하지만, 실제로는 '진실'을 없애려는 것이다. 그런 방식으로 그들은 이 지구를 지배해 온 것이다.

  마음속 위대한 자리에 이르려면 의식을 맑게 정화해야 한다. 그렇다고 단식하거나 삶을 회피한다고 해서, 혹은 시각화한다고 해서 의식이 맑아지는 것은 아니다. 단지 마음이 또 하나의 환상을 만들어낼 뿐이다. 당신은 자

접촉과 보존의 자격, 그 열쇠는 단순한 마음이다

신의 마음이 얼마나 놀라운 능력을 지니고 있는지 아는가? 마음은 이 방 안에 빛을 만들어낼 수도 있다. 그러나 역시 환상이다. 실제로 아무 일도 일어난 것도 없고, 당신 자신은 여전히 변하지 않았기 때문이다. 의식이란 바깥으로 나아가 존재들과 연결될 때, 개인적인 색깔을 버리고 객관적으로 열려 있는 상태. 자신을 드러내기 위한 것이 아니라, 함께하기 위한 의식이다. 당신에게 필요한 것은 그들을 자연스럽게 끌어당기는 자력을 지닌 의식이다.

당신은 그들이 어떻게 생각하는지는 알 수 없다. 당신은 단 두 문명을 눈 깜짝할 사이에 사라지게 할 수 없기 때문이다. 왜일까? 당신이 삶을 태어나서 죽는 것이라고 믿고 있기 때문이다. 그 믿음 때문에 당신은 그들의 생각을 이해할 수 없는 것이다. 당신은 영혼의 불멸성을 알지 못하면서도, 자신을 영적인 존재라 믿는다. 그러나 영혼의 불멸성을 깨닫지 못하면, 자연이 왜 때때로 모든 것을 거칠게 파괴하는지를 결코 이해할 수 없다. 자연은 단 몇 시간 만에 한 문명을 무너뜨릴 수 있다. 실제로 단 네 시간 만에 하나의 문명이 흔적도 없이 사라진 적도 있었다는 사실을, 나는 당신에게 말해두고 싶다.

당신에게 묻겠다. 만약 지구가 갑작스럽게 회전하여 모든 바다가 육지를 덮치고, 눈앞의 모든 생명 - 신성한 존재라 불리는 인간들까지도 - 이 순식간에 쓸려가 버린다면, 당신은 어떻게 받아들이겠는가? 또 지진이 일어나 수많은 사람들이 목숨을 잃는다면, 어떻게 받아들일까? 어쩌면 크게 와닿지 않을지도 모른다. 왜냐하면 당신과 직접적인 연관이 없는 객관적 사건에 불과하며, 희생자들이 당신의 가족이나 친척이 아니기 때문이다. 당신은 그들을 알지 못하기에 그저 안타깝다고 느끼고는 다음 날이면 또 다른 뉴스로 눈을 돌릴 뿐이다. 지진으로 숨진 사람들을 당신이 기억하지 못하는 이유는 당신과 직접적인 관련이 없었기 때문이다. 그러나 그것이 당신의 일이 된다면, 상황은 완전히 달라진다.

   자연이 모든 일을 그토록 무심히 행한다는 사실에 대해, 당신은 어떻게 생각하는가? 만약 당신이 자연이라면, 과연 그렇게 할 수 있을까? 이제 당신이 어떤 존재인지 이야기하겠다. 다리에 상처가 난다면, 당신은 그것을 닦고 소독하고 붕대로 감쌀 것이다. 왜냐하면 당신은 상처 속의 박테리아를 철저히 없애려 하기 때문이다. 그러나 박테리아도 또한 의식을 지닌 생명이다. 당신은 상처가 감염되기를 원하지 않는다. 그렇다면 감염을 일으키는 것은 무엇인가? 또 다른 생명이다. 그렇지 않은가? 당신은 박테리아가 당신을 해치기 전에 먼저 없애려 할 것이다. 그렇다면 묻겠다. 초월적 생명과 미세한 생명은 어디에 있는가? 당신이 답해 보라. 생명력은 본질적으로 모두 같은 것이 아닐까? 그렇다. 당신이 지금 존재하며, 의식이 깨어 있고, 영원한 존재라면 알게 될 것이다. 생명력이란 존재하는 것 그 자체임을. 생명력은 박테리아 안에서도, 당신 안에서도 똑같이 강렬히 흐른다. 위대한 의식 안에는 높고 낮음이 없고, 크고 작음도 없다. 분리라는 개념조차 존재하지 않는다. 만약 그런 의식에 깨어 있다면, 당신은 결코 그런 행동을 하지 못할 것이다. 하지만 당신은 살아남기 위해 비누칠 한 번으로 박테리아 문명 전체를 쓸어버린다. 직접적으로는 그런 일을 하지 못하리라 생각하면서도, 그들을 알지 못하기에 아무렇지 않게 해버린다. 이것이 바로 비인격성이다. 그러나 당신은 알고 있다. 그들이 또 다른 곳에서 다시 번식할 것임을. 그것이 바로 삶의 방식이다. 그렇다면 이제 묻겠다. 당신은 과연 얼마나 위대한 존재일까?

   당신들 중 어떤 이는 이 말을 듣고 도망치듯 자리를 떠나 이렇게 말할지도 모른다. "람타라는 자, 제정신이 아니야? 의식도 없고, 사람들한테 공포

접촉과 보존의 자격, 그 열쇠는 단순한 마음이다

만 심어 주잖아. 문명을 파괴해야 한다는 소리까지 했다니까." 그러나 사실이다. 진실을 알게 되면, 진실은 당신을 자유롭게 한다. 무엇보다도 당신 자신에 대해 갖고 있던 생각에서 자유롭게 될 것이다. 위선자가 되지 말라. 당신이 상처에 생긴 박테리아를 아무렇지 않게 없애듯, 생명력이 하나의 연속된 흐름임을 깨닫는 순간, 문명의 파괴조차 그 흐름의 일부로 받아들일 것이다. 죽은 존재들은 영이다. 순식간에 그들은 다시 빛 속으로 되돌아갈 뿐이다. 그리고 당신이 감히 말할 수 있는가? 그들이 그 경험을 통해 진화하지 않았다고? 다시 돌아와 오늘의 당신이 되지 않았다고 확신할 수 있는가? 당신은 원자력이라는 단어만 들어도 두려움을 느끼는가? 생각만으로도 마음이 흔들리는가? 어쩌면 당신 역시 원자력의 파괴 속에서 목숨을 잃었던 것은 아니었을까? 그럴 수도 있다. 생명력이란 끊임없이 자신을 되돌리고 순환시키는 흐름일 뿐이다. 그리고 바로 그 흐름 속에 있는 존재가 당신 자신이다. 영이며, 혼이다. 지금 이 몸이 얼마나 무겁게 느껴지는가? 죽음을 떠올려 보라. 그 무게가 얼마나 깊은지 알게 될 것이다. 그렇다면 당신은 영으로서 얼마나 위대한 존재인가? 삶을 생각해 보라. 생각 자체가 당신의 위대함을 말해주지 않는가.

　당신은 과연 수천만 마리의 박테리아를 아무렇지도 않게 없애 버리는 '추상적인 의식'과 연결될 준비가 되어 있는가? 이렇게 말하니 조금 더 실감나는가? 의심 많은 당신, 한번 생각해 보라. 누가 그 박테리아들에게 아내와 자식이 없었다고 단정할 수 있겠는가? 누가 그것들 가운데 임신한 박테리아가 없었다고 말할 수 있겠는가? 어쩌면 정말 그랬을지도 모른다. 당신은 태어나지도 못한 박테리아들까지 죽였다. 이제 조금 이해가 되는가? 물론 잘 알고 있다. 이 말들이 당신을 불편하게 한다는 것을. 나 또한 살얼음판을 걷는 듯한 심정이다. 왜냐하면 당신 안의 자아 이미지가 이 이야기를 사랑도 없고 의식도 없는 냉정한 사고방식으로 받아들이려 하기 때문이다. 그러나 진정으로 깨어 있는 이들만이 그 너머의 깊은 이해로 나아갈 수 있다. "이런 말들을 하는 사람이 어떻게 영적 스승일 수 있겠어? 무섭고, 믿기지도 않아." 이렇게 생각하는 사람이 있다면, 그건 바로 위선이다. 그리고 그런 생각을 가진 이들은 머지않아 상처 하나쯤 생기게 될지도 모른다. 그때 누군가 말할 것이다. "박테리아부터 없애야 합니다." 이 말을 들으면, 오늘 이 가르침을 기억하라. 생명력이 무엇인지, 그리고 그 생명력조차 결국 신이라는 사실을. 왜냐하면, 모든 것이 신이기 때문이다. 바로 이 가정에서 우리의 이해는 시작된다. 그렇다면 신이 아닌 것은 무엇인가? 당신이 그것을 정할 수 있는가? 위대한 스승들이 신이 아니라고? 그들 역시 신이다. 그렇다면, 당신은? 당신도 신이다. 내가 무지라고 부르는 것은 바로 이 진실을 보지 못하는 상태를 말한다.

이제 당신은 박테리아를 이전과는 전혀 다른 눈으로 바라보게 되었을 것이다. 참으로 위대한 가르침이다. 이 가르침은, 당신을 오랫동안 묶어 두었던 작은 신념과 고정관념, 그리고 그 안에 숨어 있던 무지에서 벗어나 더 넓은 인식으로 나아가게 하기 때문이다. 이런 과정을 거쳐야만 위대한 마음을 가질 수 있다.

오늘의 가르침이 당신의 시야를 넓히는 작은 계기가 되었기를 바란다. 만약 잠시라도 시야가 트였다면, 그것은 의식이 한순간 밝아진 짧은 체험일 것이다. 당신이 생명력에 대해 조금이라도 깊이 생각해 보았다면, 당신은 이미 자기 죽음에 대해 작지만, 확실한 승리를 거둔 것이다. 의식이 바뀌면 현실도 바뀌기 때문이다. 현실은 결국 당신의 의식에서 비롯된다. 이제 당신은 문명 전체가 눈 깜짝할 사이에 사라질 수도 있지만 존재들은 여전히 영원히 살아 있다는 사실을 이해하게 되었을지도 모른다. 그렇다면 당신 역

접촉과 보존의 자격, 그 열쇠는 단순한 마음이다

시 절대로 죽지 않는다. 왜냐하면 그 인식이 곧 당신의 현실이 될 것이기 때문이다. 이제 이해하기 시작했는가? 그동안 많은 사람들이 진리를 말한다고 했지만, 대부분은 결국 되풀이된 무지에 지나지 않았다. 선과 악, 높고 낮음, 분리된 존재들, 그리고 내면의 신이 아닌 외부의 신에 관한 이야기들뿐이었다. 그러면서도 사람들은 명상하며 손을 펼쳐 들고, 어디선가 무언가를 받으려 한다. 이것이 바로 위선이다. 자신의 힘이 생명이 전혀 없는 외부의 대상에 달려 있다고 믿으며 살아가는 것, 그것이 위선이다. 신은 밖에 있지 않다. 신은 당신 안에 있다. 묻겠다. 당신은 지금까지 얼마나 무지했는가? 당신의 마음은 얼마나 굳게 닫혀 있었는가? 혹시 당신의 세계는 당신 스스로 만든 이미지로만 이루어져 있지는 않는가? 그렇다면, 차라리 이 자리를 떠나라. 틀에 갇힌 채로는 더 이상 어떤 것도 배울 수 없기 때문이다. 당신은 이미 금기와 미신, 편견, 그리고 스스로 진리라 믿는 수많은 생각들로 자신을 꽉 채워 버렸다. 그리하여 당신 안에는 더 이상 깨달음이 들어설 자리가 없다. 왜냐하면 당신은 단순하지 않기 때문이다. 너무 복잡해져 버렸기 때문이다. 과거에는 복잡하다는 말이 칭찬처럼 들렸을지 모른다. 이제는, 그 말이 곧 자신의 무지를 드러내는 표현이 되어버렸다.

단지 밖으로 나가 별들을 향해 손을 내민다고 해서 해결되지 않는다. 그것만으로 충분했다면, 그들은 애초에 당신 중 누구도 선택하지 않았을 것이다. 정말 중요한 것은, 그곳에 이르게 하는 지식을 배우고, 무엇보다 자신의 마음을 여는 것이다. 행위가 옳으냐 그르냐를 따지는 것은 무의미하다. 그들은 탐욕으로 인해 자신을 스스로 파괴하는 연약한 유전 계열의 존재들을 일깨우고, 진리를 가진 이들을 돕기 위해 움직이고 있을 뿐이다. 그게 전부다. 그들은 당신이 많은 재산이나 사회적 지위를 가지고 있다고 해서 앞에 나타나지 않는다. 당신은 지구를 궤도 밖으로 밀어낼 수 있는 강력한 우주선을 바라보며, 그들이 당신의 작은 힘에 감명받을 것이라고 생각하는가? 아니다. 전혀 그렇지 않다. 그렇다면 당신의 도덕심이나 스스로 선하다고 믿는 기준에 매혹될까? 그럴 이유 또한 없다. 당신이 말하는 선함은 무엇을 기준으로 정해지는가? 어떤 일은 절대 하지 않으면서 또 다른 일은 아무 거리낌 없이 행하며, 그것을 덕 있는 행동이라 여기는 건 아닌가? 그것은 미덕이 아니라 무지이며, 깨달음이 아니라 정체된 마음일 뿐이다. 그들은 이유 없이 자신을 드러내지 않는다. 목적 없는 개입도 하지 않는다. 그들은 진리를 전할 이들, 그리고 언젠가 빛의 다리를 놓아 두 세계를 이어 줄 사람들에게만 나타날 것이다. 빛의 다리는 필요할 때 나타났다가, 이내 사라질 것이다.

당신은 이 세상을 구하러 이곳에 온 것이 아니다. 아니, 그렇다. 이미 날마다 그럴 기회가 있기 때문이다. 따갑게 들릴 수 있지만 반드시 들어야 한다. 잘 들어보라. 자동차의 시동을 걸 때마다, 마트에서 플라스틱에 싸인 물건을 살 때마다, 변기의 물을 내릴 때마다, 일회용 쓰레기를 아무렇지 않게 버릴 때마다, 당신은 지구를 죽이고 있다.

이 말이 따갑게 느껴지는가? 정신이 번쩍 들고, 본질로 되돌아가는 느낌이 드는가? 속으로는 이렇게 말하고 있을지도 모른다. "그럼, 내가 뭘 할 수 있죠? 우리는 원래 이렇게 사는데요?" 바꾸면 된다. 당신은 매일 그 방식을 바꿀 기회를 얻고 있다. 그들은 단지, 생명의 흐름이 끊기지 않도록 이곳에 와 있을 뿐이다. 당신은 입으로는 이렇게 말한다. "그래, 나도 그걸 지지해." 그러나 자기 자신을 변화시키는 행동을 하지 않는다면, 당신은 위선자다. 이 말 또한 따갑게 들릴 수 있지만, 당신은 진실을 들어야 한다. 지금 우리가 말하는 것은, 당신을 깨우고 성장시키며, 지식을 통해 우리와 의식적으로 소통하려는 존재들에 관한 이야기이다. 우리가 지금 이야기하고 있는 것은, 만 년 전 문명 전체를 지워버린 존재들이다. 그들은 진리를 남겨 두고 떠났다. 하지만 그 진리를 불태운 것은 바로 당신이다.

변화는 단순하다. 단순한 변화는 당신의 현실 전반에 걸쳐 자연스럽게 드러난다. 말만으로는 충분하지 않다. 중요한 것은 당신 자신이 변화 그 자체가 되어야 한다는 점이다. 만약 당신이 억지로 그렇게 되려 애쓰고 있다면, 그것은 변화가 아직 당신의 의식 속에 뿌리내리지 않았다는 뜻이다. 원하지 않는 일을 억지로 하려는 것은 진화가 아니라, 오히려 자신을 억누르는 일이다. 만약 위선자로 살기를 선택했다면, 솔직히 인정하라. 그리고 세상 앞에 당당히 선언하라. "나는 위선자다"라고. 변화하고 싶지 않다면, 변화하지 않아도 된다. 그 선택 또한 존중받을 수 있다. 그렇다고 해서 당신이 사랑받지 못하는 것은 아니다. 나는 여전히 당신을 사랑한다. 만약 당신이 진정으로 원하는 곳에 이르고자 한다면, 그리고 이 세상에 온 참된 이유를 이루고자 한다면, 그저 가만히 앉아 누군가가 빛으로 당신을 강타해 주기를 바라서는 안 된다. 그것만으로는 전혀 충분하지 않다.

의식은 선형적이지 않다. 의식은 모든 것이며 전체이다. 당신은 한 차원에서 존재하는 동시에, 모든 차원에서도 존재한다. 그리고 당신이 어떤 존재인지는, 바로 지금 당신이 '어떻게 존재하고 있는가'에 따라 드러난다. "당신이 얼마나 신을 사랑하는가에 따라 모든 것이 결정된다"라는 말은 어리석은 주장이다. 자신을 사랑하지 않고서는 신을 진정으로 사랑할 수 없다. 당신이 자신을 진정으로 사랑할 수 있을 때, 비로소 모든 것과 연결된 의식 속에서 변화가 일어난다. 당신의 삶은, 지금, 존재들이 이루려 하는 일에 불을 붙이는 하나의 고유한 불꽃이다. 그리고 앞으로 10년 동안, 점점 더 구체적으로 실현될 것이다. 그것은 단지 무엇을 하는 것이 아니라, 그 자체가 되는 것이다. 그러니 내 말이 너무 가혹하게 들린다고 해서 다른 영적 스승들에게 가서 불만을 토로하며 위안을 구하지 말라. 나는 이 말을 당신 각자에게 개인적으로 하고 있으며, 당신 또한 개인적인 것으로 받아들여야 한다. 지금 이 삶을 진심으로 살아가라. 그리고 삶을 통해 객관적인 마음에서 비롯된 더 넓고 높은 의식을 얻어라.

내가 왜 이렇게 열정적으로 말하고 있는지 아는가? 내가 당신을 바라볼 때, 당신 안에 깃든 아름다움과 신성을 보기 때문이다. 당신은 신적인 존재다. 그러나 그 위에는 여전히 거칠고 무심한 껍질이 덧씌워져 있다. 나는 껍질 너머에서도 여전히 문명화된 인간, 산업화한 인간의 얼굴을 본다. 그렇다면 묻겠다. 당신은 언제 껍질을 태워버리고 본래의 자리에서 설 수 있을까? 그 껍질을 벗고 본래 모습으로 존재할 때, 비로소 그들의 의식과 본질이 드러나기 때문이다. 지구의 오랜 역사 속에서, 만약 그들이 여러 차례 개입하지 않았다면 지금 지구는 이미 생명 없는 황무지가 되었을지도 모른다. 화성을 아는가? 한때 그곳도 지구처럼 살아 숨 쉬는 세계였다. 인간만 남겨졌을 때 어떤 일이 벌어지는지를, 화성은 분명히 보여주고 있다. 그곳의 생생한 사진을 본 적이 없다면, 내가 하나 보여줄 수도 있다. 이제 지구를 바라보라. 이 행성에는 분명한 의도가 존재한다. 여기 살아가는 이들과 지구를 지켜내려는 깊은 뜻이 담겨 있다. 그리고 당신을 위한 지식과 진실이 담겨 있다. 앞으로 당신은 경이로운 일들을 보게 될 것이다. 운이 좋은 몇몇은 여정에 직접 함께하게 될 것이다. 잊지 마라. 지금 당신은 상상하는 것 이상으로 놀랍고도 위험한 시대를 살아가고 있다.

미지의 세계를 알고 싶다면, 그것을 멀리 있는 대상으로만 보지 말고, 당신 자신이 바로 그 세계가 되어야 한다. 그것은 결코 당신과 분리된 어떤 것이 될 수 없다. "나는 지구를 사랑한다"라는 말이 당신의 진실이라면, 스티로폼 용기에 담긴 햄버거를 사지 말라. 진실과 어긋나는 행동이다. 진실과 하나 되는 삶이란, 햄버거를 그냥 손으로 받는 것이다. 당신의 손을 보라. 손은 씻을 수 있고, 버릴 필요도 없으며, 어디든 함께한다. 특별히 챙길 것도 없다. 그냥 말하라. "그냥 손에 달라." 참 멋진 일이 아닌가? 한번 해보라. 아주 작은 예이지만, 진실에서 벗어나지 않고 살아가는 하나의 방식이다. 바로 의식 속에서 '하나 되는 것'이다. 말이 단지 말에 머무르지 않고, 살아 있는 말이 되어, 의식이 생각을 넘어 삶 속에서 움직이기 시작하는 순간이다. 그들이 바라는 것도 바로 그것이다. 이해하는가? 바로 그 단순함이다. 그러나 복잡한 사람은 이렇게 반응할 것이다. "글쎄요, 이론적으로는 맞는 말일 수도 있죠. 하지만 현실적으로, 경제 상황이나 무역 적자를 고려할 때 일회용품을 없애는 건 현명하지 않습니다. 고기는 어디서 수입하죠? 남미에서요. 그건 우리가 빌려준 돈을 받기 위해 만든 무역 구조입니다. 그걸 멈추면 경제가 흔들리고, 채권 시장이 무너질 겁니다. 게다가 채권 시장이 미국 자산의 80퍼센트를 소유하고 있다는 사실, 알고 있나요?" 바로 이런 사고방식을 가진 이가 복잡한 사람이다. 무슨 말인지 알겠는가?

사실은 아주 단순하다. 어떤 것도 복잡하지 않다. 모든 것은 그저 있는 그대로 존재할 뿐이다. "햄버거를 내 손에 달라. 포장지로 내가 받겠다. 어차피 그것도 다시 땅으로 돌아갈 테니까. 그러니 햄버거는 그냥 내 손에 주면 된다. 내 손은 씻으면 그만이다. 그리고 언젠가 내가 이 몸을 떠나게 되면, 이 몸 역시 썩어 자연으로 돌아갈 것이다. 어쩌면 언젠가 내 뼈가 흙 속에서 꽃 한 송이를 밀어 올릴지도 모르겠다. 비료가 되어, 다시 생명을 틔우게 될 것이다. 모든 것은 다시 지구로 돌아간다."

당신은 이렇게 생각할지도 모른다. "그런데 이건 내가 연결되고 싶은 것과는 전혀 상관없는 이야기잖아." 그렇지 않다. 매우 깊은 관련이 있다. 왜냐하면 예언자는 언제나 단순한 사람들 가운데서 나왔기 때문이다. 진실이 살아 숨 쉬는 빛의 흔적은 언제나 그들 안에 남아 있었다. 단순한 사람들은 보존되어야 할 씨앗과도 같은 존재이다. 그 단순함 속에서 진짜 천재성이 피어난다. 복잡한 사람들에게는 그런 천재성이 들어설 자리가 없다. 그들의 시간은 언제나 효율과 생산성으로 가득 차 있다. 일주일 중 단 하루도, 여유라는 것은 존재하지 않는다. 복잡하고 똑똑하다고 여겨지는 사람들이 반드시 천재인 것은 아니다. 진짜 천재는 언제나 단순한 사람들 속에서 나온다. 산업혁명도 그러했다. 그 시작은 당시에 단순하다고 여겨졌던 마음에서 비롯됐다. 그리고 훗날 그들은 천재라는 이름으로 불리게 되었다.

 소돔과 고모라, 안투시아와 엘라몬의 파괴에 관한 이야기가 불편하게 다가온다면, 당신이 아직 모든 진실을 받아들일 준비가 되어 있지 않다는 뜻이다. 다시 말해, 감정의 벽이 여전히 존재하고, 그 이상으로 나아갈 마음의 여유가 아직 없다는 뜻이다. 괜찮다. 당신은 지금, 당신이 받아들일 수 있는 만큼만 배우게 될 것이고, 볼 수 있는 만큼만 보게 될 것이다.

성간 존재들과 차원 간 존재들
그들의 비행선, 천사들 그리고 나의 백성

"이 존재들은 나의 형제들이며, 당신 모두의 유전자 속에도 그들의 흔적이 남아 있다. 그들은 문명의 흥망이 거듭된 오랜 세월 동안 줄곧 당신을 지켜보아 왔다. 어떤 문명은 사라졌으나, 그들은 신화와 전설 속에 자취를 남긴 채 오늘날까지 이어지고 있다.

- 람타

지금 이 순간, 이곳에는 차원 간 존재들과 그들의 비행체가 실제로 존재한다. 어떤 비행체는 전혀 다른 시간대, 다른 진동 속에 머물다가, 갑작스레 이 차원에 모습을 드러내기도 한다. 이 차원은 시간과 공간, 그리고 선형적인 사고가 강하게 작용하는 곳이기에, 존재들에게는 비행체가 필요하다.

성간 존재들, 성간이 무슨 뜻인지 아는가? 빛과 함께 움직이며 작용하는 존재들을 말한다. 일곱 자매로 불리는 플레이아데스 성단에서 오는 이들도 있지만, 더 강력한 집단은 안드로메다에서 온다. 이들은 빛을 타고 이동하는 항성 간 존재들이며, 초광속, 즉 빛의 속도를 훨씬 능가하는 방식으로 이동할 수 있다. 그래서 전혀 다른 항성계에서 이곳까지 단 몇 순간 만에 도달할 수 있는 것이다. 그들 일부는 사회 집단을 이루고 있으며, 또 다른 집단은 지구에 상주하고 있다. 그들은 지구 내부에 주둔하고 있으며, 당신 정부 또한 그들의 존재를 분명히 인지하고 있다.

우리는 지금, 서로 다른 세 차원의 존재들과 함께하고 있다. 그들 각각 고유한 의식과 차원 간 사고방식, 그리고 서로 다른 목적을 지니고 있다. 이제 내가 이야기하려는 이들은 북극성을 넘어 플레이아데스와 안드로메다에서 온 존재들이다. 특히 안드로메다에서 온 그들은 항성 간 존재일 뿐 아니라, 동시에 차원 간 존재이기도 하다. 바로 나의 백성들이다. 이 존재들은 매우 아름답다. 몸은 가늘고 유연하며, 온몸이 찬란히 빛난다. 키 또한 크고 장대하여, 당신 기준으로 2.4m에서 3m에 이른다. 말 그대로 거인처럼 보이며, 실제로도 거인이다. 신화 속에서 이 존재들은 '날개 달린 신들'이라 불렸다. 그들이 나의 백성들이다.

그들은 우리가 먹는 음식으로 살아가는 존재가 아니며, 생물학적 구조 자체가 우리의 유전 체계와는 본질적으로 다르다. 우리의 생명체는 음과 양, 부정적 에너지와 긍정적 에너지의 균형 위에 세워지지만, 그들은 자성, 즉 자기력으로 존재한다. 그들의 자성(Self)은 빛으로 이루어져 있다. 이 존재들은 빛에 감싸인 자기장 같은 몸을 지니고 있어, 음식을 섭취하는 대신 지식을 흡수하며 살아간다. 그들은 고대 언어로 진리를 의미하는 '프라나'로 생명을 유지한다. 그들의 머리는 매우 크지만, 모습은 놀라울 만큼 섬세하고 아름답다. 예로부터 사람들은 그들을 천사라 불렀다. 가브리엘도 그들 중 하나이며, 미카엘 또한 그렇다. 오랫동안 천사로 알려져 왔던 존재들은 지금은 나, 람타와 함께 일하고 있다. 그들은 본질적으로 백색광이다. 그들의 비행체는 만 개의 태양보다도 더 강렬하게 빛난다. 그들은 매우 강력한 사고 능력을 지니고 있어서 단 한 순간에 당신의 생각 속으로 들어올 수 있다. 그들은 자신들의 차원에 존재하는 거대한 구조물 안에 머물면서도, 진동을 통해 이곳을 내려다보며 당신을 관찰한다. 지금 내가 당신을 바라보는 것처럼, 그들은 어디에 있든 당신을 아주 가까이에서 지켜보고 있다. 이 유전적 계통이 왜 그토록 중요할까? 비록 이들이 한때 무모한 문명이 방사능을 대량으로 방출해 대기를 오염시키고, 이 행성을 파괴했을 때 다시 지구에 생명의 씨앗을 뿌린 존재들이기 때문이다. 의식이 타락해 문명이 무너졌을 때도, 그들은 다시금 이 지구에 생명의 씨앗을 심어왔다. 이런 일은 과거에도 여러 번 있었다. 지금 당신이 듣고 있는 이 이야기는 대부분이 처음 접하는 새로운 지식일 것이다. 그리고 지금의 인류 - 바로 당신 - 는 그들이 유

성간 존재들과 차원 간 존재들 그들의 비행선, 천사들 그리고 나의 백성

전적으로 이 땅에 다시 심은 씨앗에서 태어난 존재들이다.

당신의 영혼만이 아니라, 당신의 유전자 속에도 나쁜 아니라 신들의 유전자도 실제로 담겨 있다. 가브리엘과 미카엘 그리고 람타의 씨앗이 당신 모두의 유전자 안에 깃들어 있는 것이다. 당신의 모습은 영원히 존재해 온 문명보다는, 안드로메다의 존재들이나 차원 간 존재들과 더 닮았다. 지금, 시간의 흐름 속에서 당신은 우리가 나중에 이야기하게 될 다른 존재들보다도 그들과 훨씬 더 비슷한 모습을 지니고 있다.

그렇다면 왜 그들의 개입은 이 유전적 계열, 즉 이 혈통, 이 가문에서 시작되었을까? 그들의 유전 구조가 인간의 본래 유전자와 비슷하기 때문이다. 내가 창조에 대해 이야기했을 때 나는 오직 테라의 창조에 대해서만 말했지, 훨씬 오래전, 수십억 년 전부터 존재해 온 다른 은하들과 문명들의 기원에 대해서는 말하지 않았다. 내가 전한 것은, 남자(듀발)와 여자(데브라) - 첫 번째 영혼의 짝 - 에 대한 이야기와, 인간이 이 은하, 이 대기권, 그리고 노란 태양이 떠 있는 은하계 외곽의 작은 먼지 같은 행성에 처음 씨를 뿌리게 된 이야기뿐이었다. 나는 당신 이전에 유전적으로 존재해 온 모든 생명에 대해서는 말하지 않았다. 처음 이 차원에 등장한 인간의 모습은 지금과는 매우 달랐다. 당신 모두, 유인원과 다를 바 없었다. 온몸은 털로 덮여 있었고, 허리는 굽어 있었으며, 다리는 휘어 있었다. 몸에서는 지독한 냄새가 났다. 이것이 인류의 시작이었다. 신들의 시작이자, 이 차원, 이 세계에서 현실을 처음으로 경험한 순간이었다. 우리가 지금 이해하고 있는 진화의 출발점이기도 했다. 그 시절, 다른 차원에서 존재해 온 신들은 실제로 인간과 결합하여 탁월함의 씨앗을 심었다. 신들은 끊임없이 인간의 육체를 개선하며, 더 깊고 넓은 경험을 할 수 있도록 만들어주었다. 그래서 당신은 조상들과 닮아 있지만, 완전히 같지는 않은 것이다.

이 돌보는 존재들을 원한다면 천사들이라 불러도 좋다. 사실, 세상 사람들이 흔히 떠올리는, 순진하고 무지한 천사는 아니다. 이들은 우주의 질서를 다스리는 고차원 의식 존재들이며, 인류를 다시 잉태하고 씨앗을 심어 흐름이 이어지도록 이끄는 데 필요한 지혜와 능력, 통찰과 지식, 긴 수명까지 모두 갖추고 있다. 그렇다, 그들은 천사이다. 하지만 동시에, 당신처럼 매우 고도로 진화한 영혼들이기도 하다. 그들은 혼과 영을 지니고 있을 뿐만 아니라, 그것을 삶 속에서 살아내는 존재들이다. 겉모습이나 형상으로 영이 가려지지 않기에, 그들은 진정한 빛의 존재들이다. 그들도 진화하고 있을까? 물론이다. 다만 그들의 진화는 선형적인 방식이 아니다. 자신의 영혼을 안에서부터 완전히 펼쳐 드러내고, 그것을 삶 속에서 실현해 가는 방식으로 이루어진다. 그들은 정말 말로 다 표현할 수 없을 만큼 아름답다. 당신은 그들의 아름다움을 단편적으로만 느낄 수 있을 뿐이다. 그들이 당신을 돌봐온 이유는 단 하나다. 당신이 진정으로 그들의 형제이자 자매이며, 당신 모두가 같은 근원에서 나왔기 때문이다. 당신은 빛 속에서 창조되었으며, 그 빛은 지금도 당신 안에 살아 있다. 바로 그 빛이 당신을 하나로 묶는 본질적인 연결 고리다. 다만, 그들의 진화는 밖으로 드러나는 힘이나 문명의 성취가 아니라, 자기 안의 영혼을 깊이 깨닫고 펼쳐내는 방식으로 이루어졌다. 그들은 '일곱 번째 이해'를 거쳐 다시 돌아오는 여정을 아주 빠르게 이룬 존재들이다.

그들이 어디에 있는지는, 당신이 '일곱 번째 차원'을 어떻게 이해하는가에 따라 달라진다. 그들은 바로 일곱 번째 차원의 존재들이다. 내 형제들이기도 한 이 존재들은 당신의 유전자 속에도 깃들어 있다. 그들은 수많은 문명의 흥망이 거듭된 오랜 세월 동안 인류를 지켜보며 이끌어 온 존재들이다. 그들의 흔적은 일부 문명의 신화와 전설 속에 가느다란 실처럼 오늘날

성간 존재들과 차원 간 존재들 그들의 비행선, 천사들 그리고 나의 백성

까지 전해지고 있다. 때로는 그들의 출현과 소멸이 놀라울 만큼 정교하게 기록되기도 했다. 이스라엘 백성이 이집트를 탈출한 사건, 붓다가 성벽을 넘은 순간, 무함마드가 가브리엘과 만난 일. 이 모든 일들은 그들의 개입 없이는 불가능했을 것이다. 그들은 인류의 진화를 이끌고, 진화가 스스로 무너지지 않도록 지켜 온 존재들이기도 하다. 지금까지 그들을 실제로 본 사람은 많지 않다. 그러나 머지않아 그들의 모습을 직접 보게 될 날이 올 것이다. 그들을 마주하고도 영원히 영향을 받지 않을 사람은 많지 않을 것이다. 그들을 똑바로 바라볼 수 있는 사람조차도 많지 않을 것이다.

그들은 왜 당신이 스스로 진화를 못 하게 했을까? 당신의 문명에는, 겉보기에 사소한 선택 하나가 진화의 흐름 전체를 멈추게 할 뻔한 순간들이 있었다. 그만큼 당신의 의식은 강력하다. 당신은 그 힘으로 스스로 의식을 통과시켜, 자각 자체를 소멸시킬 수 있는 능력을 지니고 있다. 그래서 그들은 여러 번 개입해 왔다. 끊임없이 당신을 본능과 집착에서 끌어내 왔고, 독선적인 힘과 자기중심적인 지배에서 벗어나도록 도와주었다. 또한 당신이 진실을 외면하려는 완고한 집착 속에 빠질 때마다, 그들은 당신을 그 집착으로부터 끌어내 왔다. 또한 당신이 자신을 파괴하고, 우주의 에메랄드와도 같은 지구라는 생명체를 죽이려 할 때마다, 그들은 당신을 멈춰 세웠다. 왜 그렇게까지 하는 걸까? 그들이 당신을 깊이 사랑하기 때문이다. 당신이 지금, 육체를 넘어 존재하는 위대한 영과 혼이기 때문이다. 영은 당신을 끝없는 영원으로 이어 주며, 그 사랑은 당신이 앞으로 나아갈 수 있도록 이끌어 준다. 바로 그 사랑이, 그들이 개입해 온 이유다.

그들의 거대한 함선, 불의 전차

"모든 형태와 성질을 지닌 함선들이 존재한다. 고대에는 그것들을 '불의 전차'라 불렀다. 그 전차들은 선택된 존재들을 태우고 하늘로 올라간 뒤, 다시는 돌아오지 않았다."

- 람타

거대한 함선은 대부분 이 지구에서는 찾아볼 수 없는 낯선 금속들로 주로 만들어졌다. 이 금속들은 전체적으로 매우 가벼워, 함선의 일부를 어깨에 메고 나를 수 있을 정도이다. 금속들은 힘의 장이라는 특정한 에너지를 전달하는 역할을 한다. 힘의 장은 공기가 거의 없고, 절대온도(0도)에 가까운 아주 차가운 진공 상태에서 만들어진다. 진공 상태는 멈추지 않고 계속 작동하는 모터 엔진에 의해 만들어진다. 빛의 통로를 따라 움직이는 그들의 함선은 속도에 따라 빛의 강도, 함선을 감싸는 오라장의 강도가 달라진다.

　모든 형태와 성질을 지닌 함선들이 존재한다. 고대에서는 그것들을 '불의 전차'라 불렀다. 전차들은 선택된 존재들을 태우고 하늘로 올라간 뒤, 다시는 돌아오지 않았다. 함선들은 때로 구름처럼 보이기도 하고 불기둥처럼 나타나기도 한다. 이것 또한 사실이다. 그들의 함선은 단 한 사람만 탈 수 있을 만큼 작게 나타나기도 하고, 밤하늘의 절반을 덮을 만큼 거대하게 나타나기도 한다. 함선들은 빛을 발하며 경이로운 모습을 지니지만, 동시에 위험한 성질도 함께 가지고 있다. 특정한 주파수 - 여기서는 임의로 'rpm'이라 부르겠다 - 로 작동할 때, 매우 위험한 방사장을 방출하기 때문이다. 특정한 rpm 상태일 때 함선은 가장 안정적이지만, 지면을 불태우기도 한다. 불에 탄 땅에서는 수년 동안 어떤 식물도, 어떤 생명도 다시 자라지 못한다.

　그들의 함선에 오르면, 고주파 상태에서도 전혀 영향을 받지 않는다. 그러나 인간의 몸으로는 함선이 이동하는 속도와 진동의 강도를 감당할 수 없다. 그래서 존재들은 '젤로'와 비슷한 물질을 당신 몸속에 채워 넣는다. 이 물질은 장기와 몸 전체를 부드럽게 감싸고, 이후 그 몸은 산소가 공급되는 밀폐된 용기 안으로 들어가게 된다. 그렇게 해야만 성간 여행을 무사히 견딜 수 있기 때문이다. 그들은 실제로 당신을 다른 세계로 데려갈 수 있는 능력을 지니고 있다. 하지만 결코 당신에게 해가 되는 곳으로는 데려가지 않는다. 특히 그들과 깊은 연관이 있는 존재라면 더욱 그렇다. 그들이 사랑하는 방식은 우리가 아는 사랑과는 다르다. 그들은 생명력과 지식, 그리고 진리를 사랑한다. 그들 자신이 곧 생명력이자 지식이며, 진리이기 때문이다. 그들은 인간처럼 개인적인 사랑을 하지 않는다. 그들은 전체를 사랑하기에, 완전히 열리고 만개한 마음으로 의식과 하나 되어 조화를 이룬다. 존재들과 그들이 타고 온 함선의 모습은 임무에 따라 달라진다. 그들이 당신의 유전자 정보를 채취하기 위해 왔다면, 함선은 꼭 필요한 기능만 갖춘 간결하고 단순한 구조로 되어 있다. 반면 지리적 탐사를 목적으로 온 경우에는 훨씬 더 크고 정교한 장비를 갖춘 함선을 이용한다. 종종 바다나 강 위에 머물며 물을 이온화하기도 하고, 발전소 위에 떠서 유출되는 에너지를 관찰하기도 한다.

그들이 당신에게 손을 흔들거나 다가와 인사를 건네는 일은 없다. 만약 거대한 함선이 하늘을 가로질러 빠르게 지나가는 모습을 본다면, 그것은 임무 수행을 위해 어딘가로 향하고 있다는 뜻이다. 그리고 당신의 눈이 그 움직임을 따라갈 수 있다면, 정말 놀라운 일이다. 그들은 진공의 진동수를 높여 모습을 드러내거나 감출 수 있는 능력을 지니고 있다. 하늘 한가운데 나타났다 잠시 이동한 뒤, 갑자기 사라질 수도 있다. 사람들은 종종 그것을 '클로킹 장치'라고 부르지만, 사실 그들의 기술에 포함된 단순한 기능일 뿐이다. 함선이 일정한 속도에 이르면, 진동수는 더 이상 인간의 감각으로는 감지할 수 없다. 그 순간 우리의 눈에는 함선이 사라진 것처럼 보이게 된다. 그들은 단 몇 초, 아니, '하나, 둘, 셋, 넷, 다섯'을 세는 사이에 플레이아데스 성단의 저편으로 이동해버릴 수 있다. 그들은 당신이 아는 빛의 개념, 거리와 시간의 한계를 넘어섰다. 눈 깜짝할 사이에 태양 너머로 이동할 수 있고, 블랙홀을 통해 평행 우주로 들어갈 수도 있다. 그들은 이미 어디든 다녀왔으며, 모든 것의 모든 것을 탐험해 온 진정한 우주의 탐험가들이다. 그리고 바로 이 행성의 모호하고 불안정한 특성, 그리고 인간이라는 존재 때문에, 지금 이곳에 오고 있으며 앞으로 더욱 강력하게 모습을 드러낼 것이다.

외계 종족들, 그들이 드러낸 형상과 목적, 그리고 인간이 지닌 자유의지

"존재가 존재할 수 있게 하는 것은 무엇일까? 위대한 존재들이 사랑하는 것은 바로 그 본질이다. 그들이 말하는 '사랑'이란, 의식 속에서 아직 알려지지 않은 것을 향해 끊임없이 추구하는 '앎'의 여정이다."

- 람타

이 존재들의 모습은 실로 다양하다. 어떤 존재들은 눈에 띄지 않을 만큼 작아, 영국 서퍽 근처에서 묻혀 있던 그들의 잔해가 발견되기도 했다. 그들은 한때 이 행성을 식민지로 삼았으며, 오늘날 전설 속 요정이나 작은 사람들의 기원이 바로 그들로부터 비롯되었다. 그들의 몸은 손바닥 위에 올릴 수 있을 만큼 작지만, 그들이 타는 함선은 놀라울 만큼 정밀하고도 정교하다. 또 다른 유형은 오늘날 가장 널리 알려진 종족이다. 그들의 특징은 푸른 빛을 띠는 회색 피부, 크고 검은 눈, 머리카락과 귀가 없는 얼굴, 단순한 구멍 형태의 코다. 음식 섭취가 필요 없기에 입은 가느다란 틈만 남아 있다. 몸에는 근육이 없고, 힘줄과 연조직, 뼈로만 이루어져 있다. 이들은 음식을 먹지 않고 프라나를 섭취한다. 프라나는 고대에서 지식을 뜻하는 말이다. 이들은 어머니이자 신이라 불리는 존재를 통해 오랜 세월 지능만을 계속 발전시켜 왔으나, 그 과정에서 감정을 잃었다. 그래서 지금 이들은 인간의 씨앗을 가져가 자신들의 종족과 교배하며 감정을 되살리려 한다. 이들에게 눈물은 가장 귀한 보물이다. 이들은 이제 막 사랑을 배우고 있다. 또 다른 부류는 동식물의 조사를 위해 지구에 온 종족이다. 그들 행성의 표면이 아닌 내부에 거주하며, 그들은 육지 덩어리를 통째로 가져가 그 안에 담긴 유전적 씨앗을 채취하여 자신들의 식물 품종과 교배시켜 새로운 낙원을 만들기 위해 이곳에 왔다.

인간과 교배하여 자신들의 일부 종족을 탄생시킨 위대한 신들도 있다. 그들은 본성이 고귀하고 아름다우며, 대부분 키가 2미터를 넘는다. 등까지 내려오는 머리카락과 근육질의 당당한 체격을 지녔으며, 구릿빛을 띠며 때로는 황금빛으로 빛나는 피부를 가졌다. 눈동자는 파랑과 갈색으로 빛나며, 머리카락은 밝은 금발이거나 밤하늘처럼 어둡다. 전설 속에서 그들을 '엘프'라 불렸지만, 실제로는 고대 문명을 무너뜨리고 새로운 문명을 세운 신들이었다. 그들이 타는 함선은 눈부신 백색이며, 가까이에서 보면 잘린 돌처럼 각이 진 형상을 하고 있다. 비행이 시작되면 함선은 분홍빛으로 물들며 이내 시야에서 사라진다. 함선을 거대한 대지처럼 위장하기도 하고, 구름 형태로 모습을 바꾸기도 한다. 맑은 하늘에 외로이 떠 있는 구름 하나가 있다면, 그것이 바로 그들의 함선일지도 모른다.

그들은 자신들을 모티브로 한 영화들에 직접적인 영감을 불어 넣었고, 그 제작 과정에도 깊이 개입했다. 이들은 고대의 신들이며, 오늘날에도 하늘에 모습을 드러내는 자들이다. 그들은 북극성 너머에서 온 존재들이자, 나의 고대 민족이며, 자애로운 수호자들이다. 사람들은 그들을 천사, 대천사, 지배자, 그리고 '콘스턴즈'- 항상 존재하는 자들 - 라 불러왔다. 참으로 존경받아 마땅한 존재들이다. 그들은 인간의 작고 무지한 마음을 통해 종교라는 개념을 탄생시킨 자들이며, 지금도 여전히 사람들에게 믿음을 주기 위해 마리아나 요셉의 모습으로 나타난다. 목적은 오직 하나, 새로운 진리를 전하고 피와 무지의 악취를 씻어내며 인류가 진리에 눈뜨게 하려는 것이다.

당신들 가운데는 자신도 모르는 채 이 집단에 속해 있는 이들이 있다. 겉으로는 평범하고 친절해 보이지만, 실제로는 놀라울 만큼 거대한 정신을 지닌 존재들이다. 그들은 관찰자이자 첩자이며, 무엇보다 인간의 현실을 깊이 이해하고, 그 정보를 끊임없이 공유한다. 어떤 이들의 콧속이나 귓바퀴 뒤,

외계 종족들, 그들이 드러낸 형상과 목적, 그리고 인간이 지닌 자유의지

혹은 직장 깊은 곳에 탐지기가 삽입되어 있다. 그 순간 당신은 이미 그 시스템의 일부가 된 것이다. 이 탐지기는 시신경 가까이에 밀착되어 있어, 그들은 당신의 눈을 통해 세상을 본다. 그렇다면 왜 그날 밤, 당신이 마음속으로 "그들을 보여 달라"거나 "무언가를 보여 달라"고 바랐을 때 어째서 그 순간에 반응했을까? 그것은 그들이 당신의 생각을 들었기 때문이다. 당신의 귀 뒤에 탐지기가 있는 것이다. 그들이 어떻게 당신이 있는 바로 그곳에 나타날 수 있었겠는가? 단순한 우연이 아니다. 그들은 언제나 당신이 어디에 있는지를 안다. 당신이 무엇을 읽고, 무엇을 듣고, 말하는지, 어떤 길을 걸으며, 어떤 삶을 살아가는지, 모든 것을 안다. 그들은 끊임없이 당신을 관찰하고, 연구하고 있다. 씨앗 사람들, 그들이 바로 이 탐지기를 가진 자들이다.

    탐지기에 대한 조사는 지금도 활발히 진행되고 있다. 하지만 그것을 지닌 사실이 유행처럼 여겨져서는 안 된다. 이 자리에 있는 많은 이들이 이미 그 장치를 갖고 있지만, 그렇다고 해서 "당신은 몇 개나 있어요?"와 같은 또 다른 도그마를 만들 필요는 없다. 당신 중에는 이미 그런 장치를 지닌 이들이 많고, 그것은 전혀 문제가 될 일이 아니다. 장치는 분명한 이유가 있어 존재하는 것이며, 언젠가 그 실체가 드러날 날이 올 것이다. 어느 날 코를 풀다가 그것이 불쑥 튀어나올 수도 있다. 작은 모래알처럼 보여 대수롭지 않게 넘길 수도 있겠지만, 손끝에 까슬까슬한 감촉이 느껴진다면 포자 같은 것인가 하고 의아해할지도 모른다. 괜찮다. 그런 것이 나온다고 해서 당신이 버림받았다는 뜻은 아니다. 결코 그런 의미가 아니다.

    "그렇다면 나의 자유의지와 권리는 어떻게 되는 겁니까?" 좋다. 우리는 당신의 권리가 지금까지 어떤 결과를 낳았는지 너무나도 분명히 보아 왔다. 그렇다면 묻겠다. 당신은 그 권리를 어떻게 사용하고 있는가? 타인에게는 올바르게 사용하고 있는가, 아니면 끊임없이 그들을 판단하고 있는가? 당신은 화를 잘 내는 편인가? 아니면 참을 줄 아는가? 그렇다면 지구에 대해서는 어떠한가? 당신은 이 세상을 더 나은 곳으로 만들기 위해 무엇을 하고 있는가? 당신의 존재는 이 지구에 축복이 되고 있는가, 아니면 짐이 되고 있는가? 당신은 과연 얼마나 바른 존재인가? 자유의지는 또 어떠한가? 당신의 의지는 정말로 - 진심으로 - 이 세상을 파괴하기 위해 존재하는 것인가? 설마 그 모든 것이 자유의지라고 단정할 수 있겠는가? 아니면 단지 당신 개인의 현실 안에서만 작동하는 도구일 뿐인가? 그렇다. 당신의 자유의지는 당신 개인의 현실 안에서만 유효할 뿐, 모두가 따라야 할 절대적인 진리는 아니다. 그리고 당신은 결코 절대적 지식을 판단할 수 있는 마음을 지니고 있지 않다. 당신은 여전히 자신의 편견과 두려움에 갇혀 있기 때문이다. 결국, 당신의 자유의지는 무엇이 현실이고 무엇이 환상인지를 분별할 수 있는 그 판단력의 깊이에 따라 한계가 결정된다. 그리고 한계가 결정되고 난 이후부터는 자유의지가 더 이상 어디에도 존재하지 않는다. 당신의 과거가 사라진 것처럼, 자유의지도 사라진다.

그렇다면 존재들과 함께하는 자유의지는 어떻게 되는 걸까? 당신이 이곳에 온 이유 중 하나는 지식을 얻기 위함이다. 일종의 내기와도 같다. 그들은 당신의 성격, 정신, 그리고 의식의 가능성을 보고 진화할 수 있는 존재라는 희망에 기대를 거는 것이다. 그렇다면 그들은, 동물에게 추적기를 부착하고 이동 경로를 관찰하는 당신과 얼마나 다를까? 둥지에서 어미 닭을 치우고 병아리를 손으로 쓰다듬으며 애정을 표현하는 당신과 얼마나 다를까? 조심스럽게 다시 원래대로 돌려놓긴 하지만, 그 닭의 자유의지는 어디에 있었을까? 병아리는 당신에게 "만져도 돼요"라고 허락한 적이 있었나? 당신은 물어본 적이 있었나? 아니, 묻지 않았다. 당신의 행위가 자연에 대한 애정과 이해에서 비롯된 것이라 믿기 때문이다. 그래서 괜찮다고 여긴 것이다. 그렇다면 그들은 당신에게 물어봤을까? 아니다, 그들도 묻지 않았다. 그들 또한 자신들의 행동이 종의 보존을 위한 일이라고 믿고 있기 때문이다. 자유의지란 상대적인 개념일 뿐이다.

　이제 신은 어떤 존재일까? 신은 여러 존재일까? 그렇다. 신은 당신 자신일까? 그렇다. 병아리를 품고 있는 어미 닭도 신일까? 그렇다. 신은 남성일까? 맞다. 여성일까? 역시 맞다. 존재 그 자체인가? 그렇다. 생명력인가? 맞다. 바로 그 생명력이 모든 것을 존재하게 한다. 위대한 존재들이 말하는 사랑은 사실 지식이다. 그들이 말하는 사랑은 의식을 통해 아직 드러나지 않은 진리를 향해 끊임없이 나아가는 탐구의 여정이다. 바로 그들의 여정이다. 그 여정이 당신의 삶과 그렇게 다르다고 생각하는가? 당신 역시 기쁨을 안겨줄 어떤 모험을 찾고 있지 않은가? 그리고 그 모험, 어딘가 미지의 세계에서 오기를 바라지 않는가? 찬란한 우주선이 나타날 수 있는, 바로 그 미지의 세계 말이다. 결국 당신도 그들도 모두 같은 미지의 근원에서 길을 찾고 있다. 당신은 그곳에서 사랑을 구하고, 그들은 지식을 추구한다. 모두가 '신'이라 불리는 하나의 의식, 모든 것을 꿰뚫는 지성, 전 존재(All-in-All)로부터 각자의 방식으로 원하는 것을 받는 셈이다.

　당신이 이 세상에서 작은 소망을 품고 있을 때, 그들은 그들의 세계에서 거대한 창조를 하고 있다. 빛은 어디에서 오는가? 그들은 그 빛을 어디서 얻는가? 미지의 세계에서, 그리고 그들 자신의 의식으로부터 비롯된다. 그들이 당신과 본질적으로 다른 존재인가? 아니다. 단지 진화의 깊이가 크게 다를 뿐이다. 당신이 시든 화초를 살리기 위해 물을 주듯, 그들 또한 당신을 구하기 위해 독소를 제거하려는 것이다. 당신은 과연 그들과 다른가? 아니다. 신, 곧 존재의 본질이란, 당신과 그들의 여정 속에서 아직 완전히 드러나지 않은 존재의 근원을 뜻한다. 밤하늘을 환히 밝히는 찬란한 힘신과, 조용히 깨달음을 구하는 한 사람은 본질적으로 같다. 그리고 당신 또한 그들과 같은 방식으로 연결되어 있다. 당신과 그들을 하나로 잇는 것은 하나의 깨달음이며, 각자의 소망을 실현하기 위해 나아가게 하는 동일한 근원이다. 당신과 모든 빛의 여행자를 하나로 모으는 것은 의식 속에 깃든 그 근원이다. 그곳에서 당신은 작은 자아와 참된 자아를 하나로 일치시킨다.

당신은 북극성 너머에 존재하는 신들보다 전혀 부족하지 않다. 그들은 키가 2.4m가 넘고, 황금빛 시나몬처럼 빛나는 피부를 지녔으며, 하늘처럼 푸르거나 깊은 밤처럼 짙은 갈색 눈을 지니고 있다. 어깨를 덮고 등을 따라 흐르는 비단결 머리칼, 완벽하게 다듬어진 근육 위로 흘러내리는 그들의 모습. 그들은 나이를 잊은 얼굴을 하고 있으며, 넓은 이마와 단단한 턱선을 갖춘 아름답고 위엄 있는 존재들이다. 당신은 그들과 다르지 않다. 단지 현실이 다를 뿐이다. 당신은 어둠 속에 비친 자기 모습을 보며, 구원받을 가치조차 없다고 여길지 모른다. 그러나 그들은 당신을 바라보며, 그 안에서 신을 본다.

이 모든 말들이 하나하나 이어져, 당신이 받아들이고 마음에 새길 수 있는 훌륭한 지식이 된다. 이 말은 당신 안의 작은 자아 - 쉽게 흔들리고 자신을 가두는 그 자아 - 그 자아가 쌓아온 벽들을 허물기 위해 전해진 것이다. 지식은 빛과 같다. 빛이 어둠을 밀어내듯, 지식은 무지를 걷어낸다. 지식은 당신 안의 어둠을 몰아내고, 마침내 빛을 보게 하려는 것이다. 그리고 당신은 반드시 빛을 보게 될 것이다. 지식은 당신의 마음을 사로잡고, 생각하게 만들며, 생각이 곧 행동이 되도록 이끈다. 마치 손을 내밀어 햄버거를 집어 들고, 그것을 맑은 물에 씻는 행위와도 같다. 단순한 행위이지만, 그 안에서 진실이 되고, 의식이 되며, 상처받을까 두려워 겉모습만 유지하던 정체된 모습에서 벗어나는 길이 된다. 당신은 그 누구보다 위대하지도, 그 누구보다 부족하지도 않다. 존재의 차이는 오직 현실의 깊이, 의식의 정도가 만들어 낸 차이에 불과하다. 그게 다다.

　당신 중에는, 이 모든 것을 이해하고 싶어 이 자리에 온 이들도 있을 것이다. 어느 날 밤, 하늘을 올려다보다가 놀라운 광경을 목격했을 때, 그 순간을 무지의 눈으로 흘려보내지 않고 진실을 향한 여정의 시작으로 받아들이고 싶었기 때문이다. 이것은 누군가에게 보여주기 위한 일이 아니다. 진실을 가려내고, 씨앗을 선택하기 위한 여정이다. 나는 당신이 그에 합당한 존재이기를 바란다. 그러면 당신은 새로운 세상과 새로운 시대를 보게 될 것이다. 오랫동안 과학이라는 이름 아래 덮여 있던 낡은 금기들을 꿰뚫어 보게 될 것이다. 모든 것이 씻겨 나가고, 지배자들이 무너진 뒤에는 지식이 다시 강물처럼 흐르게 될 것이다. 그리고 당신은 다음 생이 아닌, 바로 지금, 이 생에서 그 흐름에 동참하여 그 일부가 될 수 있다. 나는 당신이 그렇게 되기를 진심으로 바란다. 앞으로 많은 이들이 다양한 존재들과 접촉하게 될 것이다. 더 이상 두렵고 막연한 꿈이 아니라, 생생히 기억되는 실제의 경험이 될 것이다. 경험을 통해 당신은 새로운 무언가를 이해하게 될 것이며, 깨달음은 다가올 시간 속에서 당신 안에 살아남아 빛을 발하게 될 것이다. 그러하리라(So be it).

외계 개입과 고대 지혜 학교를 통한 인류 의식의 보존

"그들은 몇몇 특별한 인간들의 탄생에 직접 개입해 왔다. 또한 고대 지혜 학교의 설립에도 깊이 관여했으며, 그곳에서 스승으로서 가르침을 전하기도 했다. 때로는 특정한 이들을 선택해 데려가 의식을 열어 주고 '생명의 물'을 부여한 후 다시 세상으로 돌려보냈다. 그렇게 하여 진리가 세상에 전해졌다."

- 람타

이 짧은 이야기 속에서, 나는 당신의 문명을 비롯해 수없이 태어나고 사라지며 다시 태어나 진화해 온 수많은 문명을 다 말하기에는 오늘 하루로는 턱없이 부족하다. 당신보다 훨씬 앞선 문명들 또한 지구 위에 존재했다. 그들 역시 타락과 부패로 인해 스스로를 무너뜨렸고, 권력의 오용과 원자, 물질을 쪼개는 힘을 남용한 끝에 멸망했다. 그들의 과오와 흔적, 기억들은 바다 깊은 곳에 잠들어 있거나 지금도 용암 속에서 녹아 사라지고 있다. 그러나 절대적인 파괴 속에서도 살아남은 이들이 있었다. 그들의 씨앗이, 지금 이 자리에 앉아 있는 당신 가운데 얼마나 남아 있을까? 어떻게 한 문명은 무너졌는데 다른 문명은 살아남을 수 있었는가? 당신보다 앞선 형제자매들이, 당신이 자신을 무너뜨리지 않고 앞으로 나아갈 수 있도록 오랜 세월 동안 지켜보고 돌보아 주었기 때문이다. 그들은 인류의 수호자이며, 아주 오래전부터 이 지구를 지켜 온 존재들이다. 지금, 이 순간에도 그들은 대기 상층에서 끊임없이 일어나는 녹색 폭발을 통해 공기 중의 유독 물질을 중화시키고 있다. 만약 그들이 그렇게 해오지 않았다면, 지구는 이미 검은 구름에 뒤덮여 더 이상 생명이 살아갈 수 없는 곳이 되었을 것이다. 그런데도, 당신은 여전히 하늘을 오염시키며 오염이 언젠가 어디론가 사라질 것이라 믿고 있다. 태양 너머로, 혹은 먼 우주 어딘가로 흩어져 버릴 것이라 말한다. 그러나 절대로 사라지지 않는다. 오염은 지금, 이 순간에도 이 생명의 터전을 조용히,

그러나 확실하게 감싸고 있을 뿐이다.

　그들은 몇몇 특별한 인간들의 탄생에 직접 개입해 왔다. 또한 고대 지혜학교의 설립에도 관여했으며, 그곳에서 스승으로서 가르침을 전하기도 했다. 때로는 특정한 이들을 선택해 데러가 의식을 열어 주고, 생명의 물을 부여한 뒤 다시 세상으로 돌려보냈다. 그렇게 하여 진리가 세상에 전해졌다.

　당신은 이렇게 질문할지도 모른다. "그렇다면 왜 그들이 직접 나서서 하지 않는 것입니까?" 바로 여기에서 선형적 사고의 한계가 드러난다. 그렇다면 내가 당신의 두뇌를 꺼내어 물에 담근 뒤, 끓는 열로 무지를 모두 태워버릴 수는 없을까? 머릿속에 구멍을 뚫고 그 안에 바람을 불어넣어 깨끗이 씻어낼 수는 없을까? 혹은 녹음기를 집어넣고, 안에 담긴 지혜를 들려줄 수는 없을까? 그렇게 해서 당신의 수고도 줄이고, 나의 답답함도 덜어낼 수 있다면 얼마나 좋겠는가? 그러나 그렇게 할 수 없는 데에는, 하나의 위대한 법칙이 존재한다. 바로 표현의 의지, 곧 자유의지라는 법이다. 이것은 오래된 진리이다. 당신은 모두 하나의 형제이며, 각자의 의지에 따라 진화해야만 한다. 의지는 존중받아야 하며, 스스로의 깨달음을 통해 성숙해 가야 한다. 그래서 그들은 구름 속에 숨어 있고, 멀리 떨어져 있는 것이다. 그들은 당신에게 진리의 씨앗을 던져준다. 씨앗은 당신을 위대함으로 이끌며, 스스로 사고하고 개별적 존재로 일어나게 한다. 그렇게 되어야 당신이 그들의 의식 수준에 도달할 수 있고, 그제야 소통이 가능해진다. 그들이 불현듯 모습을 드러내어 당신의 현실에 개입한다면, 무슨 일이 일어나겠는가? 사람들은 맹목적으로 '신이 돌아오셨다'라고 믿으며 그들 앞에 엎드려 절하거나, 두려움에 사로잡혀 산속으로 도망칠 것이다. 그러나 그것은 진정한 깨달음이 아니다. 진화가 아니다.

　미신적 믿음에 사로잡힌 사람들은 위대한 존재 앞에서 위축되는 순간,

스스로 생각할 힘을 잃어버린다. 더 이상 성장하지 못한다. 그 빛이 너무도 두려워 벌벌 떨며 종처럼 복종하거나, 산이 무너져 자신을 감싸주길 바라며 도망칠 뿐이다. 그렇다면 그들이 당신에게 무엇을 하겠는가? 당신을 삶아 인간 볶음밥을 만들어 내놓겠는가? 아니면 입에 커다란 호박이라도 쑤셔 넣겠는가? 이런 식의 왜곡된 인식 때문에 지금껏 그들과의 소통이 이루어지지 못했다. 바로 그런 마음의 상태야말로 지금까지 당신이 외부로부터 개입을 받아온 이유이며, 실제로 그 개입이 당신에게 필요했던 이유이기도 하다.

이 위대한 존재들은 과거에 인간 여성과 관계를 맺었고, 당신의 남성들을 유혹하기도 했다. 그들은 자신들의 씨앗으로 위대한 인간들을 탄생시켰으며, 당신은 바로 그 씨앗의 후손들이다. 그래서 당신 안에는 밤하늘을 올려다보게 만드는 깊은 그리움이 깃들어 있다. 그것은 본능처럼 유전 속에 새겨진 자연스러운 그리움이다. 영은 오직 신을 그리워하고, 육신은 자신의 유전적 뿌리를 그리워한다.

수많은 문명이 파괴되었다. 그러나 문명들의 영혼과 정신은 '씨앗의 백성들' 속에 다시 태어났다. 나의 백성들은 살아남을 자들, 씨앗의 사람들을 직접 길러냈다. 그들이 누구였는지, 당신은 알고 있는가? 그들은 미리 경고를 받고 산으로 피하거나 동굴 속으로 몸을 숨겨 끝내 살아남은 이들이다. 모든 파괴와 격변 속에서도 꿋꿋이 생존한 이들이다. 그리고 지금, 그들의 유전자는 오늘 당신 안에서 살아 숨 쉬고 있다. 그들은 도덕적 존엄성과 영적 자질을 지녔으며, 잃어버린 빛의 의식을 되찾기 위해 인간과 관계를 맺었다. 그리하여 위대한 존재들을 창조했다. 다시 본래의 운명으로 돌아가, 자연스럽게 진화하고 앞으로 나아갈 존재들이다. 그래서 언젠가 고대의 지혜 학교들이 다시 세워지고, 한때 이 지구 위에 존재했던 그들의 통로 또한 다시 열리게 될 날이 올 것이다.

위대한 피라미드들 - 이미 파괴된 것들과 간신히 보존된 하나 - 모두는 고대 지혜 학교의 성소였다. 차원을 통과하는 빛의 통로가 열려 있었고, 선택받은 입문자들만이 학교에 들어갈 수 있었다. 그리고 이제, 그 학교들이 다시 열릴 날이 머지않았다. 시간과 거리, 공간의 경계가 무너지고 차원들이 서로 겹치게 되면, 다시 존재들과 소통하게 될 것이다. 그러나 그곳에 이르기 위해서는 걸맞은 자격을 갖추어야 한다. 맹목적인 숭배로도, 땅에 엎드려 발에 입을 맞추는 형식적인 복종의 행위로도 얻어지지 않는다. "저분이 내 소울메이트이기를 바랍니다." 이런 바람으로도 얻어지지 않는다. 여성인 당신, 좋은 남자를 만나지 못했다고 해서 그가 안드로메다에 살고 있을 거라고 생각하지 마라. 그리고 제발, 가브리엘이 당신의 소울메이트인지 묻지 마라. 그 존재와 연결된 듯한 느낌이 든다고? 모두가 다 연결되어 있다.

당신이 그에 걸맞은 자격을 갖추게 되면, 선택될 것이다. 그리고 이 중에는 이미 선택받은 이들도 있다. 그들은 자신이 누구인지, 스스로 잘 알고 있다. 씨앗의 사람들, 선택받아 깨달음에 이른 이들에게는 분명한 이유가 있다. 깨달음이란 단순히 우주선을 타고 어딘가로 가는 일만을 뜻하지 않는다. 그것은 아무런 의미가 없다. 합당한 자격을 갖추었을 때 따라오는 부수적인 현상일 뿐이다. 외계 존재와 함께 앉아 식사하는 것 역시 마찬가지다. 그저 하나의 현상일 뿐이다. 그들은 당신에게 진실을 건넬 것이다. 하지만 당신은 진실을 앞에 두고도 고기 요리가 나오기를 기다리고 있을지도 모른다. 그러나 당신은 다르다. 씨앗으로 심어진 이들은 특별한 존재들이다. 그들은 언제나 단순함에서 시작한다. 혼란스럽지 않고, 가볍고 맑은 상태로 출발하면서도, 깊은 통찰력을 지닌 사람들이다. 사실 단순할수록 그들에게는 더 큰 용기와 끈기가 자연스럽게 배어 있다. 그리고 단순함에서 비롯된 진리는, 어떤 일이 닥치든, 어떤 시험을 겪든, 끝내 살아남는다.

단순하고 온화하며 부드러운 이들, 바로 그들이 다음 시대, 더 위대한 문명을 위해 존재들에 의해 선택된 사람들이다. 우리는 지금 초의식에 대해 말하고 있다. 의식을 통해 깨어나고 성장하며 스스로 힘을 일으킬 수 있는 존재들과 자연스럽게 소통할 수 있을 때, 새로운 평등의 관계가 시작된다. 의식이 더욱 진화하고, 에너지를 스스로 다룰 수 있을 때, 당신은 단지 보이는 지성은 물론 보이지 않는 지성과도 함께할 수 있다. 그것이 진정으로 당신이 스스로를 가치 있는 존재로 만들어가는 길이다.

그들은 원래 자신들과 형제였던 인간들을 선택해 왔다. 선택된 인간들은 역사의 흐름을 지키는 수호자들처럼 진리를 지키고, 인간이 왜 존재하는지, 삶의 의미와 목적을 잊지 않으려 애쓰고 있다. 위대한 존재들은 '신', 곧 빛이 본래 의미를 지켜내며, 문명이 더 높은 의식과 깨달음에 도달할 수 있도록 인도하고 있다. 의식의 일곱 번째 이해와 진화의 일곱 번째 깨달음[3]에 이르는 일이다. 위대한 존재들은 이미 자신들의 사람들을 선택해 보호하며, 조용히 준비시키고 있다. 진실은 단순한 이들 안에서 강물처럼 자연스럽게 흘러나오고, 그들은 강한 내면의 힘과 깊은 용기를 지니고 있다. 그들은 위대한 인간들이며, 신들에게 걸맞은 존재들이다. 그들 또한 - 유전적으로도, 영적으로도 - 신이기 때문이다. 그들은 바로 나의 백성들이며, 그들이 이끄는 함대는 전설로 전해지는 위대한 함대이다. 내가 그들에게 말을 건네면, 그들은 내 말을 듣는다. 이것은 왕이 군대에게 명령하는 것이 아니다. 위대한 신이 또 다른 위대한 신에게 말을 거는 것이다. 우리는 하나로 연결되어 있

---

3) '일곱 번째 이해'와 '일곱 번째 깨달음'은 고대의 지혜 전통에서 말하는 의식의 7단계 여정을 뜻한다. 이는 인간의 의식이 점차 확장되며, 물질적·개인적 차원을 넘어 보편적·우주적 차원에 도달하는 과정을 상징한다. '일곱 번째'는 그 여정의 완성과 성숙, 곧 신성(神性)의 자각을 가리킨다.

기에 서로를 알아본다. 그들은 내가 누구인지 알고 있으며, 지금 이 자리에서 당신이 보지 못하는 것들, 이 순간에 벌어지고 있는 일들 또한 알고 있다. 그래서 내가 말할 때, 그들은 내 말을 듣는다. 왜냐하면 우리는 신으로서 서로 깊이 연결되어 있기 때문이다.

많은 사람들이 알고 있듯이, 우리는 인류의 역사 속에서 수많은 문명을 통해 많은 일을 해왔다. 어떤 이들은 바람처럼 조용히 움직였지만, 공로만은 마땅히 인정받았다. 그들은 변치 않은 진리 안에서 지금, 이 순간까지 당신을 지켜왔다. 나는 진리를 지키고 다가올 모든 시대를 준비하며, 신성과 인간 존재의 조화를 이루고자 하나의 무리와 함께 이곳으로 돌아왔다. 당신은 내 의식의 장을 통해 나와 연결되어 있으며, 지금, 이 순간도 그 안에 존재하고 있다. 그 의식은 인간을 지키고 진리를 보존하기 위해 존재한다. 이것은 다른 세계의 존재들이 베푸는 특별한 보호이자 개입이다. 사람들은 그들을 신들이라 불러왔다. 그래서 당신은 거룩한 이유로 - 진리를 위해, 그리고 자기 진화의 완성을 위해 - 지켜져 온 것이다. 나는 당신이 여정을 끝까지 완수할 수 있도록 인도할 것이다. 그리고 당신은 나의 백성들, 아름다운 존재들을 직접 보게 될 것이다. 그들의 빛과 그들이 타고 다니는 비행체도 당신 눈앞에 나타날 것이다. 그들은 그저 조용히 앉아 있을 것이며, 당신은 그들을 지켜보게 될 것이다. 그들은 무지를 걷어내기 위해 오는 강력한 존재들이다. 그들의 등장은 이미 오래전부터 예고된 일이었다. 그러하리라(So be it).

모선 미리아 아문(Myria Amon), '은빛 생명체', 그리고 준비와 변화를 향한 부름

"함선이 이곳에 머무는 이유는, 이 행성에 퍼진 질병 때문이며, 문명 의식이 붕괴하고 있기 때문이다. 또한 앞으로 일어날 변화들, 이 행성에 개입하고 있는 또 다른 힘 때문이기도 하다."

- 람타

아주 거대한 함선이 있다. 당신의 말로는 '모선'이라 부르는데, 그 표현이 가장 적절하다. 함선은 실제로 존재하며, 밤하늘을 미끄러지듯 조용히 지나간다. 눈에 잘 띄지 않는 이유는, 외부를 덮은 금속이 원래 투명하게 보이도록 만들어져 있기 때문이다. 겉모습은 검게 보이지만, 달 앞을 지나갈 때면 밤하늘의 동쪽 전체를 가릴 만큼 거대한 형체로 드러난다. 안에는 신들, 위대한 존재들, 나의 백성들이 타고 있다. 만약 함선이 빛을 발한다면, 태양의 만 배에 달하는 찬란한 빛을 내뿜을 것이며, 그 빛은 맨눈으로는 도저히 바라볼 수 없을 만큼 눈부실 것이다. 지금도 함선은 당신의 성층권에 머물고 있다. 당신이 지금 앉아 있는 자리 위로 함선이 지나간 적도 있었다. 함선은 지금까지 조용하고 은밀하게 움직여 왔다. 당신의 정부 역시 이 함선의 존재를 알고 있으며, 심각한 위협으로 받아들이고 있다. 안에는 인간의 상상으로는 도저히 그려낼 수 없는 전사들이 있으며, 인간의 언어로는 결코 표현할 수 없는 아름다움을 지닌 신들이 타고 있다. 전해 내려오는 이야기들에 따르면, 함선은 하늘에서 전갈처럼 순식간에 치명적인 공격을 가할 수 있으며, 한순간에 대륙 하나를 바닷속으로 사라지게 할 수도 있다고 한다. 빛 하나만으로 대륙 전체를 궤도 밖으로 날려 보낼 수도 있고, 당신이 살고 있는 세상을 한순간에 완전히 뒤집어버릴 수도 있다. 그런데도 당신은 정말로, 전투기 몇 대로 이 함선을 공격할 수 있다고 생각하는가? 소돔과 고모라를 단 한 번의 폭발로 지구상에서 사라지게 만든 것도 바로 이 함선이었다. 그 일은 그들에게 아무것도 아니었다. 그저 쉽고 간단한 일이었을 뿐이다. 그런데도 이 위대한 수호자들이 바로 나의 백성들이며, 신들이다.

그들이 이곳에 온 데에는 여러 가지 이유가 있다. 모든 이유를 지금 당신에게 말할 수는 없다. 당신은 아직, 받아들이거나 이해할 준비가 되어 있지 않기 때문이다. 그들은 이곳에 온 목적을 이루기 위해, 그리고 당신이 앞으로 닥쳐올 모든 일을 견뎌낼 수 있는지를 지켜보기 위해 이곳에 머물고 있다. 이것은 운명이다. 결코 당신의 힘으로는 바꿀 수 없는 운명이다. 설령 당신이 모든 진실을 알게 된다 해도, 그 흐름을 바꾸려 하지는 않을 것이다. 왜냐하면 반드시 일어나야만 하는 일이기 때문이다. 결국 당신도 받아들이게 될 것이다. 이 모든 일은 당신이 선형적으로 사고하는 방식, A에서 Z까지, 1에서 7까지 순서를 따라가며 이해하려는 방식으로는 상상조차 할 수 없는 훨씬 더 거대한 계획의 일부이다. "내가 이것만 바꾸고 저것만 조절하면 상황을 바꿀 수 있을 거야"라고 말할 수 있는 사람은 단 한 명도 없다. 당신은 아직 깨어나지 않았다. 당신은 여전히 두려움과 걱정, 고통 속에 머물러 있고, 자신을 스스로 특별한 존재라고 여기며 이미 모든 것을 알고 있다고 믿고 있기 때문이다. 이 자리에 있는 사람들 중에는 내가 말을 걸 수조차 없는 이들도 있다. 왜냐하면 당신은 '이미 모든 것을 다 알고 있다'고 믿기 때문이다. 그렇기에 이 자리에서 유일하게 깨달음에 이를 수 없는 존재는, 바로 닫힌 마음을 가진 당신이다.

당신의 운명을 아는 체하는 자들에게 맡긴다면, 당신 모두는 큰 고통을 겪게 될 것이다. 보편적 진화의 본질도, 각자에게 주어진 운명의 의미도, 그리고 삶이 우주 전체에 끼치는 깊은 영향도 이해하지 못하기 때문이다. 이미 존재들과 깊이 접촉하고 있는 사람들이 지금 이 자리에 있다. 그들의 수

모선 미리아 아문(Myria Amon), '은빛 생명체', 그리고 준비와 변화를 향한 부름

는, 인간의 개념으로는 '서른둘[4]'로 불리며, 그 상징은 '삼위 코드(트라이어드, 삼각형의 상징)'다. 당신들 중에는 앉아 명상하기 시작할 이들이 있을 것이며, 이미 그렇게 하고 있는 이들도 있을 것이다. 그리고 무(無)의 자리에서 끊임없이 삼위 코드(트라이어드)[5]를 그려내게 될 것이다. 그리고 당신은 그저 그것만을 그리게 될 것이다. 서른둘이라는 숫자는 단순한 코드이지만, 동시에 당신 자신, 접촉, 그리고 보존을 상징한다. 또한 코드는 당신이 진리를 듣고, 그것을 깨닫고, 그 진리를 살아가도록 영감을 주는 힘이다. 내면의 버튼처럼 작용해 잠들어 있던 이해를 깨우고, 한계를 태워 없애며, 더 높은 인식으로 이끌어 준다. 그리고 코드가 바로 당신의 형제들을 상징한다. 그리고 당신 중 몇몇은 이미 삼위 코드의 영향을 받고 있다. 그것은 외부에서 주어진 것이 아니라, 이미 당신 안에 자리 잡은 것이다. 처음부터 코드가 깔린 상태다. 그리고 이곳에 있는 또 다른 이들은 또 다른 존재들과 접촉하고 있으며, 그 이야기도 곧 나누게 될 것이다.

이 위대한 함선의 이름은 미리아 아문이다. 미리아 아문, 당신의 개념으로는 은빛 생명을 뜻한다. 당신 중 몇몇은 곧 그것을 보게 될 것이다. 그 만남은 이미 예정되어 있다. 나는 당신이 그 힘을 직접 보고 놀라움과 경외심을 느끼기를 바란다. 그리고 당신이 그 힘과 깊이 연결되어 있다는 사실을 스스로 깨닫기를 바란다. 그 사실을 깨닫기만 해도, 당신의 의식은 더 높은 차원으로 나아가게 될 것이다. 그러하리라(So be it).

함선은 지금 이곳에 와 있다. 함선이 머무는 이유는 이 행성에 퍼진 의

---

[4] '서른둘(32)'은 단순한 숫자가 아니라 상징적 코드이다. 이는 접촉, 보존, 그리고 자신의 본질을 의미하며, 선택된 존재들과 인간 의식을 연결하는 상징으로 사용된다. 따라서 '32'는 특정 인원수를 가리키는 표현이 아니라, 인류와 더 큰 의식의 세계를 이어 주는 의식의 코드로 이해해야 한다.

[5] 삼위 코드(Triad)'는 람타의 가르침에서 중요한 상징으로, 의식·에너지·물질(현현)의 세 차원을 하나로 연결하는 코드이다. 단순한 도형을 넘어, 인간과 신성, 우주를 이어 주는 내적 구조이자 깨달음의 문을 여는 열쇠로 여겨진다.

식의 질병 때문이다. 또 하나의 이유는 무너져 가는 문명 의식 때문이다. 그리고 또 다른 이유는 다가올 변화와 이 행성에 개입하고 있는 또 다른 힘 때문이다. 함선은 이미 오래전부터 자리를 잡고 있었다. 한때 파티마에 나타났던 거대한 함선이 바로 그것이었다. 함선은 다가올 전쟁과 위대한 음녀인 가톨릭교회의 몰락을 예언했다. 함선은 과거에도 여러 예언자에게 영감을 불어넣었으며, 인류의 씨앗을 보존하기 위한 위대한 사명을 수행하도록 이끌었다. 그러나 함선이 전한 진리와 메시지는 왜곡되고 오용되었고, 권력을 쥔 자들에 의해 억압과 지배의 도구로 변질되었다. 그리고 그것은 허용된 일이었다. 그러나 이제, 함선은 진리를 위해 다시 돌아왔다. 그리고 나는, 그 함선의 예언자이다.

내가 당신에게 변화의 창을 통해 바라보라고 했을 때, 결코 쉬운 일이 아니었다. 격동의 10년을 앞두고 삶을 바꾸는 일에는 큰 용기가 필요했다. 이 자리에 있는 대부분은 내 말을 듣고, 수많은 어려움과 반대를 무릅쓰며 삶을 바꾸는 선택을 했다. 그 변화는 단순한 결단이 아니었다. 생존을 위한 필수적인 선택이었다. 내가 당신에게 전한 말은 과거 다른 문명에도 똑같이 전해졌다. 당신은 변화의 씨앗으로, 지금 이 시대의 거대한 전환 속에서 중요한 역할을 맡고 있는 존재다. 변화를 실제로 행동으로 옮기는 힘 - 여기서 말하는 변화란 태도와 의식의 전환을 뜻한다 - 그 힘이 당신의 가치를 결정한다. 그리고 당신이 사회적 의식에 얼마나 깊이 영향을 받았는지가, 이 가르침을 이해하고 받아들일 수 있는지를 가늠하는 기준이 되었다. 당신은 과연 이 모든 일을 해낼 수 있을까? 그리고 해낼 수 있다면, 그것을 삶의 우선순위로 삼을 수 있을까? 시간이란 본래 변덕스럽고 끊임없이 변하는 환상이라는 사실을 이해하면서도, 지금이야말로 중대한 변화의 시기임을 자각할 수 있을까? 그런데도 당신은 삶을 바꾸는 그 선택을 끝내 해냈다. 세상이 당

모선 미리아 아문(Myria Amon), '은빛 생명체', 그리고 준비와 변화를 향한 부름

신을 비웃고, 많은 이들이 도중에 떠나 '아무것도 하지 않아도 괜찮다'라고 말하는 다른 스승들을 찾아갔지만, 그중 몇몇은 결국 다시 돌아왔다. 내가 전하는 말이 진실이기 때문이다. 당신은 위대한 선언 속에서 자신을 선택한 존재들이다. 그리고 선택을 통해, 함선과 나, 그리고 당신은 함께 의식의 성장을 위해 기틀을 마련한 것이다. 창고에는 이미 필요한 물건과 식료품이 충분히 채워져 있다. 그만큼 당신은 성실하게 준비해 왔다. 덕분에 이제는 현실 걱정 없이 이곳에 와서 배우며, 오직 의식의 성장에만 집중할 수 있게 되었다.

하지만 그중 몇몇은 아직도 자기 자신을 속이며 살고 있다. 자신을 속이는 의식이 속삭이는 말이 무엇인지 아는가? "그건 나를 얽매는 일이야. 나는 그냥 살아남을 거야." 그러나 그렇지 않다. 그렇게 말하는 순간, 사실은 자기 자신에게 가장 큰 장난을 치고 있다. 왜 그런 일이 벌어지는가? 그것은 하늘에서 함선이 내려와 당신을 데려가 줄 일은 절대 없기 때문이다. 아무 준비도 하지 않았는데, 결국 모든 게 괜찮다며 웃을 수 있는 일은 이 세상에서 일어나지 않는다. 이 여정의 진짜 목적은 단순하다. 당신이 격동의 시대를 무사히 지나가도록 돕는 것. 그리고 당신의 의식이 점점 높아져서 마침내 초의식에 이르도록 이끄는 것. 그리하여 한 시대를 넘어 살아남고, 보존되는 존재가 되게 하는 것이다. 당신은 이미 위대한 선언을 받아들였다. 어쩌면 지금까지 어떤 문명보다 더 진지하게 그 부름에 응답해 왔을지도 모른다. 내가 누구인지, 내가 직접 이곳에 와서 당신이라는 우주적 존재들이 어떻게 살아가는지를 보았기 때문이다. 그래서 나는 당신이 두려움 없이 이해할 수 있도록 이 모든 것을 설명할 수 있었다. 나는 바란다. 당신이 모든 준비를 마치고, 삶이 정리된 상태에서, 아무 걱정 없이 자유로운 마음으로 배우고, 오직 의식의 성장에 집중할 수 있기를.

이제 나와 나의 위대한 백성들이 다시 이곳에 왔다. 이번에는 문명화된 인류가 완전히 무너지지 않고, 더 고귀한 방식으로 흐름이 이어지도록 하기 위해서이다. 당신이 앞으로 다가올 10년간의 큰 변화를 함께 걸어가도록 이끌기 위해 이곳에 온 것이다. 그 시간 동안 당신은 보호받을 것이며, 의식은 성장할 것이다. 그리고 오래된 위대한 학교들이 다시 열리게 될 것이다. 이것이 바로 내가 이곳에 온 이유이다. 나는 진심으로 바라고, 당신을 사랑한다. 이제 당신은 배우고 또 배우게 될 것이다. 문이 열리고 또 열리며, 끝없이 열리게 될 것이다. 세상이 어떻게 변하든, 흔들리든, 심지어 무너져 간다고 해도 마찬가지이다. 당신은 그들로부터 배우게 될 것이며, 배움 속에서 당신의 의식은 자라고 또 자라며, 끝없이 깊어지고 확장될 것이다. 이제 더 이상 세상으로 나아갈 필요는 없다. 당신은 이 자리에 머물러야 한다. 이곳으로 이주해 오는 다른 이들도 있다. 그들은 나에 대해 아무것도 알지 못한다. 그들은 단지 영에 이끌릴 뿐이며, 그 영은 나의 영이다. 그들은 그 이름을 알지 못한다. 그 이름은 그들의 좁은 신념 체계에 맞지 않는다. 만약 그들이 내 이름을 알거나 받아들였다면, 그들은 아마 이곳으로 오지 않았을 것이다.

그러니 이제 하나의 속임수를 써야 한다. 당신은 환영을 만들어 스스로 신성한 여인의 모습으로 나타난다. 그러자 사람들은 자연스럽게 당신을 마리아라고 믿는다. 그리고 당신은 그것이 사실이 아니라고 굳이 밝히지 않는다. 그것은 단지 사람들이 당신에 대해 가지고 있는 이미지일 뿐이다. 하지만 그 이미지를 통해 당신이 무언가를 말하면, 사람들은 그대로 믿게 된다. 이런 식의 장난은 아주 오래전부터 계속되었다. 여기로 오는 사람들이 있다. 각자 다른 방식으로 영감을 받아, 어떤 힘에 이끌리듯 이곳에 오고 있다. 그들은 자신이 반드시 여기에 와야 한다는 사실을 알고 있었다. 도시를 떠

모선 미리아 아문(Myria Amon), '은빛 생명체', 그리고 준비와 변화를 향한 부름

나는 사람들도 있다. 이유는 알 수 없지만, 어떤 절박함에 끌리듯 조용히 도시를 떠나고 있다. 그들 중 일부는 우주선과 접촉한 경험이 있다. 놀라운 것은, 그런 만남이 도시가 아니라 대자연 속에서 일어나고 있다는 사실이다. 이성적으로는 설명되지 않는다. 그들은 자연으로 향하고, 식량과 생필품을 미리 준비해 두기도 한다. 그들은 이런 일에 대해 직장이나 식사 자리에서 이야기하지 않는다. 다만 조용히, 그러나 분명한 의지를 가지고 그렇게 행동할 뿐이다. 그들을 움직이는 것은 - 비록 각자 다르게 인식하더라도 - 본질적으로 같은 하나의 영이다. 결국 모든 것은 이미지일 뿐이다. 당신도 알고 있다. 지금 지구의 다른 곳에서도 많은 사람들이 이동하고 있다. 그들은 꼭 람타의 백성이라 불리지 않더라도, 모두 영에 이끌린 자들이다. 그리고 그들 역시 살아남기 위해 같은 방식으로 움직이고 있다. 지금 당신과 당신의 형제자매들은, 당신이 진화의 여정에 함께하도록 힘쓰고 있다. 당신이 지식과 진리 안에서 깨어나고, 의식을 확장하며, 삶 속에서 실천하도록 돕고 있다. 이것은 형식적인 말이 아니다. 살아 있는 진리이다. 그리고 그렇게 살아갈 때, 당신은 보호받을 것이다. 왜냐하면 그때, 두 세계를 잇는 의식의 다리가 놓이게 되기 때문이다. 그러면 당신은 놀라운 일들을 보게 될 것이다. 지금은 이해할 수 없지만, 머지않아 당신이 직접 경험하게 될 일들이다.

나의 백성들은 약탈자가 아니다. 오히려 그들은 구원자였다. 불행히도, 사람들은 그들을 '메시아'라 불러왔지만, 본래 의도는 단순했다. 진리를 전하고, 빛을 비추며, 언젠가 당신이 그들과 하나 되어 더 이상 분리되지 않도록 돕는 것이다. 그러나 지금 당신은 무지로 인해 여전히 분리되어 있다. 미신의 잔재에 물들어 있고, 이곳의 광적인 사람들은 극단적인 신앙에 사로잡혀 숭배할 대상을 찾고 있다.

그러나 접촉할 수 있는 이들은 남들과는 다르다. 이들은 이성적인 사람들, 직관적인 사람들, 신비주의자들, 그리고 본래 신적인 존재들이다. 이들은 자기 삶에 근본적인 변화를 일으키고, 자신의 진리를 살아내며, 그 삶 자체로 세상을 비추고 있다. 그들은 이 만남을 간절히 원하고 있으며, 마침내 그들과 마주 앉게 될 이들이다. 의식과 신으로부터 더 이상 분리되지 않은 자들, 그들은 존재들과 조화를 이루며 동등하게 받아들여질 것이다. 늘 그래 왔듯이, 이번에도 그렇게 될 것이다. 존재들에게 이름이 필요하다면 이렇게 불러도 좋다. '람의 집 (House of Ram)'. 그들이 바로 그것이다. '람'이라는 이름은 삼위 코드와 함께 존재하는 단어이기 때문이다. 그리고 지금, 당신이 향하고 있는 곳은 의식과 근원이 하나로 합쳐지는 자리다.

하늘에서 내려온 침입자들,
감정을 잃어버린 문명과 오직 과학에 집착하는 자들

그들도 처음에는 나의 백성과 마찬가지로 위대하고 아름다운 존재였다. 하지만 수십억 년에 걸친 유전적 변화로 인해 점점 본래의 위대함을 잃어갔다. 마침내, 그들이 숭배하던 과학 지식이 그들의 전부가 되고 말았다.

- 람타

당신들 가운데, 하늘에서 내려온 존재들과의 만남을 불편하거나 두려운 기억으로 간직한 이들이 있을 것이다. 경험이 그렇게 끔찍하게 느껴졌던 것은, 당신 안에 있던 두려움이 더 크게 작용했기 때문이다. 어떤 이들에겐 시신경 옆에 아주 작은 장치가 삽입되어 있을 수 있다. 혹은 직장 안쪽이나, 위에서 장으로 이어지는 입구 근처에 있을 수도 있다. 분명히 불쾌한 경험일 것이다. 이러한 탐지기를 지닌 이들은, 별과 별 사이를 오가는 성간 존재들과 접촉한 적이 있다. 그들 존재들은 당신이 은하수라 부르는 영역의 별계에서 왔다. 그곳의 태양은 노란빛이 아니라 푸른빛을 띤다. 그들 또한 형제들이다. 아주 오래된 존재들이며, 죽음을 겪지 않는 불멸의 존재들이다. 그들 역시 이곳에 씨앗을 심기 위해 왔으며, 언젠가 씨앗을 다시 가져가기 위해 머물러 있다. 그들은 잔인하지도, 악의적이지도, 타락하지도 않았다. 혼과 정신을 지닌 인간형 존재들이지만 지금은 하나의 문명이 소멸해 가는 진화의 막바지에 놓여 있다. 너무 오랫동안 지성만을 추구한 결과, 스스로 감정을 지워버렸기 때문이다. 그래서 그들은 사랑이나 접촉, 포옹, 따뜻한 손길을 이해하는 데 큰 어려움을 겪는다. 은하계의 위대한 지성체임에도 불구하고, 영적으로는 지극히 가난한 존재들이다.

　그들은 가장 악명 높은 존재들이다. 그들의 핵심 지도자는 여성으로, 강인하면서도 어떤 이들에게는 그 강인함이 오히려 아름답게 보일 수 있는 존재다. 그녀는 유전적으로 당신과 연결된 혈통에서 나왔으며, 자신의 종족 안에서도 외형적으로 뚜렷이 다른 모습을 하고 있다. 어떤 의미에서 그녀는 그들의 여신이라 불릴 수 있을 것이다. 당신이 그렇게 본다면 말이다. 그녀는 자신의 혈통을 다시 재현하려 애쓰고 있으며, 그 혈통은 당신과 가장 유사하다. 단지 문명화된 과학적 지성만이 아니라, 직관과 신성, 신비와 영성이 함께 어우러진 진화의 형태이다. 바로 그런 이상적인 형태가, 지금 이 땅에 다시 씨앗으로 심어지려는 것이다.

당신 중에는 경험에 대한 잠재된 기억을 지닌 이들도 있을 것이다. 하지만 기억은 너무도 충격적이어서 이성적으로 받아들이기 어려울 수 있다. 이유는 당신은 여전히 모든 것을 자신과 닮은 모습으로 보려 하기 때문이다. 심지어 신조차도 자기 형상대로 만들어 놓았다. 그래서 자신과 다른 무엇이면 공포 영화나 두려움, 미신, 분노를 떠올리도록 조건화되어 있다. 낯선 것을 보면 본능적으로 이상한 것으로 여긴다. 당신이 속한 사회에서도 똑같이 드러난다. 외형이 다르다는 이유로 사람들을 소외시키지 않는가? 팔이 없거나, 머리카락이 없거나, 몸에 상처나 장애가 있는 사람들을 제대로 바라보려 하지 않는다. 당신은 그만큼 자신의 모습이라는 틀에 깊이 길들어 있는 것이다.

이 존재들은 당신과 전혀 닮지 않았다. 이 여성의 종족은 작고, 매우 연약하며, 섬세한 존재들이다. 그들의 뼈는 쉽게 부러진다. 만약 당신이 무심코 움켜쥔다면, 팔다리가 부러지고 크고 검은 눈에는 붉은 액체가 고일 것이다. 그들은 매우 마른 체형을 지녔으며, 피부는 청동색도 아니고, 당신처럼 햇볕에 그을려 가죽처럼 거칠어진 피부도 아니다. 흰색도 검은색도 아닌 푸르스름한 빛이 감도는 피부를 하고 있다. 그들이 살아가는 태양의 빛과 일치하는 것으로, 회색빛이 돌아 겉보기엔 병약해 보일 수도 있다. 그러

하늘에서 내려온 침입자들, 감정을 잃어버린 문명과 오직 과학에 집착하는 자들

나 유전적으로 볼 때, 그들은 매우 건강하다. 그들은 본래 나의 백성과 마찬가지로 위대하고 아름다운 존재였다. 하지만 수십억 년의 진화 속에서 점차 본래의 위대함을 상실했고, 결국 그들이 숭배하던 과학적 지식이 그들 존재 자체가 되어버렸다. 그들은 유전적 진화의 어느 시점에서 감정을 약한 성격의 측면이라 여기며 제거해야 한다는 강한 신념을 갖게 되었다. 그리하여 감정은 제거되었고, 지성만 선택적으로 길러졌다. 그들은 천재이다. 초신성을 직접 일으켜 폭발시키고, 우주에 흩어진 물질을 모아 새로운 무언가를 창조할 수 있는 존재들이다. 그들 앞에서 물질은 형상을 갖추기 시작하며, 마음속 이미지와 공존한다. 원초적 물질로부터 자신이 상상한 형상을 직접 만들어낸다. 이 모든 이야기가 다소 믿기 어려울 수 있다는 것을 나도 안다. 당신이 이 말을 받아들이기 힘든 이유는, 오랜 세월 동안 당신의 사고가 그런 것들을 두렵고 터무니없는 일로 여기도록 길들여져 왔기 때문이다. 당신은 아직, 그토록 막강하면서도 동시에 그토록 공허한 문명이 실제로 존재할 수 있다는 사실을 상상할 수 있는 마음을 갖지 못하고 있다.

그렇다면, 그들이 당신 중 몇몇 사람에게 무슨 일을 했을까? 그들은 하늘에서 내려온 침입자들이다. 그렇다. 그들은 마치 실험실에서 표본을 다루듯 인간을 대상으로 실험을 해왔다. 그들이 당신을 통제할 수 있는 이유는, 그들의 '생각하는 힘'이 상상할 수 없을 만큼 강력하고, 압도적이며, 존재의 본질 그 자체이기 때문이다. 그들은 물질을 집어 올려 자기 것으로 흡수할 수 있고, 한순간에 당신을 최면 상태로 빠뜨릴 수도 있다. 시간을 왜곡시키며, 하나의 생각만으로 당신과 주변 환경 전체를 잠재울 수도 있는 존재들이다. 그들은 그만큼 강력한 존재들이다. 아주 오랫동안 인간과의 교배를 시도해왔고, 인간을 납치해 자신들의 세계로 데려가 번식시키려 했다. 그러나 인간은 그들의 환경에서 살아남을 수 없었다. 생존하려면 장기와 감각기관 전체에 전자기적 젤이 침투되어야 했기 때문이다. 그 방식은 결국 실패로 끝났다. 그래서 이제 그들은 이곳, 지구에 왔다. 그리고 감수성과 따뜻한 마음, 사랑을 느낄 수 있는 유전적 특징을 지닌 이들을 선별하고 있다. 당신이 감수성이 풍부한 사람이라면, 이미 그들의 선택을 받은 것이다. 그들은 신체적 지구력과 정서적 반응 능력을 기준으로 사람들을 선택한다. 당신이 사랑할 때, 당신은 기록된다. 당신이 느낄 때, 당신은 번호가 매겨진다.

납치라는 형상에 대해서는 오늘날에도 어느 정도 알려져 있다. 하지만 그들에 대한 모든 이야기를 지금 이 자리에서 다 전할 수는 없다. 모든 진실을 드러낼 수 없는 이유는, 세상이 아직 그것을 받아들일 준비가 되어 있지 않기 때문이다. 그리고 사람들이 흔히 생각하는 것처럼, 그것이 반드시 끔찍한 일만은 아니다. 물론 당신은 씨앗을 나눈다. 결합이 이루어지고, 당신의 씨앗은 형제들과 공유된다. 그러나 그 과정에는 사랑도, 열정도, 다정한 감정도 없다. 그것은 단지 생명을 잉태하기 위한 절차일 뿐이다. 그들의 방식은 철저히 생물학적이다. 당신의 씨앗은 추출되어 그들의 유전 정보와 결합하고, 그렇게 태어난 아이는 그들 세계에서 자라난다. 결국 당신의 씨앗은 다른 생명으로 이어지는 것이다. 이 존재들은 '납치자'라 불리며 오랫동안 두려움과 혐오의 대상이 되어 왔다. 많은 사람들은 이러한 이야기를 터무니없는 헛소리로 치부한다. 그저 관심을 끌기 위한 망상, 혹은 조작된 이야기라고 여긴다. 그러나 문명이 언제나 그래왔듯, 불편한 진실과 받아들이고 싶지 않은 사실은 늘 조롱당하고, 무시당하며, 외면되어 왔다. 당신도 잘 알지 않는가?

사실 이 일은 매우 광범위하게 벌어지고 있다. 지금 이 자리에 있는 여성 중에도, 납치를 당해 강제로 결합하였고, 아이를 빼앗긴 이들이 있다. 당신은 이 세상이 아닌 다른 세상에 자녀를 두고 있다. 그러나 그 아이들은 이제

하늘에서 내려온 침입자들, 감정을 잃어버린 문명과 오직 과학에 집착하는 자들

그 세상에 속한 존재가 되었다. 그들은 인간의 감정을 다시 심는 작업을 하고 있다. 무엇을 좋아하고, 무엇을 싫어하는 감각, 바로 그런 감정의 능력을 되살리는 중이다. 이 신들의 후손들은 고도의 유전 과학에 따라 창조된 존재들이며, 모두가 비슷한 외형을 지니고 있다. 그들의 피부색은 서로 다르지 않으며, 영혼을 꿰뚫는 듯한 크고 빛나는 눈은 마치 '영원'을 바라보는 듯한 인상을 준다.

우리는 지금 저 다른 세상에, 하늘처럼 푸른 눈을 가진 아이들을 두고 있다. 그들이 흘리는 눈물은 눈동자보다도 더 옅은 푸른빛을 띠며, 그 광경을 지켜보는 존재들조차 경이로움에 사로잡힌다. 그 눈물은 곧 다시 태어나고 있는 생명의 물이기 때문이다. 그들이 당신을 다뤄온 방식은 다소 거칠고 경솔했을지도 모른다. 하지만 그것이 그들이 아는 유일한 방식이었다. 그들은 자신들이 만들어낸 인간 존재가 유전적으로나 정서적으로 충분히 뛰어나, 그들에게 혼과 영이 자연스럽게 자신들에게 끌려올 것이라고 믿고 있다. 그렇게 되면, 새로운 존재들은 마치 책의 다음 장을 넘기듯, 더 높은 단계의 진화를 시작하게 될 것이다. 그들은 결합할 것이며, 그 속에서 이전에 존재하지 않던 사랑을 창조할 것이다. 당신 중 일부는 별들 너머에 자녀를 두고 있다. 그 아이들은 크고 빛나는 푸른 눈을 가졌거나, 혹은 깊은 어둠을 품은 검은 눈을 하고 있다. 아직 몸은 작고 연약하지만, 그들 또한 생명을 이어가고 있다. 그리고 그들이 다시 생명을 낳게 될 때, 그 혈통은 마침내 진화의 길을 걷기 시작할 것이다. 바로 그것이 이 모든 일이 일어나는 이유이다.

이 자리에 있는 당신 가운데 그 경험을 한 이들이 있다. 당신의 의식이 충분히 준비되고 성숙해지면, 별자리 너머 차원을 건너온 하나의 이미지를 보게 될 것이다. 그때 당신은 마침내 자신의 아이들을 만나게 된다. 그리되기를. 여기서 준비되었다는 말은, 단순히 호기심이나 환상을 품는 것이 아

니라 그 의미를 진정으로 이해한다는 뜻이다. 당신은 그저 조용히 앉아, 사랑을, 생명력의 흐름을 떠올릴 수 있을 때, 당신은 성장하고, 자신이 누구인지, 그리고 존재와의 연결이 무엇인지 알게 된다. 그만큼 성숙해졌을 때, 당신은 그 이미지들을 보게 될 것이다. 어린아이들의 모습일 수도 있고, 다 자란 아이의 모습일 수도 있다. 그러나 그것은 결코 당신을 데리러 오는 커다랗고 빛나는 눈을 가진 존재의 모습이 아닐 것이다. 그 구체안에서 당신이 보게 될 것은 다름 아닌 사랑이다. 그것은 놀라운 선물이다. 그리고 그 선물은 이미 시작되었다. 왜냐하면 하늘에서 내려와 공격을 가했던 그들조차 이제는 어머니가 자식을 그리워하는 마음, 아버지가 아들을 애타게 찾는 마음, 그리고 자신에게서 떨어져 나가 씨앗을 느끼는 마음을 이해하기 시작했기 때문이다. 그들이 배워야 할 중요한 과제는 바로 깊은 감정적 애착을 이해하는 것이며, 그들은 결국 그것을 배울 것이다. 이 자리에 있는 당신 외에도, 전 세계에는 이런 경험을 한 수많은 사람들이 있다. 그리고 바로 이곳에도, 실제로 그 일을 겪은 이들이 있다.

　이제 전 세계적으로 알려진 이 존재들, 그들은 순수한 생각으로 이루어진 존재들이다. 그들은 생각, 명령에 따라 움직이며 감정을 지니지 않고, 사과라는 것도 절대 하지 않는다. 그들의 우주선이 당신을 찾아왔어도, 당신은 그 사실을 기억하지 못할 수도 있다. 자주 코피가 난 적이 있다면, 그것은 그들이 당신을 데려간 흔적일지도 모른다. 당신은 이미 그들과 연결되어 있으며, 인연은 평생 이어질 것이다. 그들이 표현하는 사랑조차도 하나의 생각일 뿐이다. 그리고 그 생각은 지금도 당신과 함께한다. 만약 당신 눈앞에 그들의 얼굴이 나타난다면, 그것은 이미 그들과 연결되어 있다는 증거이다. 그들은 당신의 씨앗을 가져가 당신의 자궁을 통해 자신들의 희망을 이 세상에 태어나게 했다. 그리고 그 희망은 영원히 이어질 것이다. 그들은 연약하지만 동시에 천재적인 존재이다. 그리고 그들은 당신의 형제들이다. 만약 당신이 두려움 없이 그들의 얼굴을 바라보고, 오직 생각으로만 교감할 수 있다면 언젠가 그들은 당신을 들어 올릴 것이다. 그때 당신은 그들과 마주 앉아 평화롭게 이야기를 나누게 될 것이며, 그들은 당신을 경이로운 눈빛으로 바라볼 것이다.

그들은 당신을 조심스럽게 대한다. 반드시 당신의 몸을 움직이지 못 하게 해야 한다. 당신이 손으로 그들의 팔을 한 번 움켜쥐기만 해도 그들의 팔다리는 너무도 쉽게 부서질 수 있기 때문이다. 그들은 당신을 잘 알고 있다. 당신이 얼마나 쉽게 흥분하고, 때로는 공격적으로 변하며, 문제가 생기면 주먹으로 해결하려는 성향이 있다는 것을. 그들이 그렇게 행동하는 데는 충분한 이유가 있다. 지금 내가 이 이야기를 너무 담담하게 말하고 있다고 느껴질 수도 있겠지만, 이것은 사실이다. 이 존재들은 아직 당신이 받아들이지 못한 많은 면을 지니고 있다. 사실 당신 중 어떤 이는 지금도 믿기 어렵다는 듯 고개를 절레절레 흔들고 있을지도 모른다. 하지만 믿어라. 이것은 사실이다. 당신과 이 존재들 사이에는 당신이 아직 다 알지 못하는 더 깊은 인연이 있다. 한 가지 분명히 말할 수 있는 것이 있다. 그들은 이번 생은 물론, 그 이후까지도 당신과 함께할 것이다. 어떤 의미에서 당신은 이미 그들과 일종의 결합 관계에 놓여 있다고 할 수 있다. 당신이 이해하는 결혼이라는 개념으로 설명하자면 그렇다. 당신은 이 우주에서 동반자가 있고, 지금 이 삶도 동반자가 있다. 그들을 당신 가족의 한 사람으로 여겨라. 왜냐하면, 그들은 실제로 당신의 가족이기 때문이다. 그러하리라(So be it).

당신이 납치당했을 가능성을 암시하는 몇 가지 잘 알려진 징후들이 있다. 한밤중, 잠들어 있던 침대에서 갑자기 끌려 나온 기억, 혹은 달리던 차량이 — 심지어 고속도로 한복판에서 - 멈춰 섰던 경험이 있다면 징후는 더욱 뚜렷하다. 실제로 지금 이곳에도 두 사람이 그런 일을 겪은 적이 있다. 한 사람은 축제의 한복판에서, 또 다른 이는 자동판매기 앞에서 잠깐 끌려갔다가 돌아온 경험이 있다. 그 경험을 단순히 타이어가 펑크 난 일로, 혹은 이유를 알 수 없는 코의 통증이나 생식기에 남은 설명되지 않는 통증 정도로 생각했을지도 모른다. 하지만 어떤 형태로 나타났든, 본질은 다르지 않다. 그들은 시간을 멈추는 법을 알고, 당신 주변 사람들의 의식 속에 특정한 이미지와 암시를 심어 아무것도 보지 못하게 만든다. 바로 곁에서 자던 남편이나 연인조차 당신이 사라졌다는 사실을 전혀 알지 못한다. 베개에 남겨진 핏자국조차, 그저 밤사이 흘린 코피라고 여겼을 뿐이다. 여성이 아이를 잃거나 유산했을 때, 그 모든 경우를 영이 거부했기 때문이라고 말할 수는 없다. 어떤 경우에는 잉태가 남편이나 연인을 통해 이루어진 것이 아니라 전혀 다른 방식으로 일어났을 수도 있기 때문이다. 과거에 유산의 경험이 있었다면, 그 시기에 나타났던 몇 가지 이상한 징후들을 기억해 보라. 아무 이유 없이 터진 코피, 시간이 멈춘 듯한 기이한 체험, 악몽이나 불길한 꿈에 시달렸던 기억들. 이 모든 단편적인 조각들을 하나로 연결해 본다면, 당신은 그 생명이 어디에서 왔고, 또 어디로 사라졌는지 비로소 그 실마리를 이해할 수 있을 것이다.

당신이 꿈이나 환상 속에서 보는 동물의 모습은, 그들의 참모습을 이해할 수 있도록 보여주는 하나의 상징일 뿐이다. 만약 당신이 독수리를 자신의 영적 존재라고 느낀다면, 그것은 외계 존재의 모습일 수도 있다. 그렇다면 왜 아메리카 원주민들은 독수리를 숭고한 영의 상징으로 여겼을까? 왜 수많은 부족이 동물을 신성한 영으로 섬겼을까? 이유는 그들이 하늘의 별들과 깊이 연결되어 있었기 때문이다. 그들이 기억하고 있던 '영' - 거대한 흰 버펄로, 위대한 독수리, 곰, 그리고 범고래의 울음소리 - 이 모든 것은 본질

하늘에서 내려온 침입자들, 감정을 잃어버린 문명과 오직 과학에 집착하는 자들

적으로 별들과의 만남을 상징한 것이었다. 바로 그것이 진리였다.

당신 중에는 검은 머리와 짙은 눈동자의 여성에게 강하게 끌리는 남성들이 있을 것이다. 분명한 이유가 있다. 만약 당신이 한 번도 본 적 없는 이국적인 여인을 환상 속에서 계속 본다면, 단지 상상이 아니라 무의식에 새겨진 기억이 되살아나는 것일지도 모른다. 그 기억은 억누를 수 없는 충동, 어떤 자극과의 결합, 또는 성적 에너지가 분출되는 순간과 연결되어 있을 수 있다. 혹시 과거에 특별한 이유 없이 성기에 통증이 있었거나, 하복부에 묘한 감각을 느낀 적은 없는가? 동시에 마치 시간이 끊겨 버린 듯한 경험, 이유 없는 코피, 혹은 피부에 생긴 긁힌 자국 같은 이상한 징후가 함께 나타났던 적은 없는가? 그렇다면 당신은 이미 그들과 접촉했을지도 모른다.

나는 당신이 기억을 되살릴 수 있도록 돕겠다. 불안한 어머니처럼 지나치게 간섭하지도 않을 것이며, 소울메이트처럼 감정에 이끌려 다가가지도 않을 것이다. 내가 바라는 건 단 하나, 당신이 자신의 역할을 올바로 이해하고, 그 과정을 통해 진실을 깨닫게 되는 것이다. 나는 모든 진실과 지식이 제대로 당신에게 전해지기를 원하기 때문이다. 만약 당신이 아무것도 기억하지 못한다면, 아마도 아무 일도 일어나지 않은 것이다. 그것이 당신에게 축복처럼 느껴질 수도 있고, 반대로 어딘가 모르게 아쉬움으로 남을 수도 있다. 누구와도 접촉하지 않았다는 사실에 안도할 수도 있고, 선택받지 못했다는 사실에 슬픔을 느낄 수도 있다. 어느 쪽이든, 그것이 바로 당신의 현실이다.

지금 이곳, 당신들의 문화와 진화의 이 단계에서, 성행위는 매우 신성한 행위로 여겨진다. 그리고 실제로 그래야 한다. 나의 민족에게도 신성한 행위였다. 성행위는 단순한 육체적 욕망의 행위가 아니라, 빛과 영이 하나 되어 이루는 신성한 결합이었다. 두 존재가 완전히 하나로 융합될 때, 폭발적

인 빛의 창조가 일어난다. 나의 민족 역시 그러한 방식으로 살았다. 그들은 숲속을 달리는 님프들을 뒤쫓던 신들처럼, 역사 속 위대한 연인들이자 위대한 신들로 살았다. 그들은 진정한 열정이 무엇이며, 그 열정을 통해 창조가 어떻게 일어나는지를 알고 있었다. 그들은 지금 시대의 사람들처럼 성행위를 관념적으로 받아들이지 않았다. 당신 중에는 과거 생에서 신들과 유전적 교류를 가졌던 이들이 있다. 하지만 이번 생에서는 그러한 교류가 일어나지 않았고, 앞으로도 일어날 가능성은 거의 없을 것이다.

당신 중에는 이 우주 너머까지 다녀온 이들이 있다. 그리고 당신은 이미 모든 것을 알고 있다. 지금은 다만 기억 앞에 얇은 장막 하나가 드리워져 있을 뿐이다. 당신은 빛을 타고 여행하며 차원들이 충돌하는 장면을 목격했고, 블랙홀을 지나 응축된 생각 속으로 빨려 들어가기도 했다. 빛 위를 달리며 진정한 아름다움의 얼굴을 보았고, 왜 어떤 존재가 신이라 불렸는지를 그 아름다운 얼굴을 직접 봄으로써 비로소 이해하게 되었다. 그처럼 거룩한 여정을 마치고 돌아온 이들이 지금 이 자리에 앉아 있다. 그리고 그것은 결코 우연이 아니다. 당신은 겸허하고, 영적으로 순수한 존재이며 얇은 장막 너머에서 어떤 일이 벌어지고 있는지를 정확히 알고 있다. 장막은 너무도 얇아, 어느 순간 갑자기 투명해지고, 짧은 찰나에 당신은 깨닫게 된다. 그러고는 다시 흐려지고 잊게 된다. 그러나 비전이 열리는 순간만큼은 당신은 안다. 불의 전차가 무엇을 의미하는지를. 그 순간 당신은 분명히 알게 된다. 누가 신성하게 개입했는지, 올리브 산에 앉아 천둥을 일으킨 존재가 누구였는지. 모세가 마주한 그 신성한 얼굴이 누구였는지, 예슈아 벤 요셉이 찾아간 이가 누구였는지를. 당신은 바로 그 신의 얼굴을 보았다. 당신은 씨앗을 주지 않았고, 어떤 육체적 결합도 없었다. 다만 깊고도 거룩한 순간을 경험했을 뿐이다. 당신은 선택받은 존재이다. 당신이 단순했고, 자비로웠으며,

하늘에서 내려온 침입자들, 감정을 잃어버린 문명과 오직 과학에 집착하는 자들

다정하고, 따뜻했기 때문이다. 무엇보다도 이중성이 없고, 미신에 물들지 않은 순수한 영혼이었기 때문이다. 당신은 위대한 존재를 마주하고도 숭배하지 않았다. 다만 그 앞에서 경이로움을 느끼며, 자연스럽게 그와 같은 존재가 되고자 했을 뿐이다. 이제 곧, 그것은 하나의 대화로 다가올 것이다. 영혼과의 고요한 만남 속에서 당신은 대화에 참여하게 될 것이다. 경험은 오직 당신만의 것이다. 누구도 대신할 수 없고, 누구의 것도 아닌 오직 당신만의 것이다. 마음껏 누려라. 그러하리라(So be it).

종교라는 이름 뒤에 숨어 복종을 강요해 온 지배자들

"그들은 복종과 무지, 그리고 노예 제도를 하나의 개념으로 주입해 왔다." 그리고 이렇게 대담하게 선언했다. '우리 앞에 다른 신이 있어서는 안 된다. 우리는 질투하는 신들이기 때문이다.' 말 그대로, 그들은 정말로 질투하는 신들이었다." "만약 그들이 종교에 얼마나 깊이 개입해 왔는지, 그리고 당신이 믿고 따르던 종교 속 인물들조차 사실은 그들에 의해 만들어진 존재들이라는 사실을 알게 된다면, 이 자리에 있는 당신들 가운데 마음이 여리고 순수한 이들은 진실을 감당하기 힘들 수도 있다. 진실은 영혼 깊은 곳에 혼란과 공허를 남길 것이다." "그러나 기억하라. 신들조차도 여전히 진화하고 있는 존재들에 불과하다."

- 람타

여기에는 진화한 폭군들이라고 불리는 또 다른 집단이 있다. 그들은 아주 먼 곳에서 와 지금은 지구, 바로 당신의 행성에 자리를 잡고 있다. 고도로 발달한 기술을 지니고 있으며, 겉으로는 눈부시게 아름답고 신성해 보이지만, 본질은 냉혹한 지배자들이다. 그들은 종교의 형성에 깊이 개입했다. 숭배라는 개념을 심어 인류, 씨앗 민족을 노예화하고 사람들 사이에 분열과 갈등을 조장해 왔다. 천국과 지옥의 개념을 만들어낸 것도, 루시퍼와 여호와 같은 존재들을 신격화한 것도 바로 그들이다. 그들은 세상이 자신을 스스로 적으로 여기게 했고, 특정 집단을 신의 대리자로 삼아 신의 이름으로 세상을 파괴하도록 조종해 왔다. 그들은 매우 강력한 존재다. 신화를 끊임없이 되살리고, 미신에 사로잡힌 이들을 무지 속에 묶어 두는 정교한 기술을 갖추고 있다. 오랜 세월 동안 권력의 중심에 앞잡이들을 심어 왔으며, 그 영향력은 지금까지도 여전히 이어지고 있다. 그러나 그들과의 계약은 마지막 교황과 함께 끝날 것이다. 그들은 결코 진정한 깨우침을 전한 적이 없다. 그들의 목적은 오직 하나, 복종을 강요하는 것, 그리고 그 복종을 진리라는 이름으로 포장하여 퍼뜨리는 일이었다. 그들은 노예를 다스리는 자들이다. 오랜 세월, 이 지구에 머물러 왔고, 지구 밖의 다른 세계에서도 여전히 활동하고 있다. 그들이 원하는 것은 당신의 유전자가 아니다. 그들은 이미 스스로 완전하다고 믿기 때문이다. 그들이 원하는 것은 단 하나, 당신을 지배하는 것이다.

　그들은 자신들이 하는 일이 옳다고 믿는다. 왜냐하면, 과거에 무지했던 인간들을 가르쳐 주고, 더 나은 존재로 만들었다는 자부심이 있기 때문이다. 그들은 몽골 제국의 탄생에 영감을 주었고, 고대 이집트 왕조의 형성에도 깊이 관여했다. 기술적으로 매우 뛰어난 존재들이었던 그들은 인간을 마치 형제처럼 대하며 인간의 상태를 개선하려 애쓰기도 했다. 하지만 그들의 목적은 어디까지나 자신들을 섬길 수 있을 만큼만 인간을 발전시키는 것이었다. 무슨 뜻인지 알겠는가? 마치 부모가 자녀를 키우는 방식과도 같다. 부모는 자녀가 자랑스러운 존재로 성장하길 바라며 정성을 다해 기른다. 그러나 그 이면에는 언제나 자녀는 부모의 소유물이라는 무의식적 인식이 깔려 있다. 그들은 이렇게 말한다. "저 아이들은 내 자식들이야. 그들은 나를 자랑스럽게 만들고, 나를 훌륭하게 보이게 해. 내 가족이야." 이것이 바로 그 존재들의 사고방식이다. "내 가족"이라는 말은 사실 폭군적 태도에서 비롯된 표현이다. 그들은 자신들이 만들어낸 백성, 곧 당신을 소유물로 여긴다. 그들은 생명력 없는 체계를 만들어 놓고, 그 안에서 인간을 기계처럼 길러왔기 때문이다. 그들은 복종과 무지, 그리고 노예화라는 개념을 오랜 세월에 걸쳐 인류에게 끊임없이 주입해 왔다. 그리고 이렇게 대담하게 선언했다. "우리 앞에 다른 신이 있어서는 안 된다. 우리는 질투하는 신들이기 때문이다." 말 그대로 그들은 질투하는 신들이었다. 그들은 자신들의 진실을 전하기 위해 성자들을 부활시켰고, 진실을 지키기 위해 악마들 또한 만들어냈다. 여기서 말하는 악마는 인간 내면에 존재하는 공격적이고 어두운 측면을 상징할 뿐이다. 결국 모든 것은 당신이 그들을 섬기도록 설계된 것이었다.

　그들이 종교에 얼마나 깊이 개입해 왔는지, 당신이 믿고 따르던 종교 속

종교라는 이름 뒤에 숨어 복종을 강요해온 지배자들

인물들조차 사실은 그들에 의해 조작되고 만들어졌다는 사실을 알게 된다면 어떻겠는가? 진실은 이 자리에 있는 아직 마음이 여리고 순수한 사람들에게는 감당하기 어려운 충격이 될 것이다. 진실은 영혼 깊은 곳에 혼란과 공허, 그리고 깊은 회의를 남길 수 있다. 나는 그들이 이곳과 이 지구 밖 세계에서 어떤 영향력과 교리를 전파해 왔는지 모두 말해줄 수 없다. 범위가 너무 넓고 방대하기 때문이다. 그러나 분명한 사실이 있다. 어떤 존재든 아무리 고귀하고 위대해 보일지라도, 하위 존재들을 복종하게 만들고 그들의 의식을 정체된 상태에 묶어두고 있다는 사실이다. 설령 하위 존재들조차도 본래는 신적인 존재들임에도 말이다.

그들은 오랫동안 강력한 정권들의 뒤에서 영향력을 행사해 왔다. 율리우스 시저의 탄생에서부터, 나폴레옹의 생애 후반부에도, 히틀러의 등장까지 역사의 무대 뒤편에서 깊은 영향을 미쳐 왔다. 역사 전체로 보면 그들의 개입은 극히 일부에 지나지 않는다. 그러나 그들은 자신들이 세운 이념을, 선택된 인물들을 통해 끊임없이 지켜내 왔다. 목적은 단 하나, 당신이 복종 의식에서 결코 벗어나지 못하도록 하는 것이었다. 그러나 언젠가 거대한 함대가 출현할 것이며, 그보다 더 큰 함대와 충돌하게 될 것이다. 이것이 곧 하늘에서 벌어질 전쟁의 전조이다. 전쟁은 빛의 존재들끼리의 충돌이며, 결국 혼란스럽고 어지러운 현실의 지배권을 두고 벌어지는 싸움이다. 그러나 잊지 말라. 모든 전쟁은 왜곡된 자아, 변형된 자아에서 나온 것이며, 본질적인 이유는 존재하지 않는다.

신들조차 여전히 진화의 과정에 있는 존재들에 불과하다. 그들 역시 이미 영향을 받고 있으며, "도대체 어디까지 정복해야 마침내 자기 자신을 정복할 수 있는가?"라는 깨달음의 문턱에 서 있다. 지금, 그들은 바로 자신을 정복하는 과정에 있다. 그렇다면, 그런 그들에게 당신은 어떤 의미일까? 당신은 그들을 봉사하거나 섬길 능력조차 갖추지 못했는데, 그들은 당신이 그러기를 정말로 원한다. 당신은 아직 그들이 인정할 만한 우주선을 만들 능력도 없고, 자유자재로 형태를 바꾸거나 사라질 수도 없으며, 의식의 힘을 한 곳에 모을 능력도 없다. 당신은 이제 막 그런 것들을 배우기 시작했을 뿐이다. 지금, 이 순간의 당신은, 그들에게 있어 단지 하나의 장난감에 불과하다.

인류 역사상 가장 위대한 전쟁은, 두 명의 강력한 폭군이 맞붙은 전쟁이었다. 위대함과 위대함이 충돌한 실로 장엄한 싸움이었다. 그리고 지금, 이 순간에도 당신의 사회에서는 같은 싸움이 반복되고 있다. 그리고 그 싸움을 멋지다고 여긴다. 사실 당신은 단지 그들과 그들의 의식을 그대로 반영하고 있을 뿐이다. 그들의 생각은 권력, 성공, 영향력이라는, 당신이 따라 하려는 사회의 모습 속에 그대로 담겨 있다. 그들이 진정 원하는 것은 단 하나 당신을 지배하는 것이다. 그리고 생각해 보라. 수많은 신들을 지배할 수 있다면, 그보다 더 큰 자부심이 있을까?

당신을 사랑하는 존재들은 정말 많다. 무엇보다 내가 그렇다. 진리, 깨달음, 지식, 이보다 더 강력한 무기는 없다. 그리고 당신은 이미 경이로운 존재로 거듭날 수 있는 잠재력을 갖추고 있다. 지식과 진리, 지금 당신이 지닌 육체, 자신을 스스로 미세하게 조율할 수 있는 의식, 이 모든 것은 그들이 타고 다니는 어떤 우주선보다도 훨씬 위대하다. 그들의 우주선, 그들이 발하는 빛, 피부색, 위엄이나 두려움을 자아내는 외형조차도 모두 단 하나의 근원에서 비롯된 것이다. 당신이 반드시 알아야 할 그 위대한 근원은 바로 궁극적 존재(The Is)이자 의식이다. 모든 것은 의식이 진화하는 과정에서 나타나는 부수적인 현상에 불과하다. 그리고 그것은 당신에게도 모두 가능한 일이다.

가장 위대한 존재들은 당신과 똑같은 몸을 가지고도 의식을 완전히 자유

종교라는 이름 뒤에 숨어 복종을 강요해온 지배자들

롭게 할 수 있는 이들이다. 그렇게 될 때 당신은 진정한 힘을 얻게 된다. 지금 저 하늘에 머물러 있는, 세상을 단번에 혼란에 빠뜨릴 수 있는 거대한 우주선보다도 훨씬 더 강력한 존재가 될 수 있다. 의식은 어떤 차원 간 우주선이나 무기, 에너지, 방어막보다도 더 위대하며, 결국 그 모든 것의 근원은 의식이기 때문이다. 의식이란 무엇인가? 군대라는 표현을 써야 한다면, 가장 강력한 군대는 의식으로 이루어진 군대다. 그 무엇도, 아무것도, 의식을 거스를 수 없기 때문이다. 당신은 지금, 지배자들이 결코 알기를 바라지 않는 어떤 것을 배우고 있다. 당신이 의식을 깨닫게 될 때, 자신이 누구인지, 어떤 존재인지를 알게 될 때, 그 누구도 다시는 당신을 지배할 수 없게 되기 때문이다.

그들이 진화한 것은 그들이 처한 환경 때문이라는 사실을 알라. 그들의 기술은 고도로 발전하여 물질과 반물질, 중력과 반중력에 대해 깊게 이해하고 있으며, 의식과 잠재의식을 활용해 반물질을 만들어낼 정도로 원리를 정확하게 파악하고 있다. 그들은 빛의 형식을 통해 나타났다 사라지는 반물질을 다룬다. 이것이 바로 반물질이 작동하는 방식이다. 그런데 반물질이란 무엇일까? 바로 의식이다. 그들의 위대함은 물질을 다루는 능력에서 비롯된다. 가장 큰 힘은 의식에서 나오며, 의식이 곧 물질을 구성하는 본질이다. 당신이 의식과 에너지(C&E®) 호흡 훈련을 통해 '제7 봉인(씰)'을 여는 순간, 당신은 빛을 타고 확장된 의식의 새로운 차원으로 나아가게 될 것이다.

당신이 의식을 몸에서 분리하는 법, 유체 이탈을 배우게 되면 어떤 우주선도 더 이상 당신을 추적할 수 없다. 그들은 그렇게 빠르게 움직일 수도 없고, 당신을 찾아낼 수도 없다. 당신 중에, 혹은 저들 중에 내 딸[6]을 찾아낼 수

---

[6] 여기서 '내 딸'은 람타의 채널인 제이지 나이트를 말한다. 람타의 설명에 따르면 채널링 상태에서 그녀의 의식은 잠시 육체를 떠나 있으며, 그 육체는 람타의 의식을 전하는 매개가 된다.

있는 사람이 단 한 명이라도 있다고 생각하는가? 지금, 이 순간 그녀가 어디에 있다고 생각하는가? 누구도 그녀를 찾을 수 없다. 그녀가 사라진 순간, 그녀의 의식은 빛으로 들어갔기 때문이다. 그 순간, 의식은 차원을 벗어나 자유로워지며, 그 누구도 더 이상 따라갈 수 없다. 그러니 기억하라. 당신의 의식이 자유를 얻게 될 때, 자아와 질투심에 사로잡혀 있던 그들이 지금껏 사용해 온 지배와 복종의 방식은 더 이상 통하지 않는다. 결국 그들은 진화의 법칙에 따라 섬기는 방식을 바꾸게 될 것이다. 그것은 이미 예정된 일이며, 동시에 이미 일어난 일이다. 당신은 지금, 그 일이 지나간 뒤 남겨진 시간의 흔적 속을 살아가고 있다.

제2차 세계대전과 일루미나티, 필라델피아 실험, 그리고 테슬라의 비밀

당신의 정부는 히틀러라는 폭군의 나라에서, 그리고 곰의 나라라 불리는 러시아에서 매우 중요한 문서들을 압수했다. 또한 일루미나티의 씨앗 민족에 속해 있던 위대한 지성들을 이곳으로 데려와, 중력을 극복하기 위한 연구에 투입했다.

- 람타

나는 당신들 사이에서 오간 몇 가지 흥미로운 이야기를 들었다. 이 자리에 있는 한 여성은 자신이 어떤 존재와 연결되어 있으며, 소울메이트가 저 멀리 플레이아데스에 있기 때문에 이곳에 남자가 없다고 말하더군. 그렇다면… 아마도 그녀에게 전령[7]을 보내야 할지도 모른다.

당신은 종종 내가 무언가를 숨기고 있다고 말하는데 그 말이 맞다. 사실 나 역시 당신에게 모든 것을 다 말하지는 않는다. 당신이 받아들이고 감당할 수 있는 수준에 맞추어 정보를 전할 뿐이다. 나의 학생들은 언제나 철저히 준비하며, 배움에 온전히 집중한다. 그들에게 이 가르침이 중요한 목표이자 반드시 실현해야 할 일이다. 당신이 이 여정에 참여하고자 한다면, 가르침을 삶의 중요한 목표로 삼는 것, 그것이 당신이 해야 할 일이다.

당신의 정부는 본질적으로 불안정한 체제이다. 사실, 이 세기가 시작될 무렵부터 당신의 정부는 이미 반중력에 대한 지식을 보유하고 있었다. 당시만 해도 거리는 여전히 말이 끄는 마차가 다니던 시절이었고, 환경에는 별다른 영향을 주지 않았다. 그러나 그 시절 활동하던 일부 과학자들은 원자 수준의 연금술을 이해했고, 자기장을 정밀하게 다룰 수 있었으며, 빛과 질량의 상호 관계 즉 $E=mc^2$의 본질까지 꿰뚫고 있었다. 그들 중 가장 탁월한 인

---

[7] 여기서 전령은 람타의 가르침에서 말하는 **러너(runner)**를 뜻한다. 러너는 개인의 경험과 성장을 위해 사람, 사건, 기회 등을 현실로 불러오는 의식적 전달자로 이해된다.

물이 바로 테슬라였다. 이 천재적인 인물은 지식과 기술을 가진 몇 안 되는 뛰어난 사람들로 이루어진 비밀 집단의 일원이었고, 집단은 문명이 발전할 수 있도록 특별한 지식을 조금씩 퍼뜨리는 일을 했다. 언제나 문제는 뒤따랐다. 그 문제는 지난 2천 년 동안 반복되어 온 일이기도 하다. 왕이나 정부가 이런 천재적 인물을 알아차리면, 그들을 붙잡아 감금하고, 지식을 짜내기 위해 철저히 이용했다. 안타깝게도, 이러한 방식은 오늘날까지도 전혀 달라지지 않았다.

당신의 정부는 세기가 바뀌던 무렵, 완전한 형태는 아니었지만 이미 항공기(에어로쉽)를 보유하고 있었다. '라이트 형제'라 불리는 자들이 하늘을 가로지르는 새로운 비행 방식을 세상에 공개했으며, 그들의 비행기는 공식적으로 기록된 최초의 항공기가 되었다. 하지만 관련 지식은 훨씬 오래전부터 존재해 왔다. 당신이 물질과 반물질에 대해 이해하고, 물질의 흐름이 교차하며 교차점에서 소용돌이가 생겨나는 원리를 알게 된다면, 반중력의 원리를 이용해 스스로 이동하는 방법 또한 깨닫게 될 것이다. 이 지식은 언제나 여기, 이곳 지구에 존재해 왔다. 우주를 구성하는 근본 원리이자, 동시에 지구를 이루는 본질이기도 하다. 그리고 오래전부터 비밀스러운 지식을 간직해 온 위대한 정신들, 전설적인 인물들은 지식을 조용히 다음 세대에 전해왔다.

당신의 정부는 제2차 세계대전이 한창이던 때, 유럽에 폭군 정권이 등장하자 이 활동에 구체적으로 관심을 두기 시작했다. 그 정권은 이미 '에어로쉽'이라 불리는 비행기를 개발하고 있었는데, 형태는 우리가 흔히 떠올리는 비행체와 비슷했다. 비행기에는 스와스티카 - 구부러진 십자가 - 가 그려져 있었고, 사람들은 일루미나티, 즉 우월한 인종을 상징한다고 주장했다. 하지만 사실 왜곡된 해석이었다. 그것은 일루미나티의 원래 의미를 왜곡하고

제2차 세계대전과 일루미나티, 필라델피아 실험, 그리고 테슬라의 비밀

타락시킨 것에 불과했다. 본래의 일루미나티는 백인도 아니었고, 특정 인종을 뜻하지도 않았다. 수천 년 전 인류 역사 속에 등장했던, 빛을 얻은 자들, 곧 의식이 깨어난 존재들이었다. 그들은 진리와 기술을 전해 주는 스승들이었고, 문명의 집단의식 수준에 맞추어 필요한 기술을 전해 주었다. 동시에, 인류의 미래를 위해 씨앗을 심는 역할을 맡았던 존재들이었다.

이 문명은 - 당신이 말하는 기독교식 연대, 곧 기원전(B.C.)과 기원후(A.D.)의 기준으로 보자면 - 약 기원전 5,000년부터 지금까지 이어져 온 하나의 연속된 문명이다. 이 문명은 기술적으로 매우 느리게, 그리고 제한된 속도로만 발전해 왔다. 세월이 흘러도 일루미나티는 여전히 특별한 집단으로 남아 있었다. 그들은 고대인들이라 불렸으며, 우주의 비밀을 간직한 비범한 존재들이었다. 그들이 지닌 지식은 오직 선택된 소수에게만 전해져 내려왔다.

테슬라라는 뛰어난 인물이 당신의 정부에 반중력 기술을 제공했다. 반중력은 진공 상태에서 절대 영도에 가까운 온도를 유지하는 특정한 그리드 라인 위에서 만들어지며, 이 원리를 이용하면 빛을 타고 이동하는 것도 가능하다. 이 진공 시스템은 자석의 원리를 이용해 만들어진다. 이 자리에 있는 이들이라면 기술적으로 알고 있어야 할 내용이다. 제2차 세계대전 당시, 독재자들 역시 이러한 비행선을 가지고 있었다. 테슬라는 그 사실을 알게 된 뒤, 자신이 가진 지식을 세상에 공개해 인류를 깨우겠다고 일루미나티에 약속했다. 문제는 그 기술이 진리를 깨닫지 못한 사람들, 겉모습은 인간이지만 의식은 깨어나지 못한 자들의 손에 들어갔다는 것이다. 결과는 우리가 본 그대로였다. 세상을 지배하고 자신을 신격화하려는 욕망은 파멸을 불러왔고, 히틀러는 대가를 치렀다. 권력을 얻기 위해 인간의 생명을 파괴해서는 안 된다. 하지만 히틀러는 바로 그런 방식으로 권력을 얻으려 했다.

당신의 정부는 히틀러가 지배하던 독일과 곰의 나라라 불리던 러시아에서 중요한 문서들을 빼앗아 왔다. 일루미나티의 씨앗 민족에 속한 뛰어난 학자들을 데려와, 중력을 없애는 기술을 연구하게 했다. 사실 이미 1940년대에 정부는 물질을 바꾸는 기술을 갖고 있었고, 실제 실험을 통해 증명했다. 그들은 거대한 철제 군함을 한 항구에서 다른 항구로 순간 이동시키는 실험을 여러 차례 진행했다. 실험은 무장을 갖춘 군함 한 척에 적용되었고, 배 안에는 수많은 인원과 여러 대의 발전기가 있었다. 강력한 자기장을 만들어냈고, 진공 상태를 형성했다. 진공은 절대 영도에 가까운 온도를 만들어냈으며, 결국 배와 안에 타고 있던 사람들의 진동수를 단숨에 끌어 올렸다. 그 결과 군함은 눈 깜짝할 사이에 다른 시간과 공간으로 이동했다. 실험은 놀라울 정도로 성공적이었지만, 큰 문제가 있었다. 실험에 참여했던 사람들은 모두 격리되었고, 기억은 지워졌으며, 다시는 이 사실을 말하지 못하도록 정신 또한 철저히 파괴되고 말았다.

그 후, 당신의 정부는 자체적으로 '에어로쉽'을 개발해 왔다. 이 비행체는 중력을 거슬러 비행할 수 있으며, 정부가 인공적으로 구축한 에너지 라인을 따라 직선으로 빠르게 이동할 수도 있었다. 그러나 기술은 아직 완전하지 못했고, 제한적인 수준에 머물러 있었다. 정부는 이 비행체를 보다 더 정교하게 만들기 위해 노력해 왔다. 그래서 지구 대기권에 들어왔다가 추락해 산산이 부서진 외계 비행체들, 그리고 그 안에 타고 있던 또 다른 세계의 존재들 - 곧 당신의 형제들 - 의 시신을 확보해 보관해 왔다. 정부는 외계의 기술과 오래된 연금술적 지식을 결합하여, 운석의 주성분을 이루는 금속들을 변환하는 데 성공했다. 금속들은 이미 잘 알려진 것이었다. 변환된 금속은 비행선 내부 코팅 재료로 쓰였고, 그 결과 정부의 비행선은 한층 더 정교하게 완성될 수 있었다. 지금 정부는 지구가 이미 포위되어 있으며, 누군가의

제2차 세계대전과 일루미나티, 필라델피아 실험, 그리고 테슬라의 비밀

감시 아래 있다는 사실을 잘 알고 있다. 그래서 당신의 군대는 이 특별한 존재들에 관한 사실을 철저히 숨겨 왔다. 그리고 지금까지 그들과 어떤 방식으로든 접촉한 사람들 - 그것이 정부의 비행체이든, 외계에서 온 비행체이든 - 하나같이 공개적으로 조롱당하고 모욕을 당해야 했다.

그렇다면 정부는 왜 이미 앞선 기술을 가지고 있으면서도, 막대한 예산을 들여 우주왕복선을 개발하려고 할까? 이유는 단순하다. 정부가 국민을 통제하는 가장 효과적인 방식은, 모든 사람을 하나의 위대한 목표 아래 묶어 두는 것이기 때문이다. 그리고 목표는 언제나 멋지게 포장된다. "우주에서 협력하여 암 치료제를 개발하겠다" "전염병을 퇴치하겠다" "삶을 더 풍요롭고 편리하게 만들어줄 신소재를 만들겠다"라는 식으로. 그렇게 사람들은 계속해서 일하고, 세금을 내며, 자신의 피와 땀을 바친다. 결국 모인 돈은 이 프로그램을 유지하고, 조직을 운영하는 사람들을 먹여 살리며, 그들에게 더 큰 권력을 안겨준다. 그러나 더 중요한 것은, 대중의 관심이 늘 본질이 아닌 곳에 머물게 된다는 점이다. 그들은 결코 그 목표를 이루지 못한다. 왜냐하면 그들은 이미 눈 깜짝할 사이에 달에 다녀온 적이 있기 때문이다. 이제 어떻게 국민에게 설명할 수 있겠는가? 사실 그들의 시스템은 매우 단순하며, 그렇게까지 많은 세금이 필요하지 않다는 것을. 만약 세금을 더 이상 걷지 못한다면, 그들은 어떻게 당신을 통제할 수 있겠는가? 어떻게 당신의 눈과 입을 막을 수 있겠는가? 이제, 정신을 차려야 한다.

당신의 정부는 아직 시간을 통제하는 방법을 알지 못한다. 여러 차례 작은 프로젝트들을 시도했지만, 대부분은 그냥 흔적도 없이 사라져 버렸다. 선형적인 사고만 하는 사람이 시간이 없는 상태 속에서 과연 선형적 시간을 이해할 수 있겠는가? 결국 비밀을 손에 넣지 못한 채, 실험 장비들이 빛의 흐름을 따라 앞뒤로 흔들리듯 오가게 할 뿐이었다. 그들은 가까운 시일 내에

불의 행성인 화성에 도달하지 못할 것이다. 대신 우주 탐사라는 명목으로 장비를 계속 쏘아 올리지만, 대부분은 눈 깜짝할 사이에 폭발하거나 그대로 사라져 버린다. 그렇게 사라진 것들은 두세 세기가 흐른 뒤에야 다시 돌아올 것이다. 아직 시간이라는 개념을 다룰 줄 모르기 때문이다. 시간을 통제하는 원리를 모르는 상태에서는, 아무리 진동수를 높여 무언가를 전송한다 해도 의미가 없다. 예를 들어, 태양 넘어 어딘가에 좌표를 설정해 두었다고 해보자. 가본 적도 없고, '아마 이 방향이 맞을 거야'라는 희망만으로 초공간 이동을 시도한다면, 장비는 결국 사라져 버리고 만다. 어쩌면 두세 세기 후 시간의 흐름 속에서 엉뚱하게 당신의 앞마당에 떨어질지도 모른다.

그들은 비행체들을 띄워 올려놓고, 누가 그것을 보았는지, 또 누가 보지 못했는지를 철저히 감시한다. 그 결과 뇌수술(로보토미)을 받은 사람들도 적지 않았고, 그들의 삶은 완전히 달라져 버렸다. 무슨 일이 있었는지 전혀 기억하지 못한 채 살아가는, 바로 그들이 정부의 비밀 프로젝트를 실제로 겪었던 자들이다.

나는 그들이 만든 장비나, 기술을 개발할 때 가졌던 정신 상태에 별다른 감명을 받지 않았다. 그들이 받은 정보는 기껏해야 장난감 같은 기술을 만드는 수준에 불과했다. 애초에 정말로 대단한 무언가를 만들어낼 만큼의 정보는 주어지지 않았다. 물론, 물질을 어느 정도 변환할 수 있다는 점은 흥미롭다. 하지만 그들은 시간을 뛰어넘지 못한다. 그리고 바로 그 지점이 그들에게 있어 가장 큰 한계이자 도전이다. 그러니 만약 당신이 당신의 정부나 세금에 대해 고마움을 느껴야 한다면 그들이 아직 시간을 통제하지 못한다는 사실에 감사하라. 어쩌면 시간이란 이 단 하나의 요소만이, 당신이 고마워할 수 있는 유일한 이유일지도 모른다. 회색 인간들, 정부와 외계 기술을 다루는 비밀 집단 사이에는 계획이 오가고 있다. 만약 상황이 악화되면, 자신들이 만든 장비를 타고 달의 반대편인 어두운 면으로 도망칠 것이다. 그러고는 두세 세기가 지난 뒤에야 다시 돌아올 것이라고 한다. 그때쯤이면 그들이 남겨놓고 간 국채 따위는 아무런 의미도 없을 것이다. 그건 그들끼리만 통하는 농담일 뿐이다.

그들은 알고 있다. 정말 거대한 존재들, 실체가 분명히 존재한다는 사실을. 그리고 그 사실을 은폐하는 방식은 매우 치밀하고 정교하다. 그들은 정신분석 기법을 사용해, 목격자 스스로가 자신이 히스테리 상태였다고 믿게 만들 수 있다. 이런 기법에 능숙하며, 실제로 수없이 그런 식으로 사건을 덮어왔다. 이 세상에서 가장 영향력 있는 사람들조차, 거대한 우주선을 본 적이 있으며, 그 앞에서 경외심을 느낀 적도 있다. 그런데도 어리석은 이들 중에는 우주선을 격추하거나, 작은 전투기를 띄워 추격하려 했던 경우도 있었다. 하지만 그런 시도는 절대 통하지 않는다. 아직 기술력을 갖추지 못했기 때문이다. 기술에 대한 비밀은 현명한 자들이 끝내 세상에 공개하지 않은 극히 소수의 비밀 가운데 하나다. 또한 비밀이 지금까지도 세상에 드러나지 않는 데에는 분명한 목적과 이유가 있다.

이 놀라운 존재들은 뛰어난 기술력과 고도의 과학 지식을 가지고 있으며, 특히 자기장과 중력, 반중력에 대한 탁월한 이해와 능력을 지니고 있다. 그들은 이러한 지식을 어떻게 세상에 알릴지, 또 누가 그것을 알게 될지를 아주 신중하게 조절해 왔다. 그래서 진짜 진실이나 물리 법칙, 수학적 공식은 어느 누구도 - 심지어 컴퓨터조차도 - 완전히 풀어낼 수 없도록 만들어 놓았다. 만일 의식 수준이 낮은 정부가 지식을 손에 넣게 된다면, 이러한 지식이 들어간다면, 또 하나의 문명이 파괴되는 비극이 일어날 수 있기 때문이다. 이 이야기는 이쯤에서 마치겠다.

지금 당신이 주목해야 할 점은 이것이다. 만약 당신이 정부 소속 비행체와 접촉한다면, 정부는 어떤 방식으로든 당신에게 대응할 것이다. 친구들과 함께 있는 자리에서 일어난다 해도, 정부는 여전히 당신을 추적할 것이다. 그들은 그런 존재들을 실시간으로 감시하고 있으며, 위치를 정확히 파악하고, 가능하다면 좌표까지 확보하려 하기 때문이다. 이런 과정에서 당신은 심문이나 조사를 받을 수도 있다. 그러나 지금 이 시점, 정부 소속 비행체를 목격한 사람이 너무 많아 모두를 추적하는 것은 사실상 불가능하다. 이제는 그들의 존재는 너무도 뚜렷해졌고, 이미 많은 이들이 직접 목격했기에 더 이상 숨길 수 없는 단계에 이르렀다.

 당신이 그런 존재들과 접촉하게 되는 이유는 단순하다. 그것은 당신이 스스로 원했고, 의도적으로 그들과 만나려 했기 때문이다. 그리고 동시에 그들 역시 당신과의 접촉을 원했기 때문이다. 그 순간, 당신은 지식이 가장 위대한 형태로 작동하는 장면을 직접 보게 될 것이다. 일루미나티가 말했던 차원 간 이동 기술, 그리고 인간의 상상을 뛰어넘는 과학 기술이 무엇을 의미하는지 몸소 체험하게 될 것이다. 겉보기엔 엔진이 전혀 없어 보이고, 실제로도 어떤 엔진도 없는 비행체가 소리 하나 없이 당신 머리 위에 멈춰 떠 있는 모습을 본다면, 그건 말로는 다 표현할 수 없는 놀라운 경험이 될 것이다. 직접 겪어보지 않고는 결코 알 수 없는 순간이다.

 사람들은 오랫동안 불꽃처럼 빛나는 우주선에 대해 낭만을 품어왔다. 우주선을 갖고 싶어 하거나, 타보고 싶어 하거나, 심지어 우주선과 하나가 되고 싶어 하기도 했다. 그러나 대부분의 사람은 실제로 우주선에 탈 수 없다. 인간의 평형 감각, 몸의 균형을 잡는 시스템과 신체 구조는 빛의 속도를 견디지 못하기 때문이다. 우주선은 믿기 어려울 만큼 빠르게, 눈으로는 보이지 않을 정도의 속도로 직각으로 꺾이며 움직인다. 하지만 인간의 몸은 그런 극도의 충격을 전혀 버텨낼 수 없다. 당신이 탈 수 있는 정도라면, 직선으로 천천히 날아가거나, 크게 원을 그리듯 돌거나, 천천히 위로 올라갔다가 천천히 내려가는 정도일 것이다. 그래도 언젠가 당신은 그 위대한 우주선이 당신을 아주 천천히 위로 데려가는 경험을 직접 하게 될 것이다.

당신은 어디에도 가지 않을 것이다. 다른 은하로 가서 영원히 살게 되는 일은 없다. 그곳은 천국이 아니기 때문이다. 다만 당신은 그런 경험을 할 자격이 있을 만큼 의식이 성장하게 될 것이다. 당신은 바로 그런 경험을 위해 선택된 씨앗 존재이다. 이 일에 대해 당신 정부는 아무것도 할 수 없다. 그들이 당신과 접촉하기로 마음먹는 순간, 어떤 힘도 그들의 거대한 우주선을 막을 수 없기 때문이다. 하지만 단지 빛나는 우주선을 향한 환상이나 막연한 동경을 가져서는 안 된다. 진정한 낭만은 지식과의 만남이다. 당신이 진심으로 추구해야 할 로맨스는 기술의 원리를 이해하고, 원심력·중력·반중력 같은 법칙들을 깨달을 수 있는 지적 능력과 기술을 갖추는 것이다. 그러니 단순히 소원을 비는 데 그치지 말고, 그 소원을 이루어내는 존재 - 마치 램프 속 요정 지니처럼 - 가 되기를 바라라.

그래서 당신은 단지 '거대한 우주선을 타고 싶다'라는 사람들보다 훨씬 더 깊은 차원의 경험을 하게 될 것이다. 그리고 또 하나의 매우 중요한 사실이 있다. 하늘에 보이는 모든 우주선이 안전한 것은 아니다. 자기장을 이용해 진공에서 비행하는 우주선은 강력한 열 방사선을 방출한다. 살과 피로 이루어진 존재에게는 절대 안전하지 않다. 그런 우주선이 착륙한 자리는 땅이 불에 그슬리고, 어떤 생명체도 다시 자라지 않는다. 이것은 그들의 기술이 만들어내는 부작용일 뿐이고, 정작 그들 자신은 아무런 영향을 받지 않는다. 그러니 하늘을 나는 모든 존재가 아름답고 신비로운 존재들이라고만 생각해서는 안 된다. 당신이 아무리 간절히 바라더라도, 우주선이 실제로 당신 집 앞마당에 착륙한다면, 다음 날 아침을 맞이하지 못할 수도 있다.

당신의 '책 중의 책', 성경에도 이와 비슷한 이야기가 나온다. 언약궤, 올리브산, '주의 천둥'에 대한 이야기, 그리고 어떤 이들은 거룩한 땅에 가까이 가거나 그 안에 들어가지 못했다는 기록이 그것이다. 이유는 방사선 때문이었다. 그 우주선은 강력한 방사능을 내뿜었고, 언약궤는 사실상 그것을 전달하는 매개 장치였다. 그들은 그것을 전쟁에 활용해 적을 물리치기도 했다. 그리고 그 장치를 옮길 수 있었던 이들은 그 에너지에 면역이 있는 특별한 존재들이었다. 언젠가 이 모임이 준비될 때 - 의식이 무르익고, 성숙하며, 감당할 만큼 성장했을 때 - 나는 당신에게 놀라운 것을 보여줄 것이다. 천 마디의 말보다, 단 한 번의 체험으로 더 깊은 깨달음을 안겨줄 것이다. 이는 경이로 향하는 하나의 발판이 될 것이며, 그 단 한 번의 경험이 당신을 완전히 바꿔 놓을 것이다. 그날이 오면, 나는 그것을 보여줄 것이다. 그러하리라(So be it).

버려진 씨앗에서 다시 피어나는 새로운 희망

"당신이 무심히 흘려버린 씨앗을 간절히 필요로 하는 문명들도 있다. 그리고 그들은 실제로 그 씨앗을 가져가고 있다. 그들은 자신들에게 그럴 자격이 있다고 믿는다. 생명력의 본질을 이해하고 그 흐름에 함께하는 이들은 그 힘이 누구의 소유가 아니라 모든 존재에게 주어진 신성한 선물임을 알고 있기 때문이다."

- 람타

내가 앞서 설명했던 세 집단 - 빛을 전하는 자들, 관찰자이자 간섭자들 그리고 어둠의 집단 - 이야말로 지금 당신이 주목해야 할 핵심 존재들이다. 물론 그 외에도, 이 지구와 단 한 번도 접촉하지 않은 다른 존재들도 있다. 우주에는 이제 막 자신들만의 방식으로 진화의 여정을 시작한, 매우 원시적인 존재들도 있다. 그것이 곧 그들의 삶이다. 생명과 물질의 조건이 갖추어진 곳이라면 어디에서든 영은 움직이며, 환경에 따라 인간은 자연스럽게 진화한다. 당신 역시 지금 자신이 처한 환경 속에서 진화하고 있다. 당신의 본질은 당신이 지닌 도덕적 태도나 관념보다 훨씬 더 깊고 복합적이다. 그렇다, 당신의 씨앗은 이미 추출되었다. 그들은 씨앗을 가져갔고, 어떤 경우에는 거의 하이브리드에 가까운 놀라운 인간들을 창조해 냈다. 만약 당신이 강제적인 행위 혹은 강간이라 부른다 해도, 그들에겐 뚜렷한 목적이 있었다. 생명을 만들고, 그 생명을 이곳처럼 함부로 버리는 것이 아닌 소중히 여기는 곳에 심는 것이었다. 당신의 씨앗은 유전적으로 폭발적인 생명력을 지니고 있다. 그들은 당신의 유전적 씨앗을 채취해 자신들이 원하는 몸에 심는 방법을 알고 있으며, 유전적 불순물을 제거하고, 그 자리에 자신들의 순수함을 더하는 법도 알고 있다. 이것은 하나의 과학이다. 앞으로 4년 안에 일루미나티의 한 인물이 그 지식을 의사들에게 전할 것이다. 그 결과, 앞으로 태어날 아이들은 유전적 선택을 통해 어떤 특성을 가질지 결정할 수 있게 된다. 불필요한 요소가 제거되면 질병은 사라질 것이다. 유전자 단계에서 미리 차단될 수 있기 때문이다. 그리하여 마침내, 순수한 의식과 태도를 지닌 존재가 순수한 육체 안에 깃들게 될 것이다.

당신 중에는 병을 앓고 있거나, 병든 채 살아가는 이들도 있다. 그런데도 당신의 씨앗은 이미 채취되었다. 당신의 몸 안에 있던 병은 그들이 가져간 곳에서는 아무런 영향을 미치지 않는다. 유전자는 이미 다 분석되었다. 그러니, 당신 역시 어딘가에서 생명을 낳은 셈이다. 생명은 곧 생명이다. 생명은 모든 것의 근원이자, 존재를 가능하게 하는 근본적인 힘이다. 남성의 정액은 마치 끊임없이 흐르는 강물과 같고, 여성의 자궁은 신비로운 새가 둥지를 틀 듯 생명을 품는 신성한 그릇이다. 생명력은 본래 거룩한 힘이며, 힘의 가장 순수한 목적은 또 다른 생명을 창조하는 데 있다. 하지만 지금의 사회에서는 생명을 원하지 않는 사람들이 점점 많아지고 있다. 반대로, 당신이 무심히 흘려버린 그 씨앗을 간절히 필요로 하는 문명들도 있으며, 그들은 실제로 그것을 가져가고 있다. 그들은 자신들에게 그럴 자격이 있다고 믿는다. 생명력의 본질을 이해하고 그 흐름에 함께하는 이들은, 그 힘이 누구에게 속한 것이 아니라 모든 존재에게 주어진 신성한 선물임을 알고 있기 때문이다.

당신은 지금 살아 있다는 사실이 얼마나 큰 영광이며 축복인지 알고 있는가? 비록 둔하고 무겁고 조밀한 육체 속에 갇혀 있다고 해도, 그 밀도의 세계를 의식적으로 체험하고 있다는 것 자체가 얼마나 경이로운 일인지 아는가? 의식은 곧 신이다. 자기 자신을 알지 못하는 신은 그저 지루한 존재일 뿐이다. 아무것도 아닌 상태, 아직 깨어나지 않았지만, 모든 가능성을 품고 있는 잠재적 상태일 뿐이다. 당신의 삶은 단순히 먹고 배설하고, 욕망을 해소하며, 옷이나 겉모습에 집착하지 않는다. 삶은 훨씬 위대하고 본질적이다. 삶은 곧 생명이다. 생명력이자, 세계를 깨우고 빛을 밝히며, 아직 알려지지 않은 우주를 비추는 거울 같은 힘이다. 그리고 생명력은 곧 신이다. 신성한 힘을 의식적으로 살아내고 있다는 것이야말로 가장 큰 특권이다. 그렇지 않고서야, 어떻게 당신이 다른 별의 식민지에서 남자나 여자와 아이를 낳고, 아이를 보물처럼 귀하게 여기는 모습을 상상이나 할 수 있겠는가? 아마 그럴 수 없을 것이다. 어떤 이들은 실제로 그 어린 생명을 얻기 위해, 목숨까지 걸고 온갖 감시와 위장을 피해 이 지구에 온다. 그만큼 생명은 소중한 것이다. 하지만 이곳에서는 그 생명력이 종교적으로 억압되고, 추악하다는 낙인이 찍혀 왜곡되었다. 그리고 왜곡은 타락을 낳고, 타락은 다시 병을 만든다. 사람들이 서로를 미워하게 되는 이유, 그 핵심에는 바로 성적 에너지, 생명력에 대한 혐오와 왜곡된 인식이 자리 잡고 있다. 하지만 생명력이야말로 모든 것의 본질이다.

이것은 인간으로서 성장한다는 의미이다. 단지 사정하고 성교하는 성적 존재가 아니라, 삶 그 자체를 인식하고 그 안에서 기쁨을 아는 것이다. 우리가 말하는 것은 단순히 오르가슴을 얻기 위한 노력이 아니다. 우리는 지금 창조에 관해 이야기하고 있다. 그렇지 않다면, 누가 이 우주의 구석에 있는 작은 지구, 노란 태양과 달 하나뿐인 이 별에 관심을 두겠는가? 무엇 때문에, 왜 굳이 이곳을 주목하겠는가? 이유는 당신이 이 창조에 함께하는 신적인 존재이기 때문이다. 사실 그들은 생각만으로 모든 것을 창조할 수 있는 존재들이다. 그러나 그들이 당신에게 관심을 두는 이유는 당신의 삶 때문이다. 그리고 당신의 유전자가 그들의 세계에 필요하기 때문이다. 그렇다고 해서 그들에게 나눌 것이 없다는 뜻은 아니다. 실제로 그들은 언제나 깨달은 이들과 접촉해 왔으며, 그들과 기술과 지식을 나누어 왔다. 그들에게는 수정 구슬도 있다. 그들은 시간의 소용돌이, 이미 오래전에 지나간 시간의

람타 UFO 그리고 현실의 본질

흐름을 들여다본다. 앞으로 펼쳐질 10년은 그들에게는 지나간 일이다. 당신은 단지 그 과거 속에 머무르고 있을 뿐이다. 그들은 모든 것을 이해하고 있으며, 그에 걸맞은 자격을 갖춘 이들에게는 이미 그 지식을 전해 주었다.

지금까지 존재했던 사람 중 특히 놀라운 이는, 비밀스러운 집단에 속해 있던 한 여인이었다. 그녀는 도자기를 만들었지만, 모든 일은 남편의 이름으로 이루어졌다. 당시 여성은 공개적으로 일할 수 없었기에 그녀는 동굴 깊은 곳에서 조용히 도자기를 빚어야 했다. 남편은 시장에 내다 팔았고, 항아리들은 훗날 크레타에서 귀중한 보물이 되었다. 그녀는 글을 읽거나 쓸 줄 모르는 평범한 여인이었다. 그 시대의 문자는 상형문자였다. 어느 날, 신비한 전령이 동굴 입구에 나타났다. 품위 있는 체구를 지닌 그는 말없이 그녀 곁에 앉았고, 곧 동굴 전체가 빛으로 가득 채워졌다. 가난하고 지친 그녀의 손에 묻은 진흙이 말라갈 무렵, 그는 한 줌의 약초를 건네고 아무 말 없이 사라졌다. 그날 이후 그녀는 일루미나티의 일원이 되었다. 열린 마음을 지닌 그녀는 진리와 지식, 비밀들을 전해 받을 수 있었고, 그 짧은 시간 동안 그가 알고 있던 모든 것을 그녀에게 전했다. 그녀는 전설이 되었다. 그녀는 계속 도자기를 만들었고, 가끔 신비한 방문자들이 그녀를 찾아와 함께 약초를 나누며 이야기를 나누었다. 이야기가 끝나면 그들은 조용히 떠나갔다. 그녀는 다시 남편을 위해 도자기를 만들었고, 남편의 도자기는 크레타 전역에서 명성을 얻었다.

이제 알겠는가? 당신이 얼마나 특별한 존재인지. 지금 이와 같은 일이 당신 중 몇몇 사람에게 일어나고 있다. 하지만 이것은 당신이 신을 불러내 채널링하는 일이 아니다. 이것은 지식이다. 단순하지만 하나의 씨앗 문명에서 비롯된 지식이며, 순수한 이들만이 받을 수 있는 지식이다. 생명을 당신보다 더 소중히 여기는 존재들이 있다. 그들은 생명의 본질을 당신에게서 끌어내기 위해 이곳에 왔다. 당신이 나눌 준비가 되어 있다면, 그들은 기꺼이 당신과 함께 앉아 나눌 것이다. 하지만 모든 존재가 우호적인 것은 아니다. 그들의 우주선은 실제로 위험할 수도 있다. 때가 되면 그들과 마주할 순간이 반드시 올 것이다. 나는 당신이 그 순간을 맞이하길 바란다. 바로 그것이 바로 당신이 배워야 할 여정의 한 부분이기 때문이다.

종교적 교리가 아닌, 진화를 위한 진리와 지식

"이제 모든 가면이 벗겨질 것이다. 사람들은 마침내 진실이 무엇이었는지를 똑똑히 보게 될 것이다. 진실이 당신의 눈을 바로 마주하기 위해서는, 모든 이미지가 불태워져야 한다. 그 이미지에 대한 기대와 환상도 함께 사라져야 한다."

- 람타

가르침의 목적은 단 하나, 중요한 사실을 드러내기 위함이다. "왜 종교적 교리 아래에서 그토록 막대한 죽음, 유혈, 그리고 무지가 생겨났던 것일까?" 결과적으로 인류는 암흑시대라 불리는 시대를 겪게 되었고, 앞으로도 그렇게 기억될 것이다. 도대체 그들은 무엇을 위해 그러한 일을 원했던 것일까? 다행히 그 시기에도 천사들이 나타났었다. 그들이 온 유일한 이유는 단순하다. 선택된 몇몇 사람, 즉 씨앗들을 모아 삶의 법칙을 전해 주기 위해서였다. 이 법칙은 인간이 도덕성을 회복하고 생명을 존중하며 살아가도록 이끌었다. 선택된 이들은 아주 단순하고 순수한 사람들이었다. 위대한 존재들은 그들에게 나타나, 의식이 타락 속에서 완전히 사라지지 않도록 이끌었었다. 문명이 타락했는지는 쉽게 알 수 있다. 아이들을 해치거나, 인간이 소, 양, 개와 같은 동물들과 교미하거나, 단지 혀끝의 쾌락을 위해 수백만 마리의 희귀한 새들을 도살하는 사회라면, 그 문명은 이미 깊이 병든 것이다. 이 말이 익숙하게 들린다면, 그런 문명들은 실제로 무너졌기 때문이다. 위대한 존재들은 단순한 이들에게 단순한 진리와 법을 전하기 위해 나타났었다. 그들이 이를 따랐던 이유는 단 하나였다. 의식이 붕괴하는 시대 속에서도 도덕적, 영적 책임을 배워야 한다는 두려움 때문이었다. 모든 가르침의 목적은 진리의 흐름을 끊기지 않게 하고, 인간이 스스로 안에서 붕괴하지 않도록 지키는 것, 그리고 여성들이 의식 속에서 서서히 사라지지 않도록 막는 것이었다. 하지만 단순하고 순수한 진리는 편협한 마음을 지닌 자들에게 넘어가고 만다. 결국 종교와 교리로 변질되었으며, 마침내 세상을 파괴하는 또 하나의 도구가 되고 말았었다.

당신은 알고 있는가? 이 차원에서 멀지 않은 곳에 '아스트랄계'라 불리는 신비로운 차원이 있다는 것을. 정확한 이름은 아니지만, 그곳에는 '영'이 머물러 있다. 마치 정교하게 접힌 비단처럼 의식이 촘촘히 감춰져 있어 빛조차 드러나지 않는다. 그곳 존재들은 당신과 다르지 않다. 다만 의식이 무너져 깨어나지 못한 채 자신이 만든 믿음 속에 갇혀 있을 뿐이다. 그들은 구세주가 나타나 자신들을 구원해 주기를 기다리고 있다. 구세주는 반드시 그들의 머릿속에 그려둔 모습 그대로, 혹은 죽기 직전 방 벽에 걸려 있던 그림과 똑같은 형상으로 나타나야만 한다. 그래야만 그들은 믿을 수 있기 때문이다. 어떤 이들은 이미 영적으로 죽은 상태이다. 더 이상 의식을 확장할 수 없다. 스스로 지은 집을 무너뜨리고 그 잔해 속에 자신을 가두어 버렸기 때문이다. 그래서 자신이 전혀 가치 없는 존재라고 믿으며 살아왔다. 그리고 그런 믿음 속에서, "가치 있는 존재가 되기 전까지는 깨어날 수 없다"라는 법칙을 만들어낸 것이다. 하지만 당신은 알고 있다. 진정한 가치는 외부가 아니라 내면에서 비롯되며, 반드시 직접 체험해야 한다는 것을. 그리고 체험은 각자의 법칙에 따라 이루어진다. 당신은 의식이 얼마나 중요한지 알고 싶은가? 지금, 이 이야기가 바로 그 사실을 말해주고 있다. 그렇다면 그들이 그곳에서 얼마나 오랫동안 머물러 있었는지 아는가? 그들은 그곳에 수백만 년 동안 머물러 왔다. 영적으로 죽은 상태, 즉 의식이 죽은 상태로 존재해 온 것이다.

우리는 사람들에게 예수, 즉 예슈아 벤 요셉을 그림 속 모습 그대로 보여주어야 한다. 반드시 화가가 상상했던 모습과 똑같아야 한다. 갈색 수염과 갈색 머리, 그림 속 옷차림까지 그대로여야 한다. 실제 모습은 전혀 그렇지 않았더라도 말이다. 만약 조금이라도 다르게 보인다면, 사람들은 그를 예슈아 벤 요셉을 흉내 내는 악마라고 여길 것이기 때문이다. 무지한 대중을 움직이려면, 하느님의 어머니 마리아가 등장해야 한다. 누군가를 믿으려면, 반드시 어머니여야 하고, 그 어머니는 하느님의 어머니여야만 한다. 그래서 이는 거대한 사업이 되기도 한다. 대중에게 메시지를 전할 수 있는 존재는 마리아이거나 예슈아 벤 요셉뿐이며, 그들은 반드시 그림 속 모습 그대로여야 한다. 그렇지 않으면 사람들은 그들을 사기꾼으로 여길 것이다. 그래서 마리아는 그 이미지 속에서 분주하다. 예슈아 벤 요셉은 십자가에서 내려와 진리를 이어갈 사람들에게만 조용히, 개인적으로 모습을 드러낸다. 그는 여전히 수 세기 동안 전해 내려온 이야기의 틀 안에 갇혀 있으며, 말할 수 있는 내용조차 조금밖에 바꾸지 못한다. 하지만, 여기 있는 당신은 터무니없는 말을 듣지 않아도 된다. 진심으로 다행스러운 일이다.

모로니라는 이름의 천사가 사람들 앞에 나타나, 짐을 꾸려 아무도 관심두지 않는 땅으로 떠나라고 말했다. 아무도 원하지 않는 땅에서 '씨앗 민족'이 되라는 것이었다. 하지만 그 일은 제대로 이루어지지 않았다. 여성을 가축처럼 대하면서 스스로를 깨달은 존재라 부를 수는 없기 때문이다. 진리를 개인적 이익에 맞게 해석해서도 안 된다. 그런데도 그들의 의도에는 나름대로 의미가 있었다. 그들은 어떤 상황이 닥쳐도 극복할 준비가 되어 있었고, 일부는 실제로 살아남을 것이다. 그러나 많은 이들이 실망하게 될지도 모른다. 왜냐하면 곧 모든 가면이 벗겨지고, 사람들은 모든 이미지가 불태워져야 하기 때문이다. 이미지에 대한 기대와 환상도 함께 사라져야 한다. 그렇지 않으면 진실은 왜곡되고 걸러져 단편만 보게 될 것이다.

작은 걸음으로 배우는 접촉의 기술

"그들과 연결하는 것은 숨을 쉬듯 자연스러운 일이다. 그러나 그 방법을 점진적으로, 조금씩 익히게 될 것이다. 당신은 지식을 얻게 되며, 그 지식은 곧 새로운 현실을 창조하는 힘으로 작용한다. 그 현실이 열쇠가 되어 그들과 소통하는 문을 열어 줄 것이다. 그 만남은 당신이 이해하고 받아들일 수 있는 만큼만 이루어진다. 그 이상도, 그 이하도 아니다."

- 람타

그들과 연결하는 것은 숨을 쉬듯 자연스러운 일이다. 그러나 그 방법을 점진적으로, 조금씩 익히게 될 것이다. 당신은 지식을 얻게 되고, 그 지식은 곧 새로운 현실을 창조하는 힘으로 작용한다. 그 현실이 열쇠가 되어 그들과 소통할 수 있는 문을 열어 줄 것이다. 그 만남은 당신이 이해하고 받아들일 수 있는 만큼만 이루어진다. 그 이상도, 그 이하도 아니다. 이후의 접촉은 훨씬 더 깊고 풍부한 방식으로, 다차원적인 세계에서 펼쳐질 것이다. 그리고 당신은 모든 것에 익숙해질 것이다. 처음에 낯설었던 경험들이 점차 자연스러워지고, 결국에는 당연한 현실이 될 것이다. 그때가 되면, 당신은 진정한 배움의 여정에 들어서게 된다. 더 많은 탐험과 놀라운 기술, 시간의 흐름을 넘나드는 새로운 모험들이 당신을 기다리고 있다. 이것은 위대한 기회이며, 모든 여정은 진화의 과정에 속한다. 그 기회는 이미 당신을 위해 준비되어 있다.

    그 일이 당신과 무슨 상관이냐고? 사실, 당신 중 일부는 오래전 다른 별에 생명을 뿌리던 존재들이었기 때문이다. 정말 믿기 어려운 이야기이다. 솔직히 당신이 실제로 어떤 존재들과 접촉한 경험이 있다고 해도, 그것을 믿어줄 사람은 거의 없을 것이다. 그러나 당신 중 일부는 진실임을 알고 있다. 또한 자신이 단지 배설물보다 조금 더 나은 존재가 아니라, 훨씬 더 귀하고 존엄한 존재라는 사실을 알고 있다. 물론, 누군가 당신을 큰 삽으로 퍼 담아 다른 우주로 데려가고 싶어 할 일은 없을 것이다. 게다가 인간을 재료로 만든 볶음밥은 그다지 맛있는 음식이 아니다. 이 존재들은 집요하게 진리와 지식을 탐구한다. 그들은 살을 먹지 않는다. 당신을 뒤쫓는 작은 존재들 역시 음식을 섭취하지 않는다. 왜냐하면 그들은 이미 입이라는 개념 자체를 넘어선 단계로 진화했기 때문이다. 그들은 입맞춤도 하지 않는다. 더 이상 필요하지 않기 때문이다. 그들은 입으로 말하지 않는다. 대신 의식을 통해 메시지를 주고받는다. 그래서 입 자체가 더 이상 필요하지 않다. 그리고 앞으로 태어날 여성들은 귀가 크고 귓불이 긴 모습으로 태어날지도 모른다. 그 이유는 단 하나이다. 귀에 구멍을 뚫고 장식하기 위해서이다. 귀는 단지 꾸미기 위한 용도로만 남게 될지도 모른다.

그들은 당신처럼 소리를 듣지 않는다. 만약 당신이 그들의 방식대로 자신의 목소리를 들어본다면, 아주 느리게 도는 모터 소리처럼 낮고 둔탁하게 들릴 것이다. 그들에게는 또렷한 발음이 필요 없다. 그들은 생각을 듣고, 말 너머의 진동을 인식한다. 그들이 듣는 것은 소리이기보다 진동이다. 소리 자체는 더 이상 필요하지 않다. 그들은 머리카락도 필요로 하지 않는다. 머리카락은 본래 태양으로부터 뇌를 보호하고, 머리의 기생충을 가리기 위해 생겨난 것이었다. 지금은 오히려 불편하며, 관리하는 데 시간이 많이 든다. 그래서 그들은 더 이상 그런 것을 가지고 있지 않다.

그들은 정말 다정하고 친절한 존재들이다. 머지않아 당신은 그들과 접촉하게 될 것이다. 당신은 의식이 열리고, 무언가를 이해하기 시작했기 때문이다. 당신은 단순한 마음을 지녔고, 단순함 속에서 중요한 무엇인가를 깨닫고 있다. 그래서 당신은 그들에게 훌륭한 관찰 대상이 된다. 당신이 해야 할 일은 단 하나, 그들에게 집중하는 것이다. 그러면 그들은 신호를 알아차리고, 당신과 소통하려 할 것이다. 그들은 당신이 해를 끼치지 않을 존재임을 알기에, 기꺼이 당신과 대화하려 할 것이다. 그들의 몸은 작고 연약하다. 그리고 그들의 여신은 매우 특별한 존재이다. 우리가 흔히 말하는 전형적인 아름다움과는 다르지만, 비범한 아름다움을 지니고 있다. 당신은 언젠가 그들과 접촉하게 될 것이다. 마음을 활짝 열수록 더 많은 것을 자각하게 될 것이다. 혹시 알고 있었는가? 지금 이곳, 내가 학교를 세운 이곳, 이 마을이 바로 핫스팟이라는 사실을. 이곳에서 지금 깨달음이 일어나고 있다. 빛은 빛을 끌어당기고, 결국 스스로 균형을 이룬다.

내가 당신에게 말해줄 수 있는 것에 비하면, 지금 당신이 아는 것은 그야말로 극히 일부에 불과하다. 예를 들어, 우주선이 날개 없이도 중력을 거슬러 공중에 떠 있을 수 있고, 아무도 알아차리지 못하게 환영을 만들어 사라질 수 있다. 그들이 과거 문명에 어떤 영향을 끼쳤는지, 그 문명들과 어떤 일들을 해왔는지, 나는 당신에게 끝없이 많은 이야기를 들려줄 수 있다.

하지만, 오늘 나는 가장 중요한 이야기를 전하려 한다. 그들이 바로 당신의 형제자매라는 사실이다. 그들이 어떻게 생겼든, 그것은 중요하지 않다. 그들 역시 신이며, 영혼이 깃든 존재이다. 그들 안에는 당신의 빛과 조화를 이루는 위대한 영이 있다. 단지 몸의 구조와 필요로 하는 것, 살아가는 방식이 다를 뿐이다. 그들이 사는 환경이 다르고, 육체를 이루는 기본 성분이 서로 다르기 때문이다. 그래서 그들 대부분은 지구에서 살 수 없다. 산소로 호흡하지 않기 때문이다. 예외도 있다. 산소에 적응할 수 있는 위대한 신들, 천사들, 빛의 존재들이 있다. 그들이 적응할 수 있는 이유는, 그들의 생명력이 '생명 그 자체'이기 때문이다. 광물도, 기체도 아닌 오직 순수한 생명 에너지다.

이제 당신은 서로 다른 두 종류의 우주선을 보게 될 것이다. 그중 하나는 공중에 떠 있을 때 핏빛이 감도는 녹슨 오렌지색으로 보인다. 형태가 변하기 시작하면, 찬란한 빛을 발하는 우주선으로 바뀐다. 머지않아 당신은 이 우주선들이 하늘에 나타나는 장면을 직접 목격하게 될 것이다. 핏빛 오렌지 색으로 보이는 우주선 안에는 작은 존재들이 타고 있을 것이다. 그들을 보게 된다면 - 그리고 기억할 수 있다면 - 그들의 눈을 떠올려라. 그리고 그들이 얼마나 연약한 존재들인지 기억하라. 그들의 모습을 마음속에 그리며, 그들에게 평온한 마음과 사랑의 진동을 조용히 보내라. 당신은 그들과 우호적인 방식으로 접촉하게 될 것이다. 그들은 재미없는 존재들이다. 웃지도 않고, 농담도 하지 않는다. 그들 중에 웃기는 이는 단 한 명도 없다. 그들은 매우 정확하고 효율적이며, 일 처리도 빠르다. 방식 자체가 단순하고 간결하기 때문이다. 전체적으로 딱딱하고 사무적인 태도를 지녔지만, 당신과 접촉할 것이다. 처음부터 착륙하지는 않을 수도 있다. 한동안 하늘을 선회하며 당신을 지켜볼지 모른다. 당신이 진심으로 그들과 만나기를 원한다고 판단될 때, 그제야 접촉을 시도할 것이다. 그들은 정말로 당신과 만나고 싶어 한다. 알겠는가? 그들이 바로 그 작은 존재들이다.

당신은 곧 내 백성들의 우주선을 보게 될 것이다. 그 모습은 실로 경이롭다. 그들은 빛으로 이루어진 존재이며, 당신은 그 빛이 하늘에 떠 있는 장면을 직접 목격하게 될 것이다. 어느 아침 눈을 떴을 때 창밖에서 당신을 바라보는 한 줄기 빛을 마주할지도 모른다. 그들이 바로 내 백성들이다. 반면 붉은빛과 초록빛을 띠는 우주선들은 이곳에서는 거의 나타나지 않는다. 그들은 복종을 강요하고 지배를 일삼는 폭군들이기 때문이다. 그래서 이 학교가 세워진 이 땅 근처에서는 그들을 거의 볼 수 없다. 앞으로도 초록색 불덩이의 폭발은 계속될 것이다. 그것은 이 지역의 대기를 정화하는 것이다. 당신은 하늘에서 두 개의 우주선이 나란히 떠 있다가 갈라져 서로 다른 방향으로 흩어지는 장면을 보게 될 수도 있고, 갑자기 하늘에서 떨어지는 모습을 목격할 수도 있다. 또는 도로에서 운전하다가 맥박처럼 깜빡이는 빛을 만나게 될 수도 있다. 이곳에서 당신이 보게 될 것은 그 두 종류뿐이다. 그러나 두려워할 필요는 없다. 두려움은 무지에서 비롯된다. 당신이 의식이 무엇인지 이해하고, 자신이 누구인지를 안다면, 그들과 동등한 입장에서 마주하게 될 것이다. 그러나 자신을 스스로 피해자처럼 행동한다면, 그들 역시 당신을 그렇게 대할 것이다.

진리는 언제나 진리다. 피부색이 어떻든, 겉모습이 어떻든 상관없다. 진리는 여전히 진리이고, 의식은 어디에서나 의식이다. 당신이 자신에 대해 깨달은 것들은 그들과 본질적으로 다르지 않다. 신처럼 행동하면 신처럼 대우받을 것이다. 이것이 바로 평형이며, 조화이며, 자기장의 원리다. 반대로 피해자처럼 행동하면, 당신은 실제로 그렇게 대우받게 될 것이다. 세상은 그렇게 작동한다. 사랑을 전하면, 그들도 당신을 동등하게 맞이할 것이다. 당신이 먼저 자신의 집을 보여준다면, 그들 역시 자신의 집을 보여줄 것이다.

이제 당신은 이해하기 시작했고, 어느 정도 지식도 갖추게 되었다. 격동의 시대, 이 10년의 끝자락에서 당신은 내가 말해온 것들을 점점 더 자주 마주하게 될 것이다. 그리고 그래야만 한다. 당신에게는 그것이 필요하고, 나 역시 당신이 그렇게 되기를 바란다. 나는 이미 만남을 위해 모든 준비를 마쳤다. 그 만남은 점진적이고 단계적으로 이루어질 것이다. 당신은 먼저, 땅에 엎드려 몸을 움직이는 법을 배우고, 굴러다니며 조금씩 힘을 얻을 것이다. 마침내 기어가는 법을 익히고, 이어 몸을 일으켜 세우며, 마침내 걷는 법을 배우게 될 것이다. 이 과정은 당신이 그들과 만나고 배워가는 여정이 마치 인간이 태어나, 기고, 일어서고, 걷는 과정과 닮아 있음을 뜻한다. 따라서 이 여정은 반드시 단계적으로, 차곡차곡 쌓아 가며 더 깊어져야 한다. 지식은 단번에 주어지는 것이 아니라, 서서히 쌓이며 깊어지는 것이기 때문이다. 당신이 함께 모일 때마다, 그 만남은 당신이 준비되고 받아들일 수 있는 만큼만 가르쳐 줄 것이다. 그래서 나는 당신이 어디까지 갈 수 있는지를 보기 위해 끝까지 밀어줄 것이다.

그들과 연결하는 법은 숨을 쉬는 것처럼 자연스럽다. 그러나 그 방법은 점진적으로, 조금씩 익혀 나가게 될 것이다. 당신은 지식을 얻게 되고, 그 지식은 새로운 현실을 창조하는 힘이 된다. 이 현실이 열쇠가 되어, 그들과 소통할 문을 열어 줄 것이다. 만남은 당신이 이해하고 받아들일 수 있는 만큼만 이루어진다. 그 이상도, 그 이하도 아니다. 이후의 접촉은 더 깊고 풍부한 차원에서 펼쳐질 것이며, 마침내 당신은 모든 것에 익숙해질 것이다. 처음엔 낯설었던 경험들이 점차 자연스러워지고, 결국 당연한 현실이 될 것이다. 그때 당신은 진정한 배움의 여정에 들어선다. 더 많은 탐험과 놀라운 기술, 시간을 넘나드는 모험이 당신을 기다리고 있다. 당신은 위대한 기회를 맞이하게 될 것이며, 이 모든 여정은 진화의 일부이다. 그리고 그것은 이미 당신을 위해 준비되어 있다.

누군가 잠시라도 어떤 존재와 접촉했다고 말한다면, 그 말을 믿어라. 자신이 그런 경험이 없다는 이유만으로 다른 사람의 체험을 의심하는 것은 인간에게 흔한 일이다. 그러나 기억하라. 머지않아 당신 역시 그런 경험을 하게 될 것이다. 그때 가장 현명한 태도는 그들의 이야기에 귀 기울이는 것이다. 그들의 체험 속에는, 당신이 생각하는 것보다 훨씬 많은 배움이 담겨 있기 때문이다.

믿지 않겠다는 마음에는 이해하려는 마음이 스며들지 않는다. 세상에는 모든 것이 존재한다. 기독교 신앙에 부합하지 않는다는 이유로 버려진 모든 사실 - 곧 우리가 신의 본질과 인간의 신성을 이해할 수 있게 하는 잃어버린

작은 걸음으로 배우는 접촉의 기술

조각들 - 그 모든 것을 한데 모아 저주받을 만한 한 권의 책으로 엮어낼 수 있다면, 세상에는 더 이상 믿는 자와 믿지 않는 자의 구분이 존재하지 않을 것이다. 그때에는 모든 존재가 스스로 신을 깨닫는 자리에 이르게 되어, 종교적 이분법도, 구원과 단죄의 개념도 사라질 것이다. 남는 것은 오직 직접적인 앎, 즉 스스로의 체험을 통해 신성을 인식하는 인간의 능력뿐이다. 현상들은 실제로 존재하며, 부정할 수 없는 사실이다. 존재하는 것은 진실이고, 모든 것은 실재한다. 지혜롭게 이 흐름의 일부가 된다는 것은 더 많이 알고, 더 깊이 이해해 가는 것이다. 당신 중에는 도저히 믿기 어려운 경험을 하게 될 사람도 있을 것이다. 그대로 받아들이라. 믿기 어렵다면, 믿기 어려운 일로 두어도 된다. 그 경험을 누구에게 설명하지 못해도 괜찮다. 중요한 것은 경험을 통해 무언가를 배우고 있다는 사실이다. 이번 가르침의 시작은, 몇 가지 중요한 사실을 밝히고 그 의미를 정의하는 데 초점을 두었다. 이제 당신은 정부가 알고 있는 진실, 거대한 음모가 어떻게 작동하는지를 배우게 될 것이다. 그 과정을 통해 더 깊은 지혜를 얻게 되며, 그 흐름과 조화를 이루게 될 것이다. 그리고 한 가지 분명히 기억하라. 지금 이 순간, 이 자리에 있는 당신의 말과 에너지는 당신의 정부뿐 아니라, 당신과의 접촉을 기다리는 존재들에게도 전해지고 있다.

밖에 나가 하늘을 올려다본다면, 방법을 아는 사람은 꼭 그렇게 해보아야 한다. '삼위 코드(트라이어드)'는 그들의 상징이며, 차원들을 연결하는 신호다. 만약 그들에게 신호를 보내고 싶다면, 마음속에 삼각형의 이미지를 그려 보내라. 이미지는 접촉의 순간을 앞당기는 역할을 할 것이다. 무엇보다 중요한 것은, 모든 것이 결국 원하는 마음과 연결되어 있다는 사실이다. 당신이 진심으로 원한다면, 원함은 곧 현실을 창조한다. 그리고 현실은 다시 당신의 원함과 조화를 이루는 다른 현실들과 공명하게 될 것이다. 그러니 마음을 열고 다가가라. 그때 그들도 당신에게 다가올 것이다.

    생명력에게,
    의식에게,
    전능한 신에게,
    그리고 당신에게,
    영원히, 영원히, 또 영원히.
    그러하리라(So be it).

제 2 부

위대한 함대와 빛의 전쟁

지금 드러나는, 실질적인 변화를 이끄는 핵심 요인들

"지금까지의 역사를 돌이켜 볼 때, 만약 내가 수많은 외부 존재의 의도와 숙명적 흐름, 그리고 끊임없이 들려오는 모든 종말론적 예언들 속에서 당신이 단 한 번도 승산이 없다는 것을 알았다면, 나는 결코 이 자리에 있지 않았을 것이다. 나는 전투에서 승리할 뿐, 패배하는 법이 없다. "

- 람타

오, 사랑하는 신이여,

오늘 나는

떨리는 마음으로

내 미래의 문턱에 서 있습니다.

운명의 참여자로 살아가는 법을,

이제야 비로소 배웠다고

당신께 고합니다.

신이시여, 도와주소서.

나는 지금

내 운명의 예언을 기다리고 있습니다.

그러하리라(So be it).

나는 당신의 마음을 읽지 않은 채, 최대한 간결하게 전하고자 한다. 당신을 바라보며, 곧장 당신의 질문에 답하고 있기 때문에 나의 가르침은 나뉘어 이어지는 것이다. 오늘 나는 변화의 변수들에 대해 말하려고 한다. 그것들은 언제나 지금, 이 순간을 어떻게 바라보느냐에 달려 있는 것이다. 당신을 넘어서는 거대한 힘들이 당신의 하루를 만들어내고 있으며, 곧 당신의 현실을 흔들어 놓을 것이다. 그 힘들의 움직임에 따라 당신이 무너질지, 아니면 이길지가 결정되는 것이다.

　우주에는 태양과 행성, 위성까지도 파괴할 수 있으며, 당신을 미지의 세계로 내던질 수도 있는 거대한 힘들이 존재한다. 아무리 세밀한 계획이라도 수많은 변수와 예기치 못한 작용으로 전혀 다른 결과가 나올 수 있다. 지금 내가 이 가르침을 전하는 것도 또 다른 결과를 만들기 위함이다. 당신도 알겠지만, 나는 당신의 삶에 영향을 끼쳤다. 내 가르침은 이미 현실에서 변화를 일으켰다. 내가 어느 날 "미 동부 해안에 지진이 일어날 것이고 대서양이 끓어오를 것이다."라고 말했다고 하자. 사흘 후, 실제로 지진이 일어나고 허리케인으로 대서양이 끓기 시작했다면, 그런 예언을 하고도 사람들 사이에서 과연 명성을 지킬 수 있을까? 아마 당신은 말할지도 모른다. "그럴 것 같기는 했었다." 하지만 그런 말은 아무 의미가 없다. 그것은 예언이 아니기 때문이다.

　초기의 모임은 대화 형식으로 진행됐다. 사람들은 변함없이 다가올 불안한 미래를 묻곤 했다. 내가 먼저 그런 이야기를 꺼낸 적은 없다. 만약 당신이 묻는다면, 내가 할 수 있는 대답은 단 하나다. 지금, 이 순간 모든 것을 다 알 수는 없지만, 현재로서는 모든 것이 그렇게 흘러간다.

　나는 지난 세기, 금값이 저렴했을 때 금을 사서 잘 보관하라고 말했다. 이는 투자를 위한 조언이 아니라, 비축을 위한 것이었다. 종말이 가까워지면 금은 반드시 요긴하게 쓰일 것이기 때문이다. 또한, 물에서 멀리 떨어져 살라. 지금 가진 것을 정리하고, 가능한 한 내륙 깊숙이, 혹은 고지대와 같은 특정한 장소로 이주하라. 햇빛이 얼마나 드는지, 사계절이 뚜렷한지는 중요하지 않다. 당신이 있어야 할 곳은 따로 있다. 작은 땅 한 조각을 마련하고, 소박한 집을 짓고, 지하 공간을 만들어 그곳을 채워가도록 하라. 나는 지금

지금 드러나는 실질적 변화를 이끄는 핵심 요인들

지하라는 말을 꺼냈다. 다소 섬뜩하게 들릴지 모르지만, 이미 전 세계적으로 하나의 유행이 되어 버렸다. 많은 이들이 지하 공간을 사들이고 있으며, 비록 어떤 이들은 잘못된 장소에 짓고 있지만, 그럼에도 그들에게 신의 축복이 함께하기를 바란다. 이 말은 내 학생들에게 이미 전해진 바 있으며, 이는 기록된 사실이며 실제로 일어난 일이다. 뉴욕, 로스앤젤레스, 뉴올리언스, 댈러스, 사우스캐롤라이나, 가라앉고 있는 플로리다, 유럽이나 중동의 여러 지역. 그곳들을 떠나라는 내 말이 사람들을 기쁘게 하지는 않았다. 그러나 당신이 돈을 내고 질문하였고, 나는 답했을 뿐이다. 책임은 당신에게 있다. 환불은 없을 것이다.

　나의 또 다른 저서인『폭군들의 마지막 왈츠』[8]에서 다룬 것처럼, 부동산 시장에 무슨 일이 벌어지고 있는지, 은행가들이 어떤 행위를 하는지 당신도 잘 알고 있을 것이다. 그렇다면 묻겠다. 당신은 정말 돈을 믿는가? 돈을 움직이는 자들을 믿는 것이 옳은 일인가? 수많은 사람들이 무모한 도박으로 집과 재산을 잃었다. 어떤 사람들은 기후로 인한 불편쯤은 견딜 수 있다고 생각하며 집에 머물렀으나, 그 결과는 참혹했다. 다른 이들은 예민한 감각으로 이러한 변화를 미리 알아차렸다. 그들은 자존심이나 두려움 섞인 분노보다 감각을 믿었고, 결국 값싼 땅과 소박한 집, 물이 많은 곳으로 옮겨갔다. 나는 오래전에 물이 금만큼 귀해질 날이 올 것이라고 말했다. 지금 우리는 거의 그 지점에 와 있는 것이다. 우리가 먹는 음식이 지나치게 오염되었으므로, 나는 직접 먹거리를 재배하라고도 권했다. 내가 처음 오염된 물과 대장균 감염에 대해 경고하였을 때, 정확히 2주 후에 그 일이 일어났다. 나는 미국 중서부에서 더러운 물과 고기로 많은 사람들이 죽게 될 것이라 말했

---

[8] 람타, 폭군들의 마지막 왈츠: 다시 읽는 예언 (Last Waltz of the Tyrants: The Prophecy Revisited) (Yelm: JZK 퍼블리싱, 1989, 2009 참조).

다. 다음에는 집값 폭등, 가뭄, 폭풍이 닥칠 것이라 예고했다. 그럼에도 사람들은 정신을 차리지 못했다. 집을 팔아 리비에라에 새집을 사며, 또다시 같은 선택을 반복한다. 리비에라는 잊어라. 내가 말하고자 하는 것은 명상만 하라거나, 몸을 정화하고 비타민을 챙겨 먹으라거나, 투자 이야기를 나누거나, 크리스털을 숭배하라는 것이 아니다. 그것은 그저 겉치레에 불과한 뉴에이지 식 바보짓일 뿐이다. 생각해 보라. 자존심 있는 크리스털이라면 어떻게 했을 것인가? 명상할 때만 붙잡았다가 끝나자마자 내던지는 당신의 태도를 좋아했을 것인가? 아니다. 그것은 위험한 일이다.

수년 동안 많은 학생들이 이곳을 다녀갔다. 어떤 이들은 내가 한자리에서 했던 말은 좋아했지만, 다른 자리에서 했던 말은 달가워하지 않았다. 그럼에도 지금 이 시대에도 여전히 많은 이들이 살아남아 있는 것이다. 그들이 살아남을 수 있었던 이유는, 본능적으로 '이것이 진실이다'라는 것을 알아차렸기 때문이다. 그들이 내 말을 따랐든, 자신들의 육감을 믿고 따랐든, 결국 우리는 같은 방향을 향하고 있었고, 당신도 그 흐름을 잘 따라왔다. 값싼 음식이 있을 때 식량을 비축하고, 금값이 쌀 때 미리 사두어 이익을 얻으며, 대체 에너지를 갖춘 집에서 외부에 의존하지 않고 자립적으로 살아가는 삶. 마실 물이 충분하고, 식료품 창고에는 좋은 음식이 넉넉히 채워져 있는 삶. 마치 자존심 강한 호빗이 살아가는 모습처럼, 그것은 정말 현명한 선택이다.

나는 당신의 달콤한 이야기를 들으려 여기에 온 것이 아니다. 나는 당신이 성장하고, 다가올 일 속에서 살아남을 수 있도록 돕기 위해 왔다. 나는 당신이 얼마나 게으른지, 또 얼마나 많은 핑계를 대며 살아왔는지를 잘 알고 있다. 그런데 지금, 이 순간까지도 오랫동안 나와 함께해 온 이들조차 지하 공간 하나 마련하지 않았고, 여전히 자립하지 못한 채 살아간다. 왜일까? 자

지금 드러나는 실질적 변화를 이끄는 핵심 요인들

신의 자산을 허비해 버렸기 때문이다. 지하 공간도, 땅도, 식량도, 생존을 위한 모든 것을 내던진 이들도 있다. 그러니 이제 와서 '그런 경고는 들은 적이 없다'라고 말할 수는 없다. 그렇다면 지금 내 학생들은 어디에 있을까? 그들은 금을 가지고 있다. 지금 금은 귀중한 자산이 됐다. 그들에게는 은이 있고, 농사를 지을 땅이 있으며, 소박한 집이 있고, 자급자족하는 삶을 살아간다. 그들은 가족의 안위나 자녀의 교육, 삶의 터전을 위협하는 무모한 도박이 아닌, 진정한 미래에 투자한다. 그들은 삶을 유지하는 가장 본질적인 것들인 집과 땅, 비옥한 토양, 좋은 씨앗 그리고 맑은 물에 투자했다. 당신의 선택이 언제나 옳고 현명하다면, 비록 자녀가 이웃집 아이들처럼 최고급 옷을 입지 못하더라도 안전할 것이다.

당신은 결코 땅과 집을 담보로 빚을 지거나, 가진 것을 모두 팔아 무모한 도박에 뛰어들어 자녀의 미래를 위태롭게 해서는 안 된다. 절대 그렇게 해서는 안 된다. 그러나 지금의 당신은 성급한 성격과 무모한 꿈, 그리고 도박과 같은 습관 때문에 가장 기본적이고 확실한 투자, 즉 식량과 물, 그리고 자녀가 안전하게 지낼 집을 외면한 채, 가족의 안녕을 스스로 위협하고 있다. 부모라면 무엇보다 먼저, 가족의 안녕을 깊이 고민해야 했다.

옷장이 좋은 옷으로 가득 차 있어도, 수많은 파티가 있어도 그것들이 아이들을 먹여 살릴 수는 없다. 이 학교에서, 그리고 이상한 스승인 나와 함께하며 당신은 이미 왜 그러한 투자가 중요한지 들어왔다. 나의 학교에는 그것이 옳았음을 보여주는 실제 사례들이 많다. 이제는 자존심을 내려놓고 깨달아야 한다. 부모로서의 가장 기본적인 책임이 무엇보다 중요하다는 사실을 말이다. 가족을 위태롭게 하는 걱정과 허영은 버려라. 만약 마사지에 쓸 100달러로 식량을 샀다면, 그것이야말로 가족을 위한 가장 현명한 투자였고, 자기 자신을 돌보는 일이었다.

이 모든 일은 실제로 벌어지고 있다. 금값은 치솟고, 많은 이들이 집과 재산, 일자리를 잃었다. 아이들과 함께 텐트나 자동차에서 사는 사람들도 늘어나고 있다. 그럼에도 사람들은 여전히 정치가 자신들의 어리석음을 덮어주기를 바란다. 부유한 정치 세력은 중산층 없이도 부를 늘릴 수 있다고 말한다. 그들은 아이들이 굶주리는 현실조차 관심이 없다. 그들의 무지와 무관심이 오늘의 처참한 현실을 만들었다. 그들은 너무 부유하기에 이제는 아무것도 신경 쓰지 않는다. '굶어 죽든 말든 상관없다.' 그들의 정치도 그렇게 흘러가고 있다. 정부 보조금에 의존해 온 이들은 곧 지원을 받지 못할 것이다. 당신은 '필요 없는 존재'로 여겨질 것이다. 부자들은 더 이상 당신을 필요로 하지 않는다. 기업들도 당신을 고용할 필요가 없다. "그럼, 누가 그들의 물건을 사줄 것인가?"라고 묻고 싶을 것이다. 하지만 그들은 당신을 고용할 필요도 없고, 자신들의 부로 당신의 가족을 먹여 살려야 할 이유도 더 이상 느끼지 못한다. 그 가혹한 사실을 더 일찍 깨달아야 했다. 이것이야말로 지금 세상이 얼마나 냉정한지를 보여주는 증거이다. 당신이 공화당 대통령을 선택하는 순간, 그는 가장 먼저 중산층과 서민을 버릴 것이다. 그다음은 전쟁을 선포하는 일일 것이다. 그런데도 사람들은 여전히 정부가 식량, 의료, 복지, 연금을 지켜줄 것이라 믿는다. 하지만 그들은 약자들이 사라지기를 원한다. 그리고 그 속에는 당신도 포함되어 있다. 그들은 머리를 쓰지 않는 사람들, 스스로 생각하지 않는 사람들을 세상에서 지워버리고 싶어 한다.

정치권 안의 사람들은 모두 알고 있다. 그들은 서로 은밀하게 속삭이며 진실을 공유한다. 그들의 후원자들, 즉 이익과 권력을 쥔 자들은 정치인이라 불리는 이 하수인들이 정해진 계획, 인구 감축이라는 명령을 반드시 따르도록 압박한다. 그들은 왜 자신들의 부를 나누어야 하느냐며 불만을 품고

지금 드러나는 실질적 변화를 이끄는 핵심 요인들

있기 때문에, 생각할 줄 모르고 지혜도 노력도 없이 살아온 사람들을 제거하려 하는 것이다. 그들은 당신을 사랑하지 않는다. 당신을 걱정하지도 않는다. 그들에게는 양심이 없다.

이 역사는 오래전부터 존재해 왔다. 언제나 눈앞에 있었지만, 폭군들이 부동산과 저축, 투자, 자동차, 심지어 신용카드까지 하나의 법과 계약서, 단 한 장의 종이로 장악하기 전까지는 실체를 본 사람은 거의 없었다. 그들은 당신의 삶을 담보로 모든 것을 도박하듯 굴리면서도 결과에는 책임지지 않는다. 이미 의회를 장악했기 때문이다. 이제는 깨어나야 한다. 이것이 지금 우리가 살아가는 현실이며, 내가 처음 이곳에 온 날부터 줄곧 바라보아온 세상의 모습이다. 그리고 우리는 지금 겪는 모든 일들을 증명해 줄 분명한 기록과 역사를 남기게 될 것이다. 당신은 지금 이 말을 부정하고 싶을지도 모른다. 그러나 스스로에게 물어보라. 당신은 자녀들에게 정말 좋은 부모였는가? 그들에게 진정한 안정감을 주는 존재였는가? 단지 바람을 피우지 않았다는 이유만으로 가정이 건강하다고 믿는다면, 중요한 무언가를 놓치고 있다. 당신과 배우자는 아이들이 의지해야 할 단 하나의 터전을 당신과 배우자는 아이들이 의지해야 할 단 하나의 터전을 도박처럼 위험에 빠뜨렸다. 부끄러운 일이다. 그리고 그 사실이야말로 당신의 세상이 얼마나 작고 좁은지를 보여준다.

나는 줄곧 당신에게 다가올 미래를 보여주고, 그 안에서 무엇을 준비해야 하는지 알려주려 했다. 하지만 당신에게 어떤 것도 강요할 수는 없다. 전령들이나 러너들을 보낼 수는 있다. 그러나 당신이 모래 속에 머리를 파묻고 있다면, 그들이 와도 보지 못할 것이다. 계속해서 자신의 한계를 핑계 삼는다면, 바로 눈앞에 있어도 알아보지 못할 것이다. 겸손한 자만이 천국을 볼 수 있다. 그러나 내가 지금 딩징 무엇인가 하라고 말하는 것이 아니다. 이것은 지난 세기부터 내가 반복해 온 말이었다. 진지하게 받아들이고 실제로 행동에 옮기라고 누차 강조해 왔던 말이다. 그리고 이제 우리는 마침내 그 시점에 도달했다. 세상은 지금 경제적으로 무너지고 있다. 유럽도 예외가 아니다. 유럽, 미국, 인도, 중국, 모두가 경제적으로 붕괴되는 순간, 남는 것은 단 하나, 자원을 둘러싼 치열한 쟁탈전뿐일 것이다. 그날은 이미 오고 있다.

당신의 역사에 흐른 수많은 외부 존재의 의도와 숙명적 흐름, 그리고 끊임없이 들려오는 종말의 예언을 모두 고려했을 때, 만약 내가 단 하나의 희망도 보지 못했다면 나는 이 자리에 있지 않았을 것이다. 나는 언제나 반드시 이기는 싸움만 한다. "만약 당신이 육체를 지닌 존재로서 살아남을 길이 전혀 없었다면, 나는 애초에 그렇게 불편하게 삶을 바꾸라고 말하지 않았을 것이다. 차라리 파티를 즐기고 술을 마시며, 죽음의 순간에 무슨 일이 벌어지는지 지켜보라고 했을 것이다. 실제로, 당신 중 일부는 그렇게 될 것이다. 스스로를 마비시키며 아무 일도 없는 듯 하루를 보내고, 다음 날도 같은 삶을 반복할 것이다. 내가 들려준 이야기들은 짧은 기억을 지닌 당신에게 무언가를 보여주려는 노력이다. 그때 내 말을 따랐다면, 부동산 시장의 붕괴는 결코 당신을 흔들지 못했을 것이다. 생존과 준비가 가장 먼저였어야 한다. 그래서 금은 투자 수단이 아니라 보관을 위한 것이었고, 깨끗한 물과 음식도 미리 비축해 두었다면 지금 당신의 자산은 안전했을 것이다. 그러나 지금, 이 순간에도 나무에서 떨어져 땅 위에서 썩어가는 사과와 배를 당신은 무심히 스쳐 지나간다. 언젠가 한 끼의 저녁을 위해 그 썩어가던 사과 하나를 간절히 바라게 될 날이 올지도 모른다는 생각조차 하지 않은 채 말이다."

이러한 삶의 변화는 결국 내가 옳았고, 당신의 준비 또한 옳았음을 증명하는 기록으로 남게 될 것이다. 정전이 되어도 그 사실조차 알아차리지 못할 만큼 준비가 끝난 이들이 있다. 그들은 전혀 걱정하지 않는다. 내 말을 듣고 미리 준비한 이들은 자신과 사랑하는 이들을 위해 최고의 투자를 해두었기에 어떤 상황에도 흔들리지 않는다. 그들 역시 신호등 하나뿐인 작은 시골 마을로 이사하여, 산속 오두막에서 자급자족의 삶을 선택했다는 이유로 한때 조롱을 받아야 했었다.

  부를 손에 쥔 자들은 결코 당신이 집을 소유하는 것을 바라지 않았다. 그래서 그들은 당신이 집을 담보로 대출을 받을 때 세금 혜택이라는 미끼를 내걸었다. 하지만 그런 시대는 곧 끝날 것이다. 그들은 처음부터 당신이 빚을 지기를 원했고, 결국 빚을 갚지 못하게 될 것이라는 사실도 이미 알고 있었다. 당신의 자산을 노린 것이다. 그렇다. 당신의 집은 누추할지 모른다. 그러나 분명히 당신의 집이다. 고급 식당의 음식은 아닐지라도, 당신이 직접 마련한 음식이다. 모든 것은 당신 스스로가 준비해 온 결과물이다. 내가 단언한다. 조롱과 비웃음을 견디며 끝내 그 길을 선택한 당신은 참으로 복된 사람이다. 언젠가 당신의 자녀들은 자신들의 삶을 지켜준 당신을 진심으로 존경하고 감사해 할 것이다.

정부의 비밀 지하 도시들

정부가 당신이 낸 세금으로 다가올 거대한 사건에 대비하여 전 세계 곳곳에 자신들만의 지하 도시를 짓고 있다면, 왜 당신은 그렇게 하지 못하겠는가? 지금, 이 순간에도 그런 지하 도시는 끊임없이 세워지고 있다.

- 람타

오늘 우리가 함께한 것은 단순한 이벤트가 아니다. 나는 당신에게서 변화에 적응하려는 마음을 느낄 수 있어 정말 기쁘다. 시대의 압력이 거세질수록, 당신은 바람에 흔들리는 갈대처럼 더 유연해져야 한다. 앞으로 어떤 일은 실제로 일어나고, 다른 어떤 일은 일어나지 않을 것이다. 하지만, 이 일 만큼은 반드시 일어난다. 왜냐하면 일어날 운명이기 때문이다. 그래서 나는 이 사실을 반드시 당신에게 알려야 한다. 많은 이들이 내 학교를 떠나고, 내 가르침을 헐뜯으며, 거짓된 예언자들의 말을 따르고 있다. 그들 일부는 지금 이 메시지를 듣고 있을지도 모른다. 그러나 나는 단 한 번도 당신을 붙잡기 위해 메시지를 바꾼 적이 없었다. 앞으로도 없을 것이다. 당신이 아무리 부정한다 해도, 진정한 지식은 훨씬 크고 강력하기 때문이다.

수백만 명이 집을 잃었고, 그들 가운데 당신도 있다. 수백만 명이 일자리를 잃었고, 그것 역시 당신의 이야기이다. 이제 많은 이들이 실업 수당도, 사회보장 혜택도, 의료 서비스도 받지 못할 것이다. 새로운 제도가 만들어진다 해도 본질은 달라지지 않는다. 식량 지원은 끊기고, 결국 당신은 굶주림을 겪게 될 것이다.

오늘날 지하 시설의 건설은 이제 어느 곳에서나 볼 수 있는 일이 되었다. 뉴스에서도 그 소식을 전하고 있다. 만약 정부가 당신의 모든 세금을 거둬들여, 다가올 '사건의 지평선(event horizon)' - 즉, 인류 문명이 되돌릴 수 없는 전환점 - 을 대비해 전 세계 곳곳에 자신들을 보존할 지하 도시를 세웠다면, 당신이라고 왜 그렇게 하지 말아야 하겠는가? 이제 그런 시설들은 도처에 세워지고 있다. 좋다, 그것은 훌륭한 일이다. 나는 다만 당신이 내 예언과 예측의 기록들을 떠올리며, 그것들이 실제로 이루어졌는지, 당신이 그 이야기를 귀 기울여 들어왔는지를 되돌아보되, 그 모든 사실 앞에서 근본적인 평화를 얻기를 바란다.

이 가르침은 가난한 자들의 왕국이다. 그 불을 받아들인 자는 환멸의 삶을 정복하고, 희망과 생명력, 그리고 오래 지속되는 미래를 향해 나아가며 존재 자체가 경이로워진다. 그 선택은 나에게 너무도 분명하지만, 당신은 스스로 그 길을 혼탁하게 만들어 이제는 그 속에서조차 빠져나올 길을 찾지 못하고 있다. 자신이 많은 것을 안다고 해서, 어디론가 들어 올려질 것이라 믿는다면 착각이다. 지금 당신은 어리석은 길을 걷고 있다. 이 오랜 여정은 단지 외적인 변화가 아니라, 내 안에 숨어 있던 주술적 성향, 집착, 편견과 같은 어둠을 드러내는 과정이었다. 여기서 일어나는 모든 일은 하나의 엑소시즘, 내면의 정화이다. 검소한 이들은 천국을 찾고 있으며, 진심으로 구할 때 그 길은 놀라울 만큼 쉽게 열린다. 네이버 후드 워크® 훈련[9]에서 한 장의 카드를 집어 들듯, 마치 마이크로칩이 장착되어 자동으로 사고하듯 그 길은 자연스럽게 열린다. 그리고 지금, 우리는 이 자리에 함께 있다. 내가 말했던 수많은 예언 가운데, 몇 가지를 빼고는 이미 대부분 일어났다. 당신이 살아남는 법을 배우는 일이 무엇보다 중요하다. 당신의 자존심을 시험하는 일 또한 필요하다. 마지막 순간에 누가 당신을 구원할 수 있는지를 당신은 분명히 깨닫게 될 것이기 때문이다. 시간의 경계를 넘어, 한순간에 현실을 창

---

9) 자세한 설명은 뒤쪽 '용어 해설' 참조.

조하는 법을 배우는 것이야말로 절대적으로 중요한 일이다.
 그러니 당신은 마음을 활짝 열고, 지금까지 내가 가르쳐 온 것들과 앞으로 더 깊이 전할 것들을 받아들여야 한다. 마음을 넓게 열어야 한다.

당신이 속한 은하수 영역

"또한 우리는 외계 문명이 언제나 지구에 존재해 왔다는 중요한 사실에도 마음을 열어야 한다. 그들은 내 생애 동안에도 이곳에 있었으며, 내 가족 또한 그들과 연결되어 있었다. 그들의 존재는 오늘날 우리가 다양한 인종을 받아들이는 것처럼, 그 당시에도 너무도 자연스럽고 당연한 일이었다."

- 람타

잠시, 당신이 속한 은하수를 떠올려 보라. 당신은 이 광대한 우주의 가장자리, 중심에서 멀리 떨어진 외곽에 살고 있다. 바로 당신이 있는 이곳에도 생명체가 존재하는 행성이 110억 개가 넘는다. 대부분의 사람이 별빛만 바라볼 뿐 그 안에 무엇이 있었는지에는 관심조차 없다는 사실을, 나는 잘 알고 있다. 이제는 달리 생각해야 한다. 우주 어딘가에는 인간보다 훨씬 더 지적이고 오래된 존재들이 있다는 사실을 인정해야 한다. 그들은 단지 기계를 사용할 줄 아는 수준이 아니다. 전자레인지를 스스로 설계하고 만들어내며, 휴대전화를 단순히 사용하는 것이 아니라 셀룰러 네트워크와 컴퓨터 시스템 자체를 설계하고 구축할 줄 아는 존재들이다. 단순히 가능성을 말하는 것이 아니라 가능성을 현실로 구현하는 존재들이다. 그들은 당신보다 훨씬 오래된 존재들이며, 지금, 이 순간 미래에 살고 있다. 그들은 양자장과 통일장을 하나로 통합한 끝에 이러한 사실을 선언했다. "시간은 존재하지 않는다." 이제 당신은 그 진실을 인정해야 한다. 그것이 곧 시간 여행이다. 시간을 앞뒤로 넘나들며, 무한한 보이드[10]에서 또 다른 보이드로 이동하는 존재들이 실제로 존재한다. 그런데 정작 당신은 지금 커피와 함께 무엇을 먹을지 고민하고 있다.

---

10) 보이드(Void): 용어 정리 참조

이제는 아담과 이브가 인류의 첫 사람이 아니었을지도 모른다는 가능성에 마음을 열어야 한다. 이 물음은 언제나 종교와 교회가 명확히 대답하기 어려워하는, 불편한 질문을 불러왔다. "그렇다면 그들의 두 아들은 누구와 결혼했는가?" 그러면 그들은 이렇게 말한다. "그것은 하나님의 지혜를 의심하는 질문이다." 그러나 당신은 더 열린 마음을 가져야 한다. 지구는 이미 당신이 태어나기 훨씬 이전부터 존재해 왔으며, 한때는 지금보다 훨씬 크고 장엄한 행성이었다. 그리고 거대한 천체와 충돌한 적도 있었다. 당신은 자신이 누구이었는지도 기억나지 않는 아득한 시간 속에서, 기억이 닿을 수 없는 그 너머에서 은하적 차원의 사건들이 실제로 일어났음을 받아들여야 한다.

마지막으로 당신은 다음 사실을 받아들여야 한다. 내가 말하려는 위대한 존재 중에는, 당신의 미적 수준과 전혀 다른 모습을 한 이들도 있다. 처음 그들을 본다면, 놀라고 당황하여 차 한 잔을 함께하는 것조차 힘들 것이다. 또한 우리는 외계 문명이 언제나 지구에 존재해 왔다는 중요한 사실에도 마음을 열어야 한다. 그들은 내 생애 동안에도 이곳에 있었고, 내 가족 또한 그들과 연결되어 있었다. 그들 존재는 오늘날 우리가 다양한 인종을 받아들이듯, 당시에도 자연스럽고 당연한 일이었다. 그리고 이제, 당신이 스스로 물어야 한다. "그들이 그렇게 고도로 진화한 존재라면, 나와 그들 사이에는 어떤 공통점이 있을까? 만약 그들의 모습이 내 미적 기준과 다르다면, 나는 과연 그들과 함께 살아갈 수 있을까?" 당신은 벌레이든, 사람이든, 누구와 함께 살지 선택할 수 있다.

열린 마음으로, 당신은 이런 질문을 해야 한다. "나와 그들 사이에는 어떤 공통점이 있을까? 그들에게도 성령, 즉 내면의 신성이 존재할까? 그들의 목적 또한 미지의 세계를 드러내는 것인가? 어쩌면 그들은, 과학이나 수학으로도 설명할 수 없는 단순한 창조 이야기를 이미 벗어난 존재가 아닐까?" 어쩌면 그럴지도 모른다. 그들 안에서도 당신이 성령이라 부르는 것이 있을 수 있다. 그들 역시 신성한 존재이며, 당신 또한 신성한 존재이기 때문이다. 당신은 로봇을 만들 수 있다. 하지만 로봇은 반드시 프로그래밍을 해야 한다. 다른 방법으로는, 살아 있는 영혼을 불러들여 영혼과 하나 되어 움직이는 생명체를 만들 수 있으며, 이 생명체는 지적인 존재와도 협력할 수 있다. 자식은 이 세상에서 창조의 원리를 가장 잘 보여준다. 부모는 자식이 자신보다 더 지혜롭고 더 나은 사람이 되기를 바란다. 자식은 생명의 흐름 속에서 새로운 희망과 가능성을 만들어내는 존재이기 때문이다. 당신이 한때 어리석게 살고도 자녀가 그 삶을 따라주기를 바랐다면, 결국 이렇게 말할 것이다. "자식은 내가 높은 지성에게 건네준 하나의 진화적 선물이다." 그런데도 자녀를 자기 뜻대로 바꾸려 한다면, 로봇을 만들어 프로그램을 입력하고 모든 것을 통제하려는 것과 다르지 않다. 만약 여전히 그런 방식으로 자녀를 대한다면, 당신은 자녀의 존재만이 아니라 당신 안에 깃든 살아있는 본성조차 제대로 인정하지 않는 것이다.

이 이야기가 시작되기 전에 당신이 누구였는지는 중요하지 않다. 중요한 것은, 당신이 어떻게 여기까지 오게 되었는가이다. 그 배경에는 미지의 세계를 밝혀내려는 탐험가들의 위대한 과학과 열정이 있었다. 바로 그 정신이 당신을 이곳으로 이끌었다.

니비루, 그리고 당신을 만든 신들

"당신이 거울 앞에 서서 끊임없이 바라보는 그 아름다운 몸을 설계한 이들이 바로 니비루의 신들이다." "당신이 이 역경을 넘어 살아남는다면 - 에덴에서, 아프리카에서, 유카탄에서, 인도차이나에서 - 당신을 창조한 이들이 누구인지를 직접 보게 될 것이다. 그들은 실로 거대하고 압도적인 존재들이며, 우주복을 입은 거인들이다."

- 람타

나는 외계적 기원을 지닌 레무리아인이다. 어머니의 가문은 북극성을 넘어선 먼 세계에서 왔으며, 우리는 본래 탐험가였다. 아버지는 아틀란티스인이었으나, 그의 진정한 혈통은 전혀 다른 별계에서 비롯되었다. 그들은 한 위성에 기지를 두고 있었고, 레무리아인들 또한 지구 곳곳에 기지를 세웠다. 그 무렵 또 다른 유전자 집단들이 도착했다. 그리고 새로운 사상들과 컨소시엄[11]들이 이 행성에 모습을 드러냈다. 그들은 이곳의 자원으로부터 생명을 창조하고, 다시 그 생명을 행성에 되돌려 주려는 목적을 지니고 있었다. 그들은 지구의 일부이면서도, 이 대기 속에서, 저 태양 아래에서, 그리고 지금의 하나뿐인 달이 만들어내는 미약한 중력 속에서도 존재할 수 있는 물리적 모델들을 빚어냈다. 하지만 만약 그들을 우주로 데리고 간다면, 산소가 없는 공간에서는 생존할 수 없을 것이다.

당신이 거울 앞에서 끊임없이 바라보는 그 아름다운 몸을 설계한 존재들이 있다. 그들은 바로, 다시 다가오고 있는 위협적인 행성 니비루의 신들이다. 이 신들은 약 45만 5천 년 전, 지구에 거대한 충돌이 일어난 직후 도착했다. 당시 지구는 여전히 하나의 거대한 행성이었으며, 그 위에는 이미 다양한 생명들이 살고 있었다. 균형을 되찾고 상처 입은 행성을 치유하기 위해,

---

11) 컨소시엄(consortium)은 여러 존재나 문명이 공동 창조의 목적으로 결성한 협력체를 뜻하며, 여기서는 외계 문명 간 창조석 협력과 창조 행위를 수행하는 연합체를 의미한다.

두 개의 달이 끌려와 지구 양쪽에 배치되어 서로를 당기도록 자리하게 되었다. 그것이 내가 살던 시대였다. 당신은 이미 이 존재들에 대해 여러 차례 들어왔을 것이다. 그러나 내가 처음 이 이야기를 꺼냈던 수십 년 전만 해도, 여전히 많은 이들이 그들의 존재조차 알지 못했었다. 나는 그 시대를 직접 목격했으며, 이곳에 존재했던 놀랍도록 지능적이고 고도로 발달한 외계 문명들을 알고 있다. 지금 이 자리에 있는 많은 이들, 그리고 이 말을 듣고 있는 당신 중 상당수는, 외계 문명 속에서 살아갔던 존재들이거나, 그들의 직계 후손들이다. 당신은 결코, 원숭이의 후손이 아니다.

그 문명의 지도자와 그의 두 아들, 그리고 여동생에 관한 이야기는 오늘날 이미 널리 알려져 있다. 에덴의 땅, 수메르, 그리고 초승달 계곡에서 발견된 25,000여 점의 고대 문서를 해독해 낸 한 과학자의 노고 덕분이었다. 그들은 금과 자원을 채굴하기 위해 이곳, 지구에 왔다. 자신들의 궤도 안에 있는 다른 행성들에서 그러했듯, 자원이 풍부한 이 행성 역시 거대한 채굴지로 선택되었다. 기록 속에는 인류 창조에 관한 가장 오래되고 핵심적인 신화가 고스란히 담겨 있다. 그러나 훗날 기독교와 아브라함은, 다른 종교들처럼 그 이야기를 말과 의미, 가치까지 자기들 식으로 바꾸어 버렸다. 그렇다면 질문은 명확하다. 그들은 어디에서 온 존재들일까? 그들의 고향 행성은 어디에 있었으며, 지구에 가장 먼저 도착한 자는 누구였는가? 또한, 그들은 자기 행성이 태양계의 다른 행성 궤도를 침범하지 못하도록 통제하는 힘을 지니고 있었는가? 만약 그렇지 않았다면, 지금처럼 균형을 이루고 있는 행성들의 중력은 크게 흔들렸을 것이다. 그러나 그들은 화성과 달에 하늘의 성이라 불릴 거대한 기지를 세웠고 전초기지들과 거대한 우주선들을 보유하고 있었다. 이 모든 사실을 볼 때, 그들은 자기 행성을 통제한 채 지구에 와서, 수천 년 동안 금과 자원을 채굴하며 머무를 수 있었던 것으로 보인다.

대부분의 사람은 이 문명에 대한 이야기를 여전히 제대로 이해하지 못한다. 그래서 질문한다. "그들은 어떻게 고향 행성에서 이곳까지 올 수 있었는가?" "그들의 행성이 멈추지 않고 긴 궤도를 따라 움직여 지구까지 오려면 얼마나 먼 여행을 해야 하는가?" 이에 대한 명확한 답은 없다. 우리가 주목해야 할 것은, 그들이 실제로 지구에서 무엇을 했는가이다. 그들은 오랜 세월 지구에 머물며 금과 자원을 채굴했다. 그리고 모든 생명이 사라져 버린 상황 속에서, 그들은 새로운 종을 만들어야 했다. 그 시기 지구에 남아 있던 유일한 생명체는 초기 형태의 호모 에렉투스이었다. 온몸에 털이 덮인 이 존재는 오늘날 빅풋(Big Foot)을 떠올리게 했으나, 크기는 훨씬 작았다. 그래서 그들은 그것을 작은 발, 타이니풋(Tiny Foot)이라 불렀다. 그들이, 그리고 당신 또한 그러하였듯, 자만과 욕망 속에서 행한 일은 지구의 대기 속에서 숨 쉴 수 있는 새로운 존재를 만들어내는 것이었다. 그 신들은 이곳의 대기에서 오래 머물 수 없었다. 생존하려면 전혀 다른 성분의 기체 혼합이 필요했다. 따라서 그들은 지구에 원래 존재하던 동물이 아닌, 토착 생명체 하나를 선택했다. 그것이 이 땅에서 최초로 '몸'을 지닌 채 미지의 세계를 드러내기 시작한 생명체였다. 그리고 그들은 실제로 그 존재들과 교배했다. 그리하여 인간은 위대한 신들의 형상을 닮았으며, 티라노사우루스 렉스에게 쫓겨 다니는 연약한 존재로 이 땅에 남게 되었다.

이것은 결코 허무맹랑한 이야기가 아니다. 오늘날 우리는 배양 접시 안에서 생명을 만들 수 있는 시대에 살고 있기 때문이다. 그들 역시 두 가지 방법을 썼다. 하나는 실험실의 배양 접시를 통한 인공 잉태이었고, 다른 하나는 실제 자궁을 통한 자연 잉태였다. 두 방식 모두 여성의 유전자가 필요했기에, 여동생이 자신의 DNA를 제공하였고, 그 유전자는 호모 에렉투스와의 교배 실험에 쓰였다. 만약 그렇게 태어난 아이가 여자였다면, 그 아이는 두

아들 중 한 명과 다시 교배됐다. 그 결과, 처음에는 온몸에 털이 많고 이상하게 생긴 존재였지만, 점차 그들과 닮아 갔고, 비록 크기는 여전히 작았으나 결국 아름다운 인간이 탄생했다. 여기에 우리가 반드시 알아야 할 중요한 진실이 있다. 보이지 않는 신과, "우리의 모습대로 남자와 여자를 만들자"라고 말했던 신들을 구별해야 한다. 그들은 나의 모습이 아니라 분명히 우리의 모습이라고 말했다. 이것이 핵심이다. 그렇게 해서 영혼을 담은, 새로운 업그레이드된 몸이 이 행성에 존재하기 시작했다. 그리고 그들의 고향 행성은 긴 궤도를 따라 움직이며 주기적으로 이 태양계에 들어왔다. 그때마다 그들은 지구와 다른 별들에 흔적을 남겼다. 마치 알렉산더가 정복한 땅마다 자신의 이름을 새겨 넣었던 것처럼, 그들 또한 곳곳에 발자취를 남겼다. 그리고 그 흔적 속에서 새로운 존재들이 태어났다.

잠시 멈추고 생각해 보자. 그들은 이미 로봇과 기계를 만들 수 있는 뛰어난 기술을 가지고 있었고, 실제로 오래전부터 그것들을 사용해 왔다. 하지만 그 로봇들과 기계들에는 지성이 없었다. 그래서 그들은 혼과 영을 담을 수 있는 새로운 몸을 만들어냈다. 이것을 사람들은 영의 수확 또는 정신의 추수라고 불렀다. 그러나 그렇게 태어난 아이 중 오래 살아남은 경우는 많지 않았다. 죽거나, 버려지기도 하였다. 몸에 털이 너무 많거나, 제대로 기능하지 못하면 아무런 미련 없이 버려졌다. 여기서 분명히 이해해야 할 것이 있다. 지금 우리는 단순한 몸이 아니라 지성을 담기 위해 만들어진 DNA 구조에 관해 이야기하고 있다. 그들은 혼과 영을 붙잡고 있었다. 그래서 어떤 몸이 죽어도 그들에게는 큰 문제가 되지 않았다. 왜냐하면 혼과 영은 결국 제자리로 되돌아가기 때문이다. 그들은 언제든 더 나은 몸을 다시 만들어낼 수 있었다. 그래서 죽은 몸을 붙들고 울지 않았다. 그들은 아직 마음이 열려 있지 않은 당신과는 달랐다. 그들은 자신들이 하는 일이 어떻게 과학적으로 작동하는지를 정확히 알고 있었다. 또한 더 나은 몸을 만들면 혼과 영이 반드시 돌아온다는 사실을 알고 있었다. 그리고 실제로 그들은 훨씬 더 정교하고 뛰어난 육체를 만들어냈다. 그렇다면, 그 몸은 어떤 모습이었을까? 그들은 모두 검은 머리카락과 검은 눈동자, 그리고 맑고 고운 피부를 지니고 있었다. 이러한 모습은 동양계와 남반구 인종에게서 가장 뚜렷이 나타났으며, 큰 체구로 만들어졌을 때는 지금의 당신을 만든 그 존재들과 매우 닮아 있었다.

그리고 이제, 그 육체 안에 지성이 깃들었다. 겸손하고 순수하며 마음이 열린 존재들이었다. 그러한 혼과 영은 태어나 자신들을 만든 신을 섬기며 이 땅에서 살아가게 되었다. 그들이 이곳에 존재하는 단 하나의 이유, 그것은 바로 신들을 섬기기 위해서였다. 역사를 돌아보면 하나의 분명한 흐름이 있다. 신을 섬기지 않으면, 신을 두려워하게 된다. 신의 뜻을 따르지 않으면, 파멸에 이른다. 그들에게 이것은 단순한 믿음이 아니라 하나의 사실이었다. 그러나 여기서 말하는 신은 우리가 흔히 떠올리는 전능하고 초월적인 존재가 아니었다. 그들은 고도로 발전한 문명이었고, 말과 통제의 힘을 지닌 존재들이었다. "내가 너를 창조했으니, 이제 너는 내 말대로 살아야 한다. 내 말을 따르지 않으면, 나는 너를 제거할 것이다." 이것은 두려움에 의한 복종이었다. 그리고 그 영향은 지금도 여전히 살아 있다. 신을 두려워하라는 명령은 인간 의식 속에 깊이 새겨져 오늘날 종교와 문화 속에서 여전히 영향을 미친다. 그로 인해 사람들은 스스로 생각하기보다는 두려움 속에 복종하며 살아왔고, 그것이 인류의 역사와 사회를 지배해 온 보이지 않는 힘으로 남아 있다. 그렇다면 질문해 보자. 우리가 두려워하는 존재를 과연 어떻게 진심으로 사랑할 수 있을까? 바로 이 질문에서 수많은 종교가 시작됐다. 겸손하고 순박한 사람들은 신을 섬겨야 했고, 신이 떠난 뒤에도 그와 연결되어 있다고 주장하는 사제를 따르게 되었다. 사제는 명령을 내렸고, 사람들은 의심 없이 복종했다. 생존이 가장 시급했기 때문이었다. 혹독한 기후와 싸워야 했고, 스스로 식량을 길러야 했으며, 안전한 거처와 보호가 필요했다. 모든 것은 신들의 손에 달려 있었다. 만약 신들이 떠나버린다면, 사람들은 굶주리고, 보호받지 못하게 될 터였다. 보호받지 못할지도 모른다는 두려움은 신에게 복종해야 한다는 깊은 신념이 되었고, 신을 섬기고 두려워하며, 신의 보호 아래 있어야 한다는 종교적 사고의 근본 동력이 됐다. 사실 그 모든 개념은 사실 외계에서 온 존재들에게서 비롯된 것이었다.

니비루에서 온 신들은 수메르 문명에 등장했던 신들이었다. 그들은 내가 이곳에 오기 훨씬 이전부터 이미 지구에 머물고 있었다. 그러나 얼마 지나지 않아, 그들은 지구에서의 채굴 작업을 끝내고 다시 떠났다. 수천 년 동안 그들의 행성이 지구와 충돌한 적은 단 한 번도 없었다. 당신이 세계 곳곳에서 볼 수 있는 거대한 석조 구조물들, 우리가 신전이라 불러온 것들 대부분은 사실 외계선의 착륙장이었다. 거대한 석재로 세워진 스톤헨지는 출입 통로까지 갖춘 UFO의 착륙 플랫폼이었다. 그것은 공항이었다. 유사한 구조물들은 지구 곳곳에 존재한다. 당신은 그것들을 오랫동안 신성한 신전이라 믿어왔으나, 사실 그것들은 공항이었다. 이집트 역시 마찬가지이다. 그곳의 거대한 구조물들 또한 신성한 제단이 아니라, 하늘에서 내려온 존재들을 위한 착륙장이었다.

이러한 구조물들은 사실 그 모든 일이 일어났던 소통의 중심지였다. 하지만 분명히 말한다. 외계 존재들은 자신들을 위해 지어진, 이른바 '신의 집'이라 불리는 건물 안에 오래 머무를 수 없었다. 지구의 대기에서 오랫동안 견디지 못했기 때문이다. 지구에 머무르기 위해서는 외부와 완전히 차단된 공간을 만들고, 안에서 자신들에게 적합한 대기 조성을 인공적으로 유지해

니비루, 그리고 당신을 만든 신들

야만 했다. 그래서 대부분의 그들은 신전 위에 착륙한 거대한 우주선 안에서 거주했다. 우주선은 불꽃처럼 타오르고, 빛을 발하며, 밤하늘을 수놓듯 찬란하게 빛났다. 그곳에서 일하고 살아갈 수 있었던 존재는 유전적으로 조작되고, 지속적으로 개량된 인간들이었다. 그리고 오늘날, '종말의 위협'을 초래하는 존재들 또한 바로 그들, 그리고 그들의 행성이다.

왜 내가 당신에게 "당신은 살아 있는 동안 신을 보게 될 것이다"라고 말하는지 아는가? 당신이 이 역경을 견디고 살아남는다면, 에덴에서, 아프리카에서, 유카탄에서, 인도차이나에서 당신을 창조한 이들을 직접 보게 될 것이기 때문이다. 그들은 거대하고, 압도적인 존재들이다. 우주복을 입은 거인들이며, 빛으로 감싸인 채 나타날 것이다. 그 빛은 자연광이 아니다. 그들이 스스로 만들어낸 인공 빛이다. 당신은 그들을 보게 될 것이고, 자기 모습이 어디에서 온 것인지 분명히 알게 될 것이다. 아주 오래전, 당신을 창조한 강력한 유전자가 오늘날까지 당신이 살아남고 번성할 수 있도록 해 주었다. 그들은 수많은 외계 문명 중 하나일 뿐이다. 그러나 지금, 당신 앞에 모습을 드러내려고 하는 문명이기도 하다.

그들 역시 지금 자기들만의 문제를 안고 있다. 당신도 마찬가지이다. 그렇다면 왜 지금도 그들이 예전처럼 다시 당신을 파괴하지 않는 것일까? 수많은 육체를 없앤다 해도, 혼과 영은 결국 본래의 근원으로 되돌아갈 뿐인데 말이다. 이유는 지금, 이 세상에 중대한 변화가 일어났기 때문이다. 가장 사악하다고 여겨졌던 전령조차도 결국 인간이 자신의 신성을 깨닫도록 이끄는 하나의 촉매가 되었고 이 시대 의식 변화를 이끄는 중요한 전환점이 되었다. 이제 당신은 더 이상 그들을 창조주로 숭배하지 않는다. 아직 미약하고, 서툴고, 불완전하더라도, 당신 역시 그들처럼 신적인 존재임을 조금씩 인정하고 받아들이기 시작했기 때문이다. 바로 이것이 지금, 이 세상을 바꾼 가장 위대한 변화이다.

이제 당신이 만나게 될 존재들과의 관계는 기존 종교와는 전혀 다르다. 문화나 신념, 정부 체계와도 상관없는 완전히 별개의 이야기이다. 당신이 종교를 믿었을 때, 신을 섬기고 두려워했던 것은 사랑 때문이 아니라 형벌에 대한 두려움 때문이었다. 여호와와 성경 속의 신들은 변덕스럽고 예측할 수 없는 존재들이었다. 그들은 과거에도 아무런 망설임 없이 인간을 파괴하였으며, 필요하다면, 지금도 다시 그렇게 할 수 있다. 그들에게 전혀 문제가 되지 않는다. 그들이 인간을 지켜 온 단 하나의 이유는, 인간이 그들에게 유익했기 때문이다. 누군가를 섬긴다는 것은 당신 안에 내재한 신성을 부정하는 것이다. 그들이 아무리 키가 크든, 그들의 우주선이 아무리 눈부시게 빛나든 그건 중요하지 않다. 지금은 서로 다른 인종들이 융합되어 가는 진화의 시대이다. 이제 인류는 마침내 거짓된 종교의 유산과 그 본질을 바라보고 질문하기 시작하였다. 이제는 무신론자들이 왜 무신론자인지 이해할 수 있다. 그들은 단지 전통 종교가 묘사하는 신의 개념을 믿지 않는다. 그렇다고 해서 생명의 기적 자체를 부정하는 것은 아니다. 오히려 그들은, 그 기적을 더 깊이 받아들이고 있으며, 이러한 관점은 마땅히 존중되어야 한다. 바로 이것이 신성의 힘이다.

이것이 당신이 니비루의 자손들과 다른 점이다. 비록 겉모습은 그들과 닮아 있을지라도, 당신은 더 이상 그들을 섬기지 않는다. 성령의 불꽃이 자신을 낮추며 존재를 드러내고, 영혼이 진화의 길에 들어설 때, 내면의 그리스도가 모습을 드러낸다. 그 순간, 당신은 고귀한 존재가 되며, 미래를 향한 여정에서 그들에게 적용되는 법칙이 이제 당신에게도 똑같이 적용된다. 만일 당신이 여전히 나무 사이를 오가며 살아가는 열등한 존재였다면 이야기는 달랐을 것이다. 실제로 지금도 그렇게 살아가는 이들이 있다. 그러나 한

번 깨어난 존재는 결코 다시는 노예가 될 수 없다. 부정할 수 없는 법칙이다. 신성이 한 종족 안에서 깨어나는 순간, 그들은 더 이상 어떤 방식으로도 노예가 될 수 없다는 진리는 가장 위대하고 전설적인 종족들 사이에 깊이 전해져 왔다. 그 누구도 그들을 직접 본 적은 없다. 그 존재들은 오직 속삭임으로만 전해져 왔다. 당신의 유전자는 바로 그들로부터 시작되었고, 지금까지 그들의 이야기와 전통을 따라 이어져 온 것이다. 그러므로 그들은 마땅히 의식을 지닌 신적 존재로 인식되어야 한다.

위대한 각성의 순간들은, 기존의 질서와 성전, 정치와 왕국, 전쟁의 무기에 맞서 당신의 역사 속 곳곳에서 찬란한 불꽃처럼 빛났다. "나처럼 돼라." 내가 그렇게 말해온 이유는, 불꽃이 이미 당신 안에 존재하기 때문이다. 그러니 이제 불꽃을 드러내고 실현하라. 바로 이 각성 때문에 내가 언제나 같은 말을 해왔다. 다가올 참혹한 날들 속에서 살아남는 사람은 극소수에 불과하다. 그러나 그들은 마침내 하늘의 왕국을 보게 될 것이다. 새로운 지구와 새로운 하늘이 열리고, 이제 그들을 속일 수 있는 것은 아무것도 없다. 모든 일이 미국 월가의 폭군들 때문만은 아니다. 세상의 모든 재화로도 구원을 살 수는 없기 때문이다. 양심 또한 돈으로 얻을 수 없다. 당신이 머무는 높은 탑들도 머지않아 무너져 내릴 것이다. 당신이 하늘에 있든, 땅속에 있든, 누구도 심판을 피할 수는 없다. 모두가 드러나게 될 것이다. 심판은 당신의 이성으로는 결코 이해할 수 없는, 훨씬 더 높은 차원에서 이미 시작되고 있다.

지금, 이 시점에 이르러, 아누나키의 자손들, 그리고 그들의 신, 인류 안에 숨어 있던 신성의 근원이 깨어났다. 만약 다른 외계 문명의 도움이 없었다면, 전혀 가능하지 않았을 일이다. 곧, 그 이야기도 다루게 될 것이다. 내가 처음 이곳에 와서 전한 메시지는 바로 이 신들에 관한 것이었다. 그때 나는 이렇게 선언하였다. "신을 바라보라." 누군가는 언제나 당신 앞에서 나팔을 불어야 한다. 누군가는 늘 당신에게 진실을 일깨워 주어야 한다. 현실을 다시 당신의 손에 돌려주고, 당신이 곧 신이라는 사실을, 그리고 당신이 이 세상에서 행할 수 있는 일이 그리스도가 행했던 것보다도 더 위대할 수 있다는 진실을, 끊임없이 일깨워 주어야 한다.

지금 돌아오고 있는 이 존재들은, 처음부터 돌아오기로 예정되어 있었으며 실제로 그렇게 하라는 명을 받은 자들이다. 그 창조자들은 자신들이 만든 창조물의 결과를 반드시 보고, 그 책임도 져야 한다. 그들의 무관심으로 인해 수많은 생명이 사라졌다. 그리고 빈자리를 다른 종족들이 연민으로 채울 수 있게 한 것도 그들이었다. 이들이 바로 당신의 선조들이다. 겉모습은 분명 당신과 닮았지만, 어딘가 미묘하게 다르다. 당신이 그들을 만나면, 낯설면서도 기묘하게 익숙한 감정을 느끼게 될 것이다. 그들은 거대하며, 피부는 어두운 편이다. 금발에 푸른 눈을 가진 존재들은 아니다. 당신이 어떤 외모를 가졌든, 그들에게는 전혀 중요하지 않다. 그들은 자신들만의 방식으로 고도의 진화를 이룬 위엄 있는 존재들이다. 예전에 그들이 지구에 왔을 때, 소수만 살려 두었고 대부분은 그들에 의해 파괴됐다. 그들의 태도는 오늘날 대중을 돕지 않고 오히려 없애려는 부유한 권력자들과 아주 비슷하다. 그리고 지금, 그들은 다시 돌아오고 있다. 그들이 바로 신들이다. 그들은 인류 역사 속에서 종교라는 이름 아래 벌어진 수많은 참혹한 사건들 뒤에 숨어 있던 억압과 학대의 근원이었다. 마음이 여린 이들은 오직 역사를 통해서만 그 실상을 들여다볼 수 있을 것이다. 그토록 잔혹하고 흉측한 존재가 신이라 불렸다는 사실을 도무지 받아들이기 어렵기 때문이다. 그러나 낙심하지 말라. 그들은 한때 세상을 물로 덮고, 소수만 남겨 둔 적이 있었다. 그래도 그때 위대하고 자비로운 한 형제가 있었다. 그는 주위에 있던 순수하고 겸손한 지성을 알아보았다. 그리고 사랑은 그의 과학적 본성 깊은 곳을 일깨웠다. 그는 위대한 탈출이 이루어지도록 도왔고, 지금까지도 자신이 속한 신들의 집단 안에서 그들을 변화시키는 중심적인 역할을 맡고 있다.

그들은 한때 세상을 다스리던 신적 존재들이며, 창조의 주체들이었다. 그런 그들이 필멸의 존재인가? 그렇다. 그렇다면 불멸이 될 수 있는가? 역시 가능하다. 그들의 수명은 매우 길다. 65세에 은퇴하지 않는다. 어쩌면 3만 년이 지나서야 비로소 물러날지도 모른다. 그러나 그들 또한 연약한 존재이다. 자신들의 여정 속에서 드러나는 신성을 무시하거나 짓밟으려 한다면, 그들 역시 쓰임을 다한 존재로 폐기될 수 있다. 그들은 먹을 것, 쉴 곳, 가축, 성적 만족 같은 기본적인 것만 추구하며 살아가는 무지한 사람들을 없애는 일을 대수롭지 않게 여긴다. 이런 사람들은 미지의 세계를 드러낼 수 없었기에, 번식조차 허용되지 않았다. 어떤 이는 이렇게 말할지도 모른다. "그들이 살아온 시대는 너무도 가혹했다." 그러나 나는 이렇게 말한다. 역경은 어떤 이에게는 재능을 꽃피우는 계기가 되지만, 동시에 수많은 사람들을 삼켜 버리는 고통이 되기도 한다. 그들은 그럴 만하다고 믿으며 군중을 몰살하는 일을 아무렇지 않게 저질렀다. 그 과정에서 그들은 양심의 가책조차 느끼지 않는다.

대홍수 이후 나타난 다섯 인류 종족

"내가 이곳에 도착했을 때, 지구에는 다섯 갈래 문명이 영향을 미치고 있었다. 나의 군대에 합류한 이들은 바로 그 다섯 문명의 조상들이었다. 키가 큰 이집트인들, 북방에서 온 금발의 마법사들, 아누나키에서 유래한 검은 피부의 존재들, 아틀란티스에서 온 붉은 피부의 종족들, 그리고 모든 혈통이 섞여 태어난 혼혈 인류까지, 그들 모두가 함께 있었다. 그 시기, 지구 위에는 모든 문명의 기원들이 나란히 존재하고 있었다."

- 람타

오늘 이야기는 과거와는 다르다. 이유 중 하나는, 대홍수 이후 아누나키가 다시 돌아왔기 때문이다. 그들은 거대한 함선을 몰고 지구로 내려왔다. 그와 동시에 다섯 개의 다른 문명도 뒤따라 내려왔다. 다섯 문명에서 온 존재들은, 하늘을 가르며 함선이 내려오는 장면을 지켜보다가 마침내 이곳에 도달하였다. 지구에 있던 세력들도 그들을 막을 수 없었다. 그들 역시 강한 힘을 가진 존재들이었기 때문이다. 공간과 시간을 자유롭게 넘나들고, 과거와 미래를 오가며, 수명을 늘릴 수 있는 자들에게는 누가 더 강한지는 중요하지 않다. 진정한 기준은 공간과 시간을 초월하는 능력에 있다. 그런 능력을 지닌 자만이 발견과 창조라는 위대한 여정을 살아갈 자격이 있다. 그렇기에 그들은, 당신과는 달리 매우 오래 산다.

신들조차 새롭게 들어오는 다른 존재들을 막을 수는 없었다. 전설 속의 위대한 존재들은 아직 오지 않았지만, 이미 아주 먼 우주에서 몇몇 존재들이 지구에 도착해 있었다. 그들은 마치 공허(보이드)의 심연에서 흩날리는 무수한 눈송이처럼, 다른 세계에서 흘러 들어온 이방의 존재들이었다. 지구에 착륙한 그들은 각자의 영역을 세우고, 대홍수 이후 살아남은 사람들을 돌보며 보호하기 시작했다. 그렇다. 그들은 보호자의 역할을 자처했다. 그 중에는 특히 더 자애롭고 온화한 성향을 지닌 이들도 있었다. 어떤 이들은 먼 고향에서 전혀 새로운 DNA 구조를 가져와 정밀하게 조율했고, 자신들과 닮은 인간을 창조해 냈다. 그래서 지구에는 구릿빛 머리카락과 초록빛 눈동자를 지닌 이들, 붉은 마호가니 빛 피부와 은백색의 고운 피부를 지닌 이들, 창백한 하늘빛 눈과 비단처럼 섬세한 머리카락을 가진 이들까지, 다양한 모습과 특징을 가진 사람들이 태어났다. 오늘날 인류의 다양한 인종은, 인간의 삶에 단순히 개입한 것이 아니라 본질 속에 유전적 특성을 직접 새겨 넣은 자애로운 신들에게서 비롯된 것이다. 내가 이곳에 도착했을 때, 지구에는 이미 다섯 계열의 문명이 존재하고 있었다. 그리고 내 군대에 합류한 이들은 바로 그 다섯 문명의 조상들이었다. 위엄 있는 체구의 이집트인들, 북방에서 온 금발의 마법사들, 아누나키에서 비롯된 검은 피부의 존재들, 아틀란티스에서 온 붉은 피부의 종족들, 그리고 이 모든 혈통이 뒤섞여 태어난 혼혈 인류까지, 그들 모두가 함께 어우러져 있었다. 그 시절, 땅 위에는 인류의 모든 문명의 기원들이 나란히 공존하고 있었다.

내 군대에 속한 이들은 모두 자신이 어디에서 왔는지를 알고 있었다. 단순히 아는 것이 아니라, 깊이 깨닫고 있었다. 이제 마음을 열고, 이 이야기를 들어라. 내 군대는 신들을 상대로 반란을 일으켰다. 반란은 이렇게 시작되었다. "그럴 수 없다. 당신들은 더 이상 그렇게 할 수 없다." 그것은 대담하고도 전례 없는 외침이었다. 그들에게는 전혀 예상치 못한 일이었다. 자신들이 창조한 존재가 자신들에게 맞서거나, 자신들보다 더 위대해질 수 있으리라고는 한 번도 생각하지 않았기 때문이다. 그래서 그들은 그런 일이 절대로 일어나지 않도록 철저히 통제하려 했다. 그러니 유전자가 제대로 결합한다면, 피조물이 창조주를 넘어서는 일은 반드시 일어나게 된다.

신들의 외계 문명은 결코 인간처럼 반란을 일으키지 않았다. 그러나 우리가 시작한 행진은, 바로 그 질서에 맞선 최초의 움직임이었다. 우리는 외쳤다. "아니, 나는 너와 싸울 것이다. 무엇을 할 수 있겠는가? 내 의식을 꺼

보라. 나는 다시 깨어날 것이다." 그리고 우리는 멈추지 않았다. 과거에도 반란은 있었지만, 그 대가는 혹독했고 참혹했다. 그 결과는 오늘날까지도 피로 얼룩진 숭배 문화에 흔적으로 남아 있다. 그러나 우리에게는 그런 흔적이 남지 않았다. 영과 혼이 몸 안에서 각성했다는 증표, 당신이 그것을 '별의 아이'라 부르든, 다른 이름을 붙이든, 그것은 오직 하나, 육신이 다음과 같이 선언할 때 드러난다. "나는 더 이상 너희를 섬기지 않는다. 나는 거부한다. 이제 너희가 나를 직면해야 한다. 나는 신성이다. 나는 깨어났다."

하이 브라실(Hy Brasil)에서 온 사람들과 위대한 함대의 귀환

"아름다운 노르드인들은 기존의 문명과는 전혀 다른 계열의 종족이었다. 그들은 인간 세계의 갈등과 전쟁 속에서 소외된 존재들을 품었고, 그들에게 에덴의 신들이 주지 못했던 것들을 - 연민과 사랑, 그리고 자존감 - 심어주었다. 그들은 바로 북방의 신들이며, 당신이 지닌 밝고 고귀한 특질을 유전적으로 물려준 존재들이다."

- 람타

당신이 이 이야기를 반드시 받아들일 필요는 없다. 그래도 나는 전할 것이다. 머지않아 닥쳐올 일들을 맞이하게 될 때, 이 진실을 아는 것이 왜 중요한지 알게 될 것이다. 나를 믿지 않아도 된다. 나를 받아들이지 않아도 된다. 나를 숭배하지 말라. 그러나 존중하라. 이 말이 당신에게 울림을 준다면, 나는 당신 편이다. '신의 사랑'이라 불리는 힘, 모든 것을 붙들어 주는 신비로운 에너지는 각성의 순간 빛으로 깨어난다. '아니요.'라고 말한 뒤에도 여전히 사랑할 수 있는 능력, 그리고 그 사랑을 끝까지 지켜내는 힘, 그것이야말로 절대 꺼지지 않는 불꽃이다. 사랑하는 이들이여, 그것이 바로 진정한 힘이다. 이 신들의 집단은 약 3만 5천 년 전에도 존재했었다. 그리고 지금도 일부는 세상 어딘가에 살아 있다.

나는 내 동지들에게 비공식적으로 이렇게 말한 적이 있다. "여호와의 함대가 지구로 돌아오고 있다." 십 년쯤 후에 도착할 것이라는 말이 아니다. 내가 이 말을 꺼내는 이 순간 그들은 이미 도착해 있다. 지구 상공은 지금, 각자의 최신형 캐딜락처럼 빛나는 우주선들, 거대한 모선들, 그리고 정교한 기체들로 가득 차 있다. 모든 함선이 이미 이곳에 와 있다. 정말이다. 당신이 하늘을 자주 올려다보지 않기 때문에 그들을 볼 수 없을 뿐이다. 그들은 지금도 바로 당신 머리 위에 있다.

밝은 피부와 머리카락을 어느 정도 당신에게 물려준 신들은, 고대 드루이드들과 깊이 연결된 존재들이었다. 그들은 미신과 두려움에 사로잡힌 인간의 좁은 의식에 위대한 지식을 불어넣으려 했으나, 그 과정에서 때로는 시행착오도 있었다. 그러던 어느 날, 중대한 착륙 사건이 일어났다. 미국과 영국 기지는 어느 날 하나의 우주선을 마주하게 되었다. 어느 누구도 다치지 않고 우주선을 손으로 만질 수 있었으며, 표면에 새겨진 상징을 읽을 수 있었다. 상징을 읽도록 허락된 것은 분명 사랑의 표시였으며, 진실한 자비의 표현이었다. 암호가 해독되었을 때, 그 자리에 있던 이는 종교적 광신자들이 아니라, 핵무기 저장소를 지키던 훈련된 군사 요원들이었다. 그들이 확인한 메시지는 이러했다. "우리는 하이 브라실에서 왔다. 우리는 아일랜드 해안 넘어 위대한 섬의 후예이며, 한때 이곳에 머물렀고, 줄곧 당신들을 지켜보아 왔으며, 이제 다시 돌아왔다." 이 아름다운 고대 스칸디나비아인들(노르드인들)은 기존의 문명과는 전혀 다른 계열의 종족이었다. 그들은 인간 사회의 갈등과 전쟁 속에서 소외된 존재들을 품었고, 그들에게 에덴의 신들이 결코 주지 못했던 것들, 즉 연민과 사랑, 그리고 자존감을 심어주었다. 그들이 바로 북방의 신들이며, 당신이 지닌 밝고 고귀한 특질을 유전적으로 물려준 존재들이었다. 그들 일부는 몸의 특정 부위가 비늘처럼 보였지만, 결코 파충류는 아니었다. 비늘은 약한 부위를 보호하는 갑옷 같은 역할을 하였다. 이런 몸 구조 덕분에 그들은 어떤 환경에서도, 심지어 물속에서도 자유롭게 움직일 수 있었다. 나는 이 위대한 존재들을 훗날 '이드 가문'이라 불렀다. 그들은 지금 다시 돌아왔고, 우리와의 접촉을 시작했다.

유럽의 모든 핵무기를 껐다가 다시 가동하며 그들은 이렇게 말했다. "내가 원하면 이 무기를 발사할 수 있다. 너희가 다시 작동하려 해도, 나는 곧바로 멈출 수 있다. 그리고 필요하다면, 이 무기로 너희를 파괴할 수도 있다. 내 말이 들리는가?" 이 사건은 단지 유럽뿐 아니라, 러시아와 시베리아 전역

하이 브라실(Hy Brasil)에서 온 사람들과 위대한 함대의 귀환

에서도 동시에 일어났다. 모든 핵무기가 한순간에 꺼졌다가, 곧바로 놀라울 만큼 정밀하게 다시 작동하기 시작했다. 무기들은 완전히 장전되어 즉시 발사할 수 있는 상태가 됐다. 이 충격적인 사건은 각국 정부를 극도의 공포에 빠뜨렸고, 전쟁을 일으키려던 자들의 계획을 무너뜨렸다. 각국 정부는 마침내 깨달았다. "우리가 만든 무기가 이제 우리를 향해 돌아올 수 있다. 그 순간이 오면, 우리는 서로를 탓하게 될 것이다." 이 모든 일을 주도한 존재들이 바로 그들이었다.

오늘날 당신의 DNA 속에는 다섯 개의 위대한 외계 종족으로부터 전해진 유산이 흐르고 있다. 유산은 당신 존재의 가장 깊은 곳에 새겨져 있으며, 끊임없이 변화하고 자신의 모습을 바꿀 수 있는 능력을 지니고 있다. 믿기 어렵다면 믿지 않아도 괜찮다. 믿든 믿지 않든, 그 유산은 이미 당신 안에 존재한다. 놀라운 점은, 외계 존재들 안에 있던 창조자이자 탐험가의 본성이 당신에게도 고스란히 이어졌다는 사실이다. 그 덕분에 당신은 단순히 살아남는 데 그치지 않고, 끊임없이 새로운 것을 창조하며, 진화의 여정 속에서 '미지의 세계를 드러내는 존재'로 성장해 온 것이다.

상상이라는 섬세한 예술은 뇌가 깨어날 때 드러나는 특별한 힘이다. 신들에게서 물려받은 능력이기도 하다. 상상은 의식의 흐름 속에서 새로운 형태를 발견하고, 발전시켜 현실로 옮기는 과정이다. 이 능력은 당신에게 주어진 가장 큰 힘이며, 자신의 진화를 빠르게 앞당길 수 있는 출발점이다. 세상에는 수많은 신들이 존재한다. 당신 역시 신이다. 당신은 많은 신들의 집합체이며, 신적 존재들이 모두가 지금 이곳에 와 있다. 거대한 일이 곧 일어나려 하고 있으며, 신들은 자신들이 시작한 그 흐름을 지켜보기 위해 모여들었다. 신들은 지금 여기에 있다. 하늘 곳곳에, 그리고 모든 곳에 존재한다. 그리고 신들은 모든 이상 기후와 폭풍, 그리고 세상에서 벌어지고 있는 수많은 기이한 사건들을 모두 지켜보아 왔다. 지금, 이 순간에도, 신들은 당신의 집 위를 지나며 당신이 속한 공동체, 그리고 당신의 삶 전체를 주시하고 있다. 그러므로 자신이 혼자라고 생각하지 말아야 한다. 지금 나누는 이 말이 오직 자신과 상대방만 듣고 있다고 여겨서도 안 된다. 그렇지 않다. 신들은 당신의 성장 과정을 세심하게 측정한다. 신들은 당신이 얼마나 영적으로 성숙했는지, 얼마나 지적으로 성장했는지, 그리고 인간의 몸이 제대로 쓰이고 있는지를 살피고 있다. 신들은 모든 것을 보고 있으며, 모든 것을 기록한다. 이 사실을 꼭 기억해야 한다. 따라서 앞으로 신들은 더 자주, 더 확실하게 나타날 것이다. 모두가 알다시피 남극에는 지금도 강력하고 복잡한 힘이 자리하고 있다. 그 땅 아래에는 사라진 아틀란티스가 묻혀 있으며 다양한 현상이 일어나고 있다. 북반구의 북극권에서도 유사한 현상이 일어나고 있다. 이에 대해서는 차차 이야기할 것이다. 20세기를 앞두고 인류에게 놀라운 변화가 일어났다. 19세기 말에서 20세기 초 사이, 눈부신 기술 혁신이 일어났는데, 이는 누군가의 개입이 없었다면 불가능했을 것이다. 불과 100년 만에 인류는 수레와 말을 타던 시대에서 비행기, 컴퓨터, 우주선까지 만들어내는 믿기 힘든 진보를 이루었다. 왜 그 이전에는 이러한 발전이 일어나지 않았을까? 마지막 순간에 무언가가 개입했기 때문이다. 엄청난 추진력이 작용했으며, 그 움직임을 실행에 옮긴 존재들이 바로 신, 그들이었다.

　대부분의 전기 작가들은 자신이 다루는 인물이 다른 생명체와 접촉했다는 주장을 좀처럼 인정하려 하지 않는다. 그러나 실제로 그런 말을 한 인물들이 있었고, 그중 많은 내용은 허무맹랑하다는 이유로 편집 과정에서 삭제되었다. 그런데도 인류는 불과 백 년 남짓한 시간에 말과 마차에서 비행기와 휴대전화에 이르기까지 놀라운 발전을 이루었다. 그러니 제발, 이것이 오직 인간의 힘만으로 가능했다고 말하지는 말아야 한다. 그렇지 않다. 세상을 바꿀 자들에게는 무언가가 주어졌고, 그들이 실제로 그 변화를 끌어냈다. 아무리 놀라운 발명과 기술의 발전이 있어도, 여전히 권력과 종교에 기대어 오만을 버리지 못한 인류의 많은 죄는 가려지지 않는다.

    내가 꼭 전하고 싶은 말이 있다. 나의 시대 이전에도, 그리고 이후에도 푸른 피부를 가진 종족이 있었다. 그들은 인더스 문명에서 신으로 숭배되었다. 그들이 남긴 중요한 단서는 바로 산소 부족이다. 산소가 부족하면 피부가 파랗게 변한다. 그들이 파란 피부이었던 이유는, 산소로 호흡하지 않는 존재들이었기 때문이다. 향은 어디에서 비롯되었을까? 무언가를 태워 연기를 피우는 행위는, 사실 푸른 존재들이 살아가는 데 필요한 기체를 만들기 위한 것이었다. 이것은 이야기 속에 숨어 있는 작은 진실, 하나의 각주와 같다. 한편, 녹색 존재들은 지구 내부에 산다. 그들은 몸속 화학 반응으로 스스로 빛을 내며, 어둠 속에서는 온몸이 은은한 녹색 빛을 띤다. 지구 표면에는 오래 머무르지 않지만, 그들 또한 분명히 존재하는 것이다.

히틀러, 그레이들,
그리고 군산복합체와 거래를 맺은 전쟁 종족들

"기업들은 미국 정부라는 허울뿐인 보호막 아래, 결탁한 세력들과 함께 자신들의 영혼을 외계 존재들에게 팔아넘겼다. 외계인들의 궁극적인 목적은 분명했다. 마음에 들지 않는 모든 꼭두각시와 원치 않는 존재들을 제거하고, 소수만 남겨 세상을 지배하는 것이었다."

- 람타

우리가 여기서 구분하는 모든 종족과 마찬가지로, 이야기는 당신에게 명확한 형태를 부여한 신들로부터 시작된다. 그들은 한편으로 당신을 도구로 사용할 만큼 냉정했지만, 바로 그 접촉 속에서 신성한 지성이 당신 안에 깃들기 시작했다. 그리하여 인간은 사유하고 상상하며, 마침내 창조하는 존재가 되었다. 그들과 가까운 다른 종족들도 마찬가지였다. 그들의 지성은 크게 진화했지만, 그로 인해 그들은 냉혹하고 호전적인 존재로 변했다. 그리고 지금 당신이 직면하고 있는 실질적인 위협은 바로 그들이다. 이 존재들은 과거에도 수없이 불공정하고 부당한 전쟁을 일으켰다.

우리는 자유의지와 신적인 본성을 지닌 존재이다. 기억하라, 우리의 신성한 본성이란, 미지의 세계를 드러내는 능력이다. 우리가 신성한 본성의 흐름 안에 있을 때, 존재하는 것만으로도 무한한 가능성과 한계를 넘어서는 권리를 부여받는다. 그러나 우리가 마음속에 자신의 형상을 그려내는 순간, 자신의 정체성을 규정하고 고정된 이미지 안에 자신을 가둘 때, 우리는 분리된 존재로 경험하게 된다. 그때부터 우리는 외부의 위협으로부터 자신을 지켜야 한다. 이제 다소 불편하게 들릴 수 있는 이야기를 하나 전하겠다. 이 이야기를 35년 전, 아직 이런 주제가 세상에 잘 알려지지 않았던 지난 세기에 처음 말했었다. 나는 또 하나의 외계 문명에 관해 이야기했다. 그들은 지구와 비교적 가까운 '그물자리(레티쿨룸, Reticulum)' 별자리에서 온 차원 간 존재들이다. 그들은 자신들의 일그러진 형상 때문에 오랫동안 세상의 이면에 숨어 있었다. 니비루의 신들과도, 에덴의 신들과도 닮지 않았다. 그들은 전혀 다른 형상을 지녔다. 그들은 독일의 영혼을 대가로 자신들의 기술을 넘겨준 존재들이었다. 히틀러가 집착했던 오컬트적 외계 존재들이 바로 그들이었다. 그 외계 존재들은 세계를 지배하고 정복하는 지식을 발전시켰고, 당신은 그들의 거대한 계획 속에서 단지 하나의 소모품에 불과했다. 그들이 바로 독일 전쟁 기계의 첨단 기술 뒤에 있던 실체였다. 히틀러는 백인을 제외한 모든 인종을 제거하고자 했다. 오늘날의 게르만 민족을 비난하거나 공격하기 위한 말이 아니다. 모든 나라에는 감추고 싶은 추악한 역사가 있기 때문이다. 이 이야기가 특별히 중요한 이유는, 세계를 지배하겠다는 한 사람의 왜곡된 자아와 그를 따르던 자들의 광적인 집착으로 인해 실제로 막강한 기술이 개발되었기 때문이다. 히틀러와 추종자들이 왜곡된 집착과 권력 욕망에 사로잡혀 외계 존재들과 결탁하였으며, 그것이 외부 존재들에게 문을 여는 계기가 됐다. 그들은 그렇게 들어와 자리를 잡았다. 히틀러는 그들과 접촉했고 직접 만나기도 했다. 그러나 그는 그들 앞에서 한낱 겁쟁이에 불과했다. 그들을 두려워했지만, 목표를 위해서라면 무엇이든 서슴지 않았다. 그리고 그 점에서, 그는 당신과 크게 다르지 않다. 당신 또한 자신이 옳고 다른 이들이 틀렸다는 것을 증명하기 위해 무엇이든 해본 적이 있지 않은가? 우리 모두의 내면에는 작은 히틀러가 숨어 있다.

　이와 같은 약속은 일본 천황에게도 주어졌다. 그는 얼마 전까지만 해도 중국인을 무자비하게 학살했던 인물이었다. 이탈리아의 무솔리니 역시 예외가 아니었다. 민중 학살이 광범위하게 자행되었고, 그들 손에 묻은 피는 교회조차 씻어낼 수 없었다. 아무리 많은 향을 피워도, 불타는 살의 악취는 사라지지 않았다. 이것이 바로 '부기맨'이라 불리는 진짜 공포의 실체였다.

히틀러, 그레이들, 그리고 군산복합체와 거래를 맺은 전쟁 종족들

외계 존재들은 자신들이 드러나는 것을 원치 않았다. 그들은 지금 이 시대를 통치하는 이들 뒤에 숨어 있는, 보이지 않는 권력이었다. 그들은 노예나 가난한 이들을 조종하지 않았다. 오히려 신성을 지닌 존재들, 그리고 권력과 지위를 탐하는 자들과만 거래를 맺었다. 무지할수록, 외모와 권력에 도취할수록 그들의 통제에 더 쉽게 노출됐다. 그들은 독일 전쟁 무기의 배후에 있었고, 독일에 기술을 제공한 자들이었다. 그들은 독일 과학자들의 의식에 연결하여 놀라운 기술을 전달했다. 그 기술은 곧 미국으로 넘어갔다가 러시아로 흘러들었고, 이탈리아와 일본은 그 흐름에서 소외됐다.

역사 속에는 수많은 사건이 일어났다. 그러나 당신은 그 일들을 알 길이 없다. 당신은 극비의 기밀에 접근할 수 있는 자리에 있지 않다. 세상에는 당신이 절대로 알 수 없는 지식이 존재한다. 사람들이 쇼핑과 텔레비전, 유명인과 외모, 그리고 파티에만 관심을 쏟는 한, 그리고 기업이 지배하는 미국 사회가 당신과 당신의 자녀들을 그러한 것들에만 사로잡히도록 통제하는 한, 그들은 끝내 무지에서 벗어나지 못할 것이다. 대다수는 콜로세움의 관중석에 앉아 있지만, 실제 역사는 언제나 시저의 방 안에서 만들어졌다.

이 영향력은 지난 세기, 1940년대 후반, 독일 과학자들이 미국으로 이송된 이후 미국 정부로 넘어갔다. 국민의 선택으로 지도자가 된 군사령관은, 인간의 야만성을 전장에서 직접 목격한 뒤, 이제는 전쟁이 아니라, 고대 그리스인들처럼 평화를 통해 세상에 빛을 가져오기를 원했다. 내가 지금껏 말하지는 않았지만, 아주 특별한 신적 존재들이 어느 날 비밀 기지에 착륙했다. 그 순간, 당신 나라의 대통령은 그들과 회의했고, 그 회의는 그의 인생을 완전히 바꾸었다. 그들은 고대 이집트인들을 떠올리게 하는 존재들이었다. 키가 크고, 우아하며, 예의 바르고, 내가 지금껏 본 존재 중 가장 아름다웠다. 가장 놀라웠던 것은, 그들이 아무런 군사적 제재나 저항도 받지 않고, 비행선을 타고 그대로 착륙했다는 사실이었다. 그 장면만으로도, 그들이 반드시 전하고자 하는 메시지가 있음을 알 수 있었다. 그들이 대통령에게 전한 말은 단순했다. "당신은 감염됐다. 그리고 당신의 세계도 이미 감염되어 있다. 전쟁을 확산시켜 온 한 종족에 의해 감염된 것이다. 그들은 전쟁을 이용해 국가만이 아니라 세상 전체를 파괴하려 한다. 당신의 정부와 기업들, 그리고 그들을 맹목적으로 따르는 국민마저 이 전쟁 종족이 건네준 기술에 눈이 멀어, 아무런 의심 없이 그 기술을 받아들였다. 그래서 우리가 여기에 온 것이다. 당신은 모든 무기를 해체하고, 이 존재들을 지구에서 추방해야 한다. 우리는 그 일을 도울 것이다. 그렇게 하지 않는다면 이 세상은 멸망할 것이다." 대통령은 이 위대한 종족을 깊이 존경했고, 그들의 방문에 감동했으며, 그들 앞에서 깊은 경외심을 느꼈다. 그는 직접 대화를 나눈 뒤, 그들과의 약속을 반드시 지키겠다고 다짐했다. 그러나 그의 곁에 있던 보좌관들은 이미 다른 외계 문명에서 기술을 받고 있었고, 그 기술로 막대한 이득을 얻는 기업들의 지원을 받고 있었다. 그래서 그들은 대통령의 약속이 실현되는 것을 절대로 허용하지 않았다. 그들은 이렇게 말했다. "우리는 저 종족을 신뢰할 수 없다. 우리는 이미 적들과 맞설 무기를 갖추고 있으며, 우리에게 힘을 준 존재들과의 동맹을 버릴 수 없다." 결국 아이젠하워 대통령은 임기를 마치던 마지막 날, 의미심장한 말을 남겼다. "군산복합체를 경계하라."

    모든 이야기를 받아들이기 어렵다는 것, 나도 잘 알고 있다. 그래서 내가 부탁했다. 더 큰 그림을 이해하고, 그것을 받아들일 수 있도록 마음을 열어달라고. 이 이야기는 누군가에게는 거대한 음모론처럼 들릴지도 모른다. 그러나 모든 음모론이 거짓은 아니다. 아무리 강한 제초제를 뿌려도 살아남는 잡초처럼, 그 속에 진실이 숨어 있을 수도 있다. 진실을 알게 된 사람, 그리고 그 뒤를 이은 또 한 사람, 두 사람 모두 그 사실을 분명히 알고 있었다. 그

히틀러, 그레이들, 그리고 군산복합체와 거래를 맺은 전쟁 종족들

러나 군산복합체는 결국 놀라운 기술을 얻기 위해 영혼을 팔아버렸다. 그들은 개의치 않았다. 기술만 있다면 어떤 일이 닥쳐도 빠져나갈 수 있다고 믿었기 때문이다. 그리고 실제로, 어느 정도까지는 그 믿음이 맞았을지도 모른다. 하지만 전쟁 없는 세상에서 가정을 이루고, 삶을 일구며, 자녀를 키우려는 인류의 진정한 의지는 어디에 있는가? 이제 전 세계는 두려움에 짓눌린 사람들로 가득하다. 그들은 히틀러가 얻은 외계 기술보다 더 강력한 기술을 만들려다 이미 너무 많은 피를 흘렸고, 큰 희생을 치러야 했다. 왜냐하면 그때, 미국을 돕는 또 다른 세력이 있었기 때문이다. 누구도 요청하지 않았으나, 수많은 교회에서 많은 사람들이 간절히 기도하였다. 희생은 컸고, 그 결정은 정의로웠다. 한 나라 전체가 힘을 모아 외계 기술의 위협을 막아냈다면, 그 기도에 응답하지 않을 이유가 있었겠는가? 그 시절, 많은 기독교인과 가톨릭 신자들, 유대인들은 사랑하는 아들들을 전장에 보내며 영광과 용맹을 위해 기도했다. 그러나 그들이 끝내 마주한 것은 영웅담이 아니라, 평생 지워지지 않을 깊은 슬픔과 상처였다.

그토록 간절히 기도했던 나라들이 결국 모든 것을 걸고 싸운 연합국이었다. 그들에게는 첨단 무기는 없었지만, 기도는 분명 응답받았다. 그들이 누구에게 기도했는지는 중요하지 않았다. 그들은 그저 간절히 도움을 구했을 뿐이다. 누가 영광을 차지했는가? 그것도 중요하지 않다. 그런 것에 연연할 만큼 우리가 그렇게 작은 존재일까? 어쩌면 우리는, 그런 것에 얽매이지 않을 만큼 더 큰 존재일지도 모른다. 이것이 바로 신성한 존재로 깨어나야 하는 이유다. 진심으로 요청하면, 그 요청은 반드시 응답받을 것이다. 도움을 청하면, 그 도움은 반드시 주어질 것이다. 당신은 결코 혼자가 아니었다. 다만 자신을 스스로 구할 수 있는 그 힘에 마음을 닫아왔을 뿐이다.

이 위대한 공화국 안에 있던 가장 *순수한* 마음은, 마치 잠사던 신이 깨어

나는 것과 같았다. 순수한 마음이 깨어났을 때, 그 안에는 흔들리지 않는 정의가 있었다. 비록 아들과 딸들이 타국 땅에서 목숨을 잃었지만, 어떤 땅도 자신들의 것으로 삼으려 하지 않았다. 프랑스, 벨기에, 폴란드, 스페인, 영국, 이탈리아, 어떤 나라도 미국의 땅으로 삼으려 하지 않았다. 그것은 비난받을 수 없는 사랑이었다. 한 번도 본 적 없는 이들을 위해 목숨을 내어주고도, 단 한 줌의 보물도, 단 한 뼘의 땅도 바라지 않는 숭고한 사랑이었다. 그러나 당신은 앞선 세대, 특히 오래된 문명과 사람들이 지녔던 용기와 고결함을 과소평가해 왔다. 그들이 지녔던 순수함, 소박하면서도 신성했던 마음을 너무 쉽게 잊어버린 것이다. 누가 비겁했는지는 이미 드러났다. 바로 그 유산이 당신의 나라를 '신성한 국가'로 만들었다. 모든 이에게 자유와 정의를 보장한다는 권리, 온 세상 사람들이 하나로 어우러진다는 세계의 도가니라는 이상이 이 공화국이 인류 앞에서 내건 약속이었다. 하지만 오늘날의 당신은 보상이 없다면 선한 일을 하려 하지 않는다. 심지어는 이자까지 돌려받아야 한다고 생각한다. 그런 태도로는 결코 진정한 자유의 나라가 될 수 없다. 그런 사고방식은 세상 모두가 당신에게 빚을 지고 있다는 착각에서 비롯되기 때문이다. 오늘날의 세대는 한때 세상을 병들게 했던 '암', 즉 폭정과 전쟁의 공포를 직면하며 깨어났던 세대와는 분명 다르다. 그들은 자신을 위해 단 한 뼘의 땅도 요구하지 않았다. 오직 이름 없는 무덤 하나만을 남겼을 뿐이다. 당신이 지금 자부심을 느끼는 삶의 방식과 자유 모든 것은, 그보다 훨씬 오래전 나 같은 신들에게 기도하며 세상의 폭군에 맞서 일어섰던 세대가 있었기에 가능했다. 그들은 순수했고, 어떤 사심도 없었으며, 오직 폭군에 맞서 세상을 지키려 했다. 그들은 아무런 대가도 바라지 않았지만, 가장 놀라운 일들을 해냈다. 적국을 무찌른 뒤에는 오히려 그 나라 사람들을 위해 하늘에서 식량을 떨어뜨려 먹였다. 묻겠다. 당신은 마지막으로,

히틀러, 그레이들, 그리고 군산복합체와 거래를 맺은 전쟁 종족들

언제 그런 일을, 이웃을 위해 해본 적이 있는가? 당신이 지금 그 자유를 누릴 자격이 있다고 믿고 있다는 것, 나도 알고 있다. 그러나 되묻고 싶다. 과연 당신은 언제 그런 사랑을 실천한 적이 있었는가? 그들은 사랑의 의무를 넘어선 행동을 했다. 그것이 얼마나 숭고한 일이었는지조차 알지 못한 채 말이다. 왜냐하면 그것은 그들 안에 본래부터 깃들어 있던 신성한 본성이었기 때문이다. 그렇기에 그들의 기도는 응답받을 수 있었다. 나는 이 일을 어떤 성이나 땅을 얻기 위해 하는 것이 아니다. 보상을 바라는 것도 아니다. 나는 인류를 위해, 정의를 위해 이 일을 한다. 그런 고귀한 동지애는, 오늘날의 미국에서는 더 이상 찾아보기 어려워졌다.

그 시절 평범한 사람들이 어떻게 외계 문명의 무기에 맞서 전쟁에서 승리할 수 있었을까? 그리고 그들은 피 흘려 싸워서 얻은 나라들을 차지하려는 생각조차 하지 않았을까? 이유는 단순하다. 그들은 신성한 뜻을 바르게 따르는 순수한 마음을 지녔기 때문이다. 그래서 그들의 기도는 응답받을 수 있었다. 신은 미국과 영국, 그리고 자유를 빼앗긴 모든 이들의 편에 서 있었다. 겉으로는 국가들 사이의 전쟁처럼 보였지만, 이면에는 훨씬 더 큰 악의 세력이 도사리고 있었다. 이 이야기는 우리에게 중요한 질문을 던진다. 신의 개입이란 무엇인가? 그리고 그것을 불러오기 위해 인간이 갖추어야 할 조건은 무엇인가?

지금 이 자리에서 반복되고 있는 한 가지 중요한 진실을 꼭 상기시키고자 한다. 그 시절, 이 나라와 여러 다른 나라의 사람들이 목숨을 걸고 초강대국을 향하는 전쟁의 길을, 그 길이 무엇인지조차 알지 못한 채 따랐던 용기는 아무리 강조해도 지나치지 않다. 그들은 자신들의 희생과 충성이 결국 초강대국을 세우는 길이 되고 있다는 사실조차 알지 못한 채 따랐다. 그러나 그토록 위대한 용기마저도 충분하지 않았던 것일까? 지금 이 순간, 우리

는 다시 한번 같은 역사를 반복하고 있다. 1929년 주식 시장 붕괴 이후, 부자들은 모든 것을 약탈하다시피 빼앗았고, 서민들은 1932년까지 극심한 빈곤에 내몰려야 했다. 그 시절, 기후는 기이할 정도로 극단적이었고 사람들은 끼니조차 제대로 먹지 못했다.

당신은 왕과 여왕을 사랑할지 모르지만, 런던이 폭격으로 폐허가 되었을 때 그들은 가난한 이들을 위해 식량 창고를 열지 않았다. 그러나 미국인들은 달랐다. 이 나라는, 자신들조차 먹을 것이 넉넉하지 않았음에도 전투기와 무시무시한 무기를 만들어냈고, 자국의 아들들을 위해 준비한 식량을 다른 나라의 아들들, 그리고 도시 반대편의 아들들과도 나누었다. 사람들은 집 안에 있던 리넨 천을 찢어 붕대와 헝겊으로 내놓았고, 가진 것이 있다면 무엇이든 팔아 도움에 보탰다. 그런데도, 전쟁이 끝난 뒤에도 그들은 여전히 가난했다. 전쟁 중에도, 그리고 그 이후에도 가난한 세대이었던 이들은 엄청난 양의 식량과 약품, 의류를 전 세계와 나누었다. 시베리아에서부터 베를린, 이탈리아, 프랑스에 이르기까지 굶주림에 시달리던 수많은 사람들에게 따뜻한 손길이 전해졌다. 프랑스 남부는 지금도 미국인을 사랑한다. 그러나 파리는 여전히 자신의 자부심에 갇혀 있다. 잊지 말아야 한다. 파리는 빛의 도시를 지키기 위해 아무런 저항도 없이 순순히 항복했던 도시였다. 그 당시, 미국인들은 프랑스인들뿐 아니라 수많은 사람들을 먹여 살렸다. 정작 자국에서는 식사조차 제대로 챙기기 어려운 상황이었음에도 말이다. 그런데도, 사람들에겐 품위가 있었다. 먹을 것이 부족하면, 이웃이 먼저 알아차리고 조용히 도왔다. 그런 따뜻한 인간다움은 이제 더 이상 쉽게 찾아볼 수 없는 모습이 되어버렸다.

이제 누가 당신을 위해 기도해 줄 수 있을까? 지금, 이 순간 과연 누가 대신 나서 도와줄 수 있을까? 오늘날 우리는 모두 부동산 시장의 폭락, 주식 시

히틀러, 그레이들, 그리고 군산복합체와 거래를 맺은 전쟁 종족들

장의 붕괴, 그리고 실직과 실업으로 인해 큰 고통을 겪고 있다. 하지만 그 시절의 사람들은 그런 것조차 갖지 못했다. 그들은 그러한 혹독한 역경 속에서도 하나로 뭉쳐 신성한 의지를 드러냈다. 그리고 그 과정에서 타락하지도, 무너지지도 않았다. 그들은 결국 승리하였고, 정복한 이들에게조차 음식과 생필품, 그리고 돈을 아낌없이 베풀었다. 오늘날 당신이 그런 일을 한다는 것은 이제 상상하기조차 어려운 일이 되었다. 자신이 지닌 안전한 공간을 타인에게 내어주는 일, 그런 선한 행동들이, 이제는 사라져 버린 인간다운 도덕과 양심의 시대로 우리를 이끌 수 있을 것이다. 만일 그런 일이 다시 일어난다면, 이 나라는 유성처럼 눈부시게 일어설 것이다. 그리고 그 시절을 온몸으로 살아낸 이들의 마음속에는, 언제나 양심이 살아 있을 것이다. 그들은 결코 은행가를 믿지 않을 것이다. 신용이라는 허상을 절대로 신뢰하지 않을 것이다. 그리고 반드시 스스로 먹거리를 길러내며 살아갈 것이다. 그들은 그저 하루하루 정직한 품삯을 받으며 살았고, 그 이상을 바라지도 않았다. 원자폭탄, 그리고 이어 등장한 수소폭탄의 시대, 그 격동의 시기에 위대한 의식이 깨어나기 시작했다. 그러나 그 각성은, 다음 세대로 넘어가며 점차 갈라지기 시작했다. 전쟁을 증오하고 저항의 정신으로 불타올랐던 새로운 세대는, 남성과의 평등은 물론 여성과의 진정한 평등을 외쳤으며 전쟁 자체를 끝내려는 이상을 품었다.

 기업들은 미국 정부라는 허울뿐인 보호막 아래, 그들과 결탁한 세력들과 손잡고 자신들의 영혼을 외계 존재들에게 팔아넘겼다. 외계인들은 궁극적인 목적을 가지고 있었다. 마음에 들지 않는 모든 꼭두각시와 원치 않는 존재들을 제거한 뒤, 소수만을 남겨 세상을 지배하는 것이었다. 히틀러의 시대를 떠올리게 하지 않는가? 한편, '플라워 차일드'라 불리던 세대, 즉 1960년대 사랑과 평화, 반전을 외쳤던 히피들의 정신을 상징했던 이들은 점차 물질주의의 물결 속에 사라져 갔고, 과거의 귀족 가문들은 다시 고개를 들기 시작했다. 종교는 다시 자리를 잡았고, 전쟁은 또다시 시작됐다. 그리고 사람들은 하나둘씩 잠들어갔다. 단 한 가지를 기억하는 소수의 이들을 제외하고. 그러나 그들은 지금까지도, 자신이 모두가 죽어간 그 한복판에서 살아남았다는 사실을 영웅담처럼 떠벌리지 않는다. 그들의 생존에는 명예도, 자랑도 없었다. 그것은 영화 속 배우들이 연기하는 허구일 뿐이다. 그렇게 이 위대한 나라는 니비루의 원초적 인간들처럼 점차 지능을 잃어가며, 기계적인 사회로 변해갔다. "복종하라. 명령에 따르라. 그러면 원하는 것은 무엇이든 얻을 것이다." 세상은 대체로 그렇게 움직이고 있었다.

앞날이 어두워 보이지 않는가? 지금 이 자리에서 떳떳이 "나는 1930년대의 미국인이었고, 사심 없이 싸우며 나섰다"라고 말할 수 있는 사람이 과연 있을까? 없다. 그러나 우리는 당신이 바로 그 지점에 도달할 수 있도록 이끌고 있다. 이 모든 이야기는 '그레이(Grays)'와 맺어진 거래에 관한 역사이다. 그들은 외형적으로는 아름답지만, 에덴의 신들 아래에서 당신이 섬기도록 창조되었던 것처럼, 그들 또한 본질적으로 섬기도록 창조된 존재들이다. 그레이는 지능을 지닌 존재이지 기계가 아니다. 그들의 유일한 목적은 명백하다. 지배자를 보호하고 정해진 임무를 수행하는 것, 바로 그 목적을 위해 특별히 만들어진 존재들이다. 그레이가 체결한, 그리고 스스로 원했던 거래는 다음과 같았다. 지구의 바다와 지하, 지상 어디에서든 자유롭게 기지를 건설할 수 있다. 지구상의 모든 인류에게 제한 없이 접근할 수 있다. 그리고 마침내, 그들은 '군산복합체'의 실체가 된다. 그들은 자유롭게 드나들며 수백만 명의 아이들을 납치하고, 잔혹한 실험을 자행했으며, 수많은 사람들을 끝없는 공포에 빠뜨렸다. 그 모든 일이 아무런 제재 없이 가능했던 이유는, 진실을 은폐하기 위한 조작 기계, 즉 여론과 인식을 조작하는 체계가 대

히틀러, 그레이들, 그리고 군산복합체와 거래를 맺은 전쟁 종족들

중을 상대로 철저히 작동되고 있었기 때문이다. "그건 단지 상상일 뿐이다." "그런 주장을 하는 자들은 정신이상자다." "아무도 그들의 이야기를 믿어서는 안 된다." 언론과 사회는 그들을 조롱했고, 사람들은 웃었다. 믿는 순간, 자신도 조롱의 대상이 될까 두려웠기 때문이다. 그래서 사람들은 침묵했고, 외면했다. 그 결과, 이 사회는 한때 위대한 세대라 불렸던 이들과 그들의 후손이 지녔던 정신과는 전혀 다른, 냉소와 회피로 가득 찬 사회로 변해 버렸다. 그런데도 소문은 사라지지 않았다. 개인의 목격담과 경험담은 오늘날에도 여전히 이어지고 있다. 만일 당신이 여객기 조종사라면, 비행 중 기이한 현상을 목격했다거나, 기체에 알 수 없는 침입이 있었다거나, 탑승자가 납치되는 상황을 보았다고 보고하거나 혹은 기체에 의문의 장비를 실으라는 지시를 받았다고 신고하는 순간, 당신은 곧바로 직장을 잃고, 모든 복지 혜택에서도 제외될 것이다.

　허위 정보를 생산해 내는 거대한 조작 기계는, 지금 이 순간에도 멈추지 않고 가동되고 있다. 대부분의 사람은 그것을 우스운 이야기, 공상과학, 혹은 터무니없는 음모론 정도로 치부한다. 때로는 당신도 그런 반응에 동조해 왔다. 끔찍한 경험을 한 사람들을 비웃고, 실종된 아이들의 모든 사건을 단지 성도착자의 소행이라 넘겨버리는 태도는 아이들이 겪은 고통의 실체를 철저히 부정하는 일이다. 그리고 그 전략은 유감스럽게도 성공했다. 이런 진실을 공개적으로 말할 수 있는 유명인은 없다. 명성과 부를 유지하려는 이들 가운데, 이 문제에 대해 입을 여는 사람은 단 한 명도 없다. 단 한 마디가 그들의 명성, 이미지, 의상, 직업, 그리고 속한 사회 전체를 위협할 수 있기 때문이다. 그 침묵은 대중에게도 고스란히 전이된다. 왜냐하면 그들이 당신이 영웅이라 믿는 사람들이기 때문이다. 그러자 당신은 이렇게 말한다. "그들도 자신의 명성을 지켜야 하지 않겠어요?" 아니다. 그들에게는 언제나

선택의 여지가 있다. 그러나 그들은 그 선택을 외면한 채, 계약에 따라 움직이며, 자신의 안위만을 우선하는 무감각한 집단이 되어버렸다. 그들에게는 명예도, 존엄도, 타인에 대한 진정한 배려도 존재하지 않는다. 그들은 전쟁터에 나간 적조차 없는 사람들이다. 독일의 전쟁 기계에 맞서 싸웠던 가장 평범한 병사들이 보여준 용기와는 거리가 먼, 진정한 겁쟁이들이다. 오늘날의 세계 지도자들에게서 존중할 만한 최소한의 품위나 용기를 찾기란 쉽지 않다. 그들은 단 한 번도, 자기 아들이나 딸을, 다른 이들의 자녀들을 보내는 바로 그 전선에 세워 본 적이 없다. 어떤 정치인도 존경받을 자격이 없다. 그들이 단 한 번도, 존경받을 만한 어떤 일도 해낸 적이 없기 때문이다.

당신은 지금, 이 순간에도 매일 팔려나가고 있다. 그것이 바로 그들이 맺은 계약이며, 철저히 계획된 시나리오다. 당신에게 분명히 말하고 싶다. 납치는 실제로 일어나고 있다. 아이들은 정말로 실종되고 있고, 가축이 훼손되는 일도, 하늘에서 벌어지는 공포스러운 현상도 모두 사실이다. 이런 일들을 군사 시설에 신고해 보라. 이상하게도, 그런 사건이 일어난 지역 근처에는 늘 그들이 있다. 마치 모든 것이 하나로 연결된 것처럼 말이다. 하지만 그들은 언제나 단호히 부인한다. "아무 일도 없었다." 그게 바로 이 세계의 방식이다. 사실, 니비루의 시대 이후로, 그리고 에덴의 신들이 지배하던 시절 이후로 본질적으로 달라진 것은 거의 없다. 지금 우리가 마주하고 있는 것은, 겉으로는 교묘하고 은밀해 보이지만 실상은 인간을 통제하고 지배하기 위한 잔혹한 노예 체계다. 그 체계는 당신이 용감하다고 믿고 있는 이 시대의 최고 남성과 여성들조차 목을 조르듯 통제하고 있다. 그리고 그들은 철저하게 권력을 관리한다. 가족이 없는 사람은 결코 공직에 오를 수 없다. 그들이 원하는 것은, 언제든 통제할 수 있는 지렛대다. 한 사람은 혼자서도 용감할 수 있다. 하지만 그 용기가 그의 가족을 죽음으로 몰아넣게 된다면,

히틀러, 그레이들, 그리고 군산복합체와 거래를 맺은 전쟁 종족들

그것 역시 감당할 수 있는 일일까? 우리는 그렇게 묻는다. 쉽게 받아들이기 어려운 질문이지만, 지금 우리가 처한 현실이 바로 그러하다. 외계 문명이 기술을 공유하고, 군산복합체와 융합되어 가며, 더 나아가 그들 자체가 되어가고 있는 이 상황 속에서 그들이 궁극적으로 추구하는 목적은 무엇일까? 그 목적은 바로 지금 이곳에 도착해 이미 이 지구 위에 존재하기 시작한 우리를 상대하기 위한 것이다. 만약 누군가가 이 행성 전체를 인질로 삼고, 이렇게 선언한다면 어떨까? "이들은 모두 영혼 없는 존재들이다. 우리는 그들을 통제한다. 그들의 의지는 곧 우리의 의지다." 그렇다면, 이제 우리는 무엇이 우리를 신적인 존재로 만드는지를 되찾아야 한다. 본질로, 되돌아가야 할 때다.

사랑하는 당신, 과연 무엇이 우리를 신적인 존재로 만드는가? 그것은 바로 우리가 깨어나는 순간, 우리 안의 성령과 본래의 신성을 자각하는 시간이다. 그러나 지금 우리는 지구 곳곳에 깊숙이 침투한 하나의 종족과 마주하고 있다. 그들은 땅속에도, 바다 깊은 곳에도 있으며, 펜타곤을 비롯한 세계 각지의 도시 속에도 스며들어가 있다. 정부 내부에는 이것이 옳은 일이라 믿는 순진한 이들도 있다. 그러나 그들조차 그 손길이 훨씬 더 깊숙이 뻗어 있다는 사실을 알지 못한다. 어떤 이들은 이런 이야기를 터무니없는 음모론이라 치부한다. 그러나 실상은, 그렇게 말하는 그들 역시 이미 그들의 손아귀에 들어 있다. 사실 그들 모두가 그들에게서 자금을 받고 있기 때문이다. 전 세계 어느 정부도 이 영향력에서 완전히 벗어나지 못했다. 그렇다면 지금 당신은 과연 어떤 위험에 놓여 있는가?

정부가 이미 오래전에, 자국민들의 영혼을 팔아넘겼다는 사실을, 우리는 이제 깨닫게 되었다. 그리고 당신은 그 사실조차 모른 채 살아왔다. 당신은 새 자동차를 사고, 최신 컴퓨터와 휴대전화를 사용하면서도, 건국의 아버지들이 그토록 중요하게 여겼던 사생활의 자유에 대해서는 더 이상 깊이 생각하지 않게 되었다. 하지만 한번 생각해 보라. 전파를 통해 퍼지는 기술은 누구의 소유도 아닐 수 있다. 그런데도 누군가 그 기술을 가져갔다고 분노하는 이유는 무엇인가? 정부는 이미 모든 것을 외계 존재들과 맞바꾸었다. 그들은 기술을 얻기 위해, 주권과 가치, 그리고 통제권마저도 기꺼이 포기했다. 그 결과, 외계 세력은 점점 더 강해졌고, 사람들은 그저 유급 휴가 하나면 충분하다고 생각하며 자신을 스스로 가두고 말았다. 그러나 이 기술이 만든 낙원은 사실 큰 희생을 치른 대가였다. 왜냐하면 이 종족은 결코 숨은 의도 없이 무언가를 준 적이 없기 때문이다. 이제는 더 이상, 당신의 몸에 무언가를 삽입할 필요조차 없다. 그들은 이미 당신의 휴대전화 번호를 알고 있으며, GPS를 통해 언제 어디서든 당신의 위치를 추적할 수 있다. 당신은 이제 휴대전화 없이는 한 걸음도 움직이지 못하는 삶에 완전히 길들어 있다. 굳이 납치하거나 몸속에 장치를 심을 필요가 없다. 당신을 찾아내는 일은 그들에게는 이제 식은 죽 먹기다. 그리고 이 모든 상황은 다름 아닌, 당신 스스로 만들어온 결과이다. 정말 교묘하지 않은가?

자유의지는 무엇보다 소중하다. 우리는 매일 자유의지를 가지고 살아간다. 세상이 우리의 하루를 대신 만들게 둘 수도 있고, 아니면 우리의 신성한 의지로 그 하루를 창조할 수도 있다. 이제 돈은, 마치 공기처럼 보이지 않는 흐름 속에서 이동한다. 우리는 돈을 손으로 만질 수도, 피부로 느낄 수도, 눈으로 직접 볼 수도 없다. 이제 모든 것은 컴퓨터 안에서 이루어진다. 더 이상 누군가가 당신을 납치하거나, 몸에 어떤 장치를 심을 필요조차 없다. 이미 모두가 당신이 어디에 있는지를 알고 있기 때문이다. 이 세상은 모든 것을 누릴 자격만을 주장하면서, 그에 따르는 책임은 외면한 채 살아가는 나태한 사람들로 가득 차 있다. 책임을 피하려는 그들의 눈길은 결국 타인에게로 향한다. 누군가는 악마라 여기며 지키고, 또 다른 누군가는 악마로 몰아세우며 싸우기 위해 기꺼이 전쟁터로 향한다. 이제는 모든 이가, 서로를 악마라 부른다. 그리고 바로 그 순간, 인류가 스스로 힘과 선택을 버린 틈을 타 외계 종족은 이렇게 말한다. "그들은 이미 자유의지를 버렸다." 그 한 마디가 곧 그들이 지구에 개입할 명분이 된다.

내가 당신을 이 여정에 동참시킨 이유는, 당신이 얼마나 쉽게 조종당해 왔는지를 스스로 깨닫게 하기 위함이다. 당신을 조종하는 일은 너무나도 쉬웠다. 차원을 넘나드는 외계 과학 기술에는 말 그대로 식은 죽 먹기였다. 당신을 지배할 수 있는 기술을 지구의 권력자들, 특정 집단에 넘겨주었고, 그것은 그들에게 아무 일도 아니었다. 나는 지금 당신이 가진 기술 자체가 나쁘다고 말하는 것이 아니다. 그러나 분명히 말하겠다. 만약 당신이 자신의 의식을 기술에 넘긴다면, 언젠가 그 기술이 당신 눈앞에서 폭발하더라도 그것은 결국 당신 스스로 선택한 결과일 뿐이다. 어느 누구도 자신의 마음을 외부에 넘겨주어서는 안 되기 때문이다. 히틀러의 독일을 기억하라. 권력의 부상과 오직 특정 인종만을 남기려 했던 세계를 지지했던 수많은 이들, 그리고 그 이상을 실현하기 위해 체결된 협정들, 이 모두는 실제로 그 시대에 일어났던 일들이었다. 그에 맞서, 이민자들로 이루어진 한 나라가 일어섰다. 그들이 드린 기도는 너무도 순수했기에, 믿음을 위해 기꺼이 목숨을 바쳤고 실제로 수십만, 수백만의 생명이 희생됐다. 그러니 섣불리 "우리는 이런 대접을 받을 자격이 있다"라고 말하지 말아야 한다. 당신은 과연 당신의 선조들처럼 순결한 마음과 원칙, 그리고 명예를 지킬 용기를 가지고 있는가? 지금 우리는 여전히 어둠과 혼란의 진흙탕 속을 더듬고 있을 뿐이다.

외계 세력의 침투는 이제 국가의 체계뿐 아니라, 해양, 정부 전반에까지 깊숙이 뿌리내렸다. 이것은 결코 가볍게 넘길 수 없는 심각한 위협이다. 그들은 태양에 대해 알고 있으며, 인류 전체를 상대로 전쟁을 벌일 수 있는 기술을 이미 보유하고 있다. 이 사실을 절대 잊지 말아야 한다. 실제로 그들은 이미 몇 차례 시도한 적이 있기 때문이다. 아직 전쟁이 본격적으로 시작된 것은 아니다. 그러나 언젠가는 반드시 벌어지게 될 것이다. 이 점에 대해서 절대로 착각해서는 안 된다. 언젠가 지구에서 우주선을 향해 레이저가 발사되는 장면을 보게 된다면, 그것은 누군가가 무언가를 알고 있다는 명백한 신호다. 국제우주정거장의 승무원들이 돌연 철수한 것도 같은 맥락이다. 내가 그들의 마지막 임무가 사실상 자살 임무나 다름없다고 언급한 직후였다. 그들은 그 말을 들었고, 여러 가지 이유로 결국 그들을 지구로 귀환시키고 있다.

여기 지구에 와 있는 외계 존재들, 그물자리(레티쿨룸)에서 온 그레이들은 여러 동맹 세력과 연결되어 있다. 본질적으로 그들은 하나의 강력한 종족이며, 그물자리 성좌에 있는 그들의 고향 행성과 다수의 신들로부터 지지를 받는 존재들이다. 그레이들은 자신들을 창조한 존재를 섬기기 위해 만들어졌다는 사실을 기억해야 한다. 그들은 높은 지능을 지니고 있으며, 분명 영혼도 갖고 있다. 그러나 그들이 살아가는 현실은 매우 제한적이다. 때로는 자신들의 임무에 의문을 품고, 그 의미를 다시 생각해 보기도 한다. 놀랍게도, 그들 중 일부는 당신처럼 스스로에게 질문을 던질 줄 안다. 그런 면은 분명 희망적인 징후이다. 하지만 그들의 최종 목표는 인류를 제거하는 것이다. 그들은 전 세계 모든 도시에서 인간을 말살하려는 계획을 세우고 있으며, 실행을 위한 준비 또한 착실히 진행하고 있다. 그들은 태양의 변화를 정확히 알고 있고, 지구 궤도 안으로 접근 중인 또 다른 천체의 존재 또한 이미 파악했다. 그들은 이미 여러 방식으로 경고해 왔다. 소수의 과학자도 또한 이를 알렸지만, 누구도 그 경고를 진지하게 받아들이지 않았다. 대부분

히틀러, 그레이들, 그리고 군산복합체와 거래를 맺은 전쟁 종족들

의 사람은 그저 "재미있는 얘기나 하자"라며 가볍게 넘겨버렸다. 이것은 다가오는 위험을 알아채지 못한 채, 결국 자녀를 지켜내지 못하는 부모의 모습과 다르지 않다. 과연, 어떻게 그런 일이 가능할까? 이 모든 진실이 밝혀지는 날, 우리는 반드시 그 책임을 물어야 할 것이다. 분명한 사실은 그들이 실제로 경고했고, 그들의 입장을 명확히 밝혔다는 점이다. 최근 들어 내부자들의 폭로가 잇따르고 있다. 그들 역시 지금의 상황에 깊은 두려움을 느끼고 있기 때문이다. 하지만 이들은 곧장 사기꾼이나 괴짜로 낙인찍히며 철저히 짓밟히고 만다. 그런데도 그들이 흘린 진실의 씨앗은 장미보다 더 억세고, 더 크게 자라나고 있다. 무언가 중대한 일이, 지금 이 순간에도 조용히 벌어지고 있다.

외계 존재들은 이미 태양에 대해 알고 있다. 그들은 지구 깊숙한 지하에 숨어 있으며, 인간의 상상을 훨씬 뛰어넘는 기술을 갖추고 있다. 그들이 계획하고 있는 것은 당신을 불태우고, 물속에 잠기게 하며, 지진을 일으켜 대륙의 절반을 - 어떤 곳은 영원히 - 가라앉히는 일이다. 그 와중에도 '엘리트'라 불리는 자들, 즉 왕족, 경제와 금융의 거물들, 권력의 폭군들은 자신들만은 예외라고 믿고 있다. 그들은 모든 진실을 이미 알고 있으며, 자신들의 생존은 이미 보장되어 있다고 확신한다. 상상을 초월하는 막대한 자금이 투입되어, 전 세계 대륙의 지하 깊은 곳에는 거대한 도시들과 은신처들이 건설되었다. 그러나 어떤 지역은, 아무리 깊은 곳이라도 결국 죽음을 피할 수 없다. 그런데도 그들은 준비를 마쳤다. 신을 섬긴다는 명분 아래, 그날을 견디고 살아남기 위한 모든 준비를 끝마친 상태이다. 그리고 당신이 그들이 누구인지 알게 된다면, 아마도 충격을 금치 못할 것이다. 그들은 당신도, 당신의 가족도, 부유한 친구나 유명인들, 혹은 이른바 우수한 유전자 따위에도 전혀 관심이 없다. 오늘날의 부자는 이미 너무도 부유해졌기에, 이제는 중산층을 더 이상 필요로 하지 않는다. 그들은 곧 당신에게 무슨 일이 일어날지 알고 있다. 이 세상에서 무지하고 어리석으며, 허영에 가득 차 있고, 배움이 없고 지혜롭지 못하며, 경솔하고 분별력 없는 이들은 모두 사라지게 될 것이다. 그리고 그 과정에서, 당신이 일생을 바쳐 쌓아 올린 모든 재산과 투자 또한 허무하게 사라질 것이다. 그것은 어쩌면 자초한 결과일지도 모른다. 이 세상에는 당신이 상상조차 하지 못했던, 훨씬 더 거대한 판을 움직이는 존재들이 있기 때문이다. 그 게임에서, 당신이 승리할 가능성은 처음부터 없었다.

이번 태양의 대폭발, 태양 활동이 가장 강해지는 시기인 극대기는 오래 전부터 예언되었던 일이다. 당신을 창조한 신들도 이 사실을 알고 있었으며, 그 영향이 얼마나 파괴적인지도 잘 알고 있었다. 지금 지구에 있는 외계 존재들 또한 이 태양 폭발에 대해 이미 알고 있다. 그리고 그들 자신은 무사히 살아남을 것이라는 사실도 확실히 알고 있다. 한편, 화성에 가겠다며 당신에게서 빼앗은 막대한 자금으로 자기들만의 생존 기계를 만드는 엘리트들, 그들 역시 언젠가 어디론가 구조될 것이라 믿는다. 어쩌면 실제로 그들은 정말로 어딘가로 옮겨질 수도 있을 것이다. 하지만 진짜 중요한 질문은 이것이다. 과연 그들이 가게 될 그 어딘가는 어디인가?

의지의 융합, 사랑의 힘, 그리고 함대의 개입

"그래서 나는 이 일에 개입하려 한다. 그리고 나는 결코 혼자가 아니다. 조화로운 사랑의 파동 속에 머무는 존재들, 결코 인간을 이용하거나 해치지 않는 진화한 신성한 존재들이 실제로 존재한다. 그들은 단지, 삶이 가능해지게 만들 뿐이다. 그리고 그것은 실로 아름다운 일이다. 놀랍게도, 그들은 우리를 두려워한다. 정확히 말하자면, 당신을 두려워한다. 당신은 지금, 당신의 하루를 창조하고 있기 때문이다. 그 단순한 행위만으로도, 당신은 그들이 당신에게 강요해 온, 이미 고정된 현실의 틀을 신성하게 흔들고 있다."

- 람타

지금 많은 사람들이 하나로 모이고 있다. 긴 하루를 보내면서, 이제 당신은 안다. 무엇이 당신을 더 이상 신을 섬기지 않는 자로 만들었는지를. 당신 자신이 신성한 존재임을 깨달았다는 것이다. 그리고 그 깨달음은 모든 것을 바꾸었다. 하지만 자신이 신적인 존재임을 알면서도 스스로 종속된 삶을 선택한다면, 우리는 결코 감히 당신의 뜻을 거스를 수 없다. 어쩌면 당신이 그것을 더 바라고 있을지도 모르기 때문이다. 그럼에도 나는 분명히 말한다. 아직도 땅과 연결되어 살아가는 선한 이들이 있다. 그들은 여전히 하늘을 올려다보며, 바람의 변화를 느낄 줄 안다. 텔레비전 밖의 세상을 바라보며, 귀뚜라미 소리와 떠오르는 달, 달빛이 반짝이는 물결만으로도 만족하는 사람들이 있다. 그리고 지금 지구 곳곳에는, 무언가 좋지 않은 일이 벌어지고 있다는 것을 느끼는 사람들이 있다. 그들은 순수한 마음으로 자신들의 기도를 들어줄 어떤 신에게든 간절히 기도한다. 자기 자신만을 위한 기도가 아니라 이웃과 가족, 마을 사람들을 위한 기도이다. 그리고 우리는 그 기도를 듣고 있다. 꼭 여호와라는 이름을 부르지 않아도 괜찮다. "도와주세요." 그 말이 들려오는 순간, 우리는 응답한다. "그래, 무엇을 도와줄까?" 그들이 어디서 부르든, 우리는 그 부름을 듣는다.

우리는 늘 이 말을 들어왔다. "구하라, 그러면 주어질 것이다." 그러나 단순히 궁금해서, 혹은 정말 이루어지는지 시험해 보려는 마음으로 기도한다고 해서 이루어지는 것은 아니다. 원하는 일이 일어나지 않았을 때, "그냥 시험해 본 거였어"라며 자신을 변명하는 것으로 끝낼 수도 없다. 아니다, 그렇지 않다. 기도는 가장 위대한 세대가 진실한 마음과 깊은 열망으로 올렸던 것처럼 드려야 한다. 당신이 모든 것을 온전히 받아들이고, 마음을 다이아몬드처럼 선명하게 집중할 때까지는 수많은 시련과 힘든 경험을 겪어야 할지도 모른다. 당신 안에 남아 있던 모든 환상이 사라지고, 또 한 번의 시련이 지나간 뒤에야, 비로소 당신의 순수한 본질이 내면 깊은 곳에서 조용히 드러날 것이다.

그러니 이것이 바로, 내가 다시 당신 곁으로 돌아온 이유이며, 이 모든 여정의 참된 목적이다. 당신은 나를 하급 신이라 부르든, '신들의 관리인'이라 부르든 상관없다. 당신이 내게 어떤 이름을 붙이든 그것은 중요하지 않다. 내가 아는 것은 단 하나다. 어느 한 생애에서 나는 이렇게 말했었다. "안 돼. 너희 뜻대로 되지 않아." 그리고 바로 그 순간부터 모든 것이 달라졌다. 나는 누구에게도 나를 따르라고 한 적이 없다. 나는 그저 복수를 원했고, 그래서 나만의 길을 걷기 시작하였다. 달리 말하자면, 나는 온전히 '신적인 존재'가 된 것이다. 다시 한번 말하지만, 나는 당신에게 나를 따르라 말한 적이 없다. 하지만 당신은 나에게 왔다. 내가 부른 것도 아닌데 말이다. 나는 그저, 세상을 향한 분노를 품은 열네 살의 소년에 불과했다. 그러니 이것 하나만은 꼭 기억해야 한다. 당신이 나를 따른 것이다.

아누나키 왕족 중 한 여인이 있었다. 그녀는 과학자로서 아프리카에 살았다. 그녀가 영원히 숭배한 유일한 존재는 임신할 수 있는 여인, 바로 창조의 여신이었다. 여신은 생명을 잉태하고 세상에 내어주며, 다시 모든 것을 어머니 지구의 품으로 돌려보내는 존재였다. 인류 역사 전체를 돌아보면, 여성에 대한 전쟁이 끊임없이 이어져 왔다. 당신도 이미 잘 알다시피, 여성을 배제하

의지의 융합, 사랑의 힘, 그리고 함대의 개입

는 종교는 진리가 아니다. 여성을 혐오하는 신을 따른다면, 끝내 파멸을 맞이할 것이다. 나는 당신이 더 큰 진실을 마주하기 전에 꼭 전하고 싶은 말들이 있다. 그래야만 당신이 진실을 받아들일 준비가 비로소 갖춰지기 때문이다.

내가 다시 돌아왔을 때, 나는 오직 이렇게 말할 수 있는 이들을 제외하고는 모두를 일부러 혼란에 빠뜨렸다. "나는 그 여인 안에서 나를 매혹하고, 내 마음을 흔드는 무언가를 보았다. 지금은 그것이 정확히 무엇인지 알 수 없지만, 그 존재에게서 나는 계속 듣고 싶었다. 시간이 흐르면 알게 될 것이다. 악마인지, 속박하는 자인지, 이용하는 자인지. 그러나 만일 그것이 나를 돕고, 나를 더욱 강하게 만들며, 앞으로도 나를 더 나은 존재로 이끌어 준다면, 나의 판단이 옳았던 것이다." 그리고 실제로 당신이 옳다. 당신이 나를 따르려 했던 그 직관은 정확했다. 당신과 외계의 신을 구분 짓는 유일한 차이는 당신은 여전히 자신을 인간이라 믿고 있으며, 죽음을 두려워한다는 것이다. 신은 불멸이며, 두려움이 없다. 나는 내가 누구인지 안다. 그것이 당신과 나의 차이다. 그러나 나는 분명히 말할 수 있다. 내가 당신 앞에 설 때마다 용기와 위대한 자질을 갖추도록 독려했다. 단 하루도 예외는 없었다. 그리고 그 오만해 보일 정도의 영성에서 흘러나오는 것이 바로 사랑이다. 사랑은 억지로 되는 일이 아니다. 단순히 "갑자기 사랑하게 되었다"라는 감정이 아니다. 사랑은 신의 힘이 깨어나 빛을 발하는 순간이며, 그 빛은 모든 것을 나누고 다시 새롭게 정리하거나, 그대로 하나로 이어 붙일 수 있는 강한 힘이다. 진화의 높은 경지에 이르면, 더 이상 겉모습이나 누구와 밤을 보내는지, 누구와 어울려 지내는지가 정의하는 것이 아니라 당신을 정의하는 것은 바로 당신에게서 품어 나오는 사랑이다. 다음에 거리에서 아직 살아 있는 몇몇 노인을 만나게 된다면, 잠시 멈춰 그를 바라보아야 한다. 그가 견뎌온 세월을 당신은 아직 보지 못했고, 그가 모든 시간을 견뎌낼 수 있었던 이유는 마지막 순간에 자신의 적들조차 다시 일어설 수 있도록 도왔던 어떤 초월적인 사랑이 있었기 때문이다. 그것이 바로 신의 사랑이다. 그것이 바로 나와 내 함대가 다시 이곳에 온 이유다.

물론 내가 직접 우주선을 몰고 다니는 것은 아니다. 그러나 놀라운 비행체들을 가진 친구들은 많다. 우리는 귀뚜라미 소리가 들리고 잔잔한 물 위로 달빛이 비치며, 부드러운 바람에 나뭇잎이 흔들리던 늦여름의 어느 저녁에, 이미 무언가를 알고 있던 이들에 대하여 개입할 권리가 있었다. 나와 친구들은 함께 이루어야 할 사명이 있었다. 오랜 세월 동안 나는 당신이 받아들일 준비가 된 만큼만, 그리고 당신이 기꺼이 감당할 만큼만 가르쳐 줄 수 있었다. 그러나 내가 알고 있던 가장 위대한 진실은 태양이나, 당신의 적들, 혹은 정부 따위에 관한 것이 아니었다. 진정으로 중요한 것은 당신을 위험에서 지키기 위해 도시에서 벗어나게 하고, 눈에 띄지 않는 안전한 곳으로 이끄는 것이었다. 지금 당신은 해야 할 일을 반드시 해야 한다. 만약 내 말을 따르지 않는다면, 나는 더 이상 당신을 지켜줄 수 없다. 나는 나의 군대이자, 나의 사랑이며, 내가 아끼는 당신들 모두를 다가오는 위험에서 피신시켜야 했다. 무언가가 오고 있었고, 아니, 정확히 말하면 수많은 일들이 동시에 밀려오고 있었다. 그래서 나는 두려움을 불러일으키지 않으면서도 가능한 한 빠르게 당신을 다른 곳으로 옮겨야 했다. 과거에 내 말을 들었던 많은 제자들은 내가 미래에 대해 말하는 것을 몹시 싫어했다. "저 사람은 세상에 공포를 심고 있다. 누구도 그의 말을 들어서는 안 된다."라며 나를 비난했다. 다행히도 당신은 내 말을 들었다. 지금 경제 상황을 보라. 전 세계 금융 시스템은 물론 전력망까지 붕괴 직전에 있다. 이런 상황에서 당신은 어디서 식량을 구할 것이며, 기름은 어떻게 마련할 것이며, 아기 우유는 어디에서 얻을 수 있겠는가? 그리고 지금 당신의 돈은 어디에 있는가? 사실 당신은 처음

의지의 융합, 사랑의 힘, 그리고 함대의 개입

부터 진짜 돈을 가진 적이 없다. 그저 신용카드 하나뿐이었다. 모든 것이 이미 전자화되어 있다. 당신을 움직이게 하고 모든 일을 하게 만든 방식은 놀라울 만큼 치밀하고 영리했다. 그러나 결과적으로 그것은 충분히 가치 있는 일이었다. 이제야 비로소 당신은 지금까지 걸어온 길 속에 담긴 지혜를 보기 시작했기 때문이다. 당신은 이것 하나만은 반드시 알아야 한다. 무언가에 투자할 때마다, 또는 베팅한 경주마가 반드시 이긴다는 확신이 없는 한, 누군가는 당신의 돈을 가져가게 된다. 그리고 돈이 전자화되어 있는 한, 당신은 더욱 쉽게 공격당하고, 더욱 취약해질 수밖에 없다.

요즘은 깨달음을 얻기가 쉽지 않다. 당신과 나, 우리 모두에게 이 여정은 결코 쉬운 길이 아니었다. 그래도 우리는 너무도 쉽게 잊곤 한다. 당신 자신이, 그리고 당신의 자녀와 가족이 어떻게 이 자리에 이르렀는지를 잠시 기억해 보아야 한다. 당신이 걸어온 수많은 찬란한 순간들, 그 빛나는 기억을 얼마나 쉽게 흘려보냈는지를. 당신의 삶에서 당신을 더 크게 성장시킬 수 있는 것은 그 찬란했던 순간들 말고는 없다. 그것이야말로 변하지 않는 인간 존재의 진실이다.

내가 세운 이 학교에서 가르침과 훈련을 반복하여 익히도록 한다. 그러나 반복은 때론 하나의 함정이 된다. 당신은 이미 다 알고 있다고 착각해 당연하게 여기며, 모든 경험의 빛을 스스로 흐려버린다. 그러나 반복적인 가르침과 훈련 속에는 단 하나의 진정한 메시지가 담겨 있다. 그 가르침은 당신을 신성의 자리로 이끌고, 자유의지와 영적 힘을 일깨운다. 이것이 바로 기존의 믿음 체계나 외계 문명과는 완전히 다른 점이다. 가르침은 당신이 신성과 하나 되었던 특별한 순간을 다시 떠올리게 한다. 그 순간 당신은 무엇이든 할 수 있는 존재였다. 하지만 그 경험을 끝내 붙잡지 못하고 흘려보내고 말았다. 그러고는 삶과 타협한다. 미국 정부처럼 기준을 스스로 낮추며, 결국은 그저 원하는 것만을 얻기 위해 살아가게 된다.

당신은 앞으로 우리를 기억할 것이다. 이 학교를 그리고 우리가 함께했던 시간을 멋진 과거로 기억하게 될 것이다. 당신은 우리를 당신의 가문이 위대한 흐름을 일으킬 수 있도록 길을 열어 준 가장 특별한 시대로 기억할 것이다. 그리고 그 배움의 시작이 얼마나 놀라운 삶과 변화로 이어졌는지를, 앞으로 수십 년 동안 직접 보고 경험하게 될 것이다. 그렇다. 당신은 우리를 역사의 한 페이지로 기억할 것이다. 반드시 그렇게 될 것이다. 그러나 지금은 무엇보다 먼저 자신을 사랑하는 것이 진정한 사랑임을 기억해야 한다. 자신의 삶을 진심으로 아끼고, 그 삶이 도움을 요청할 때 충분한 사랑으로 기꺼이 응답해야 한다. 신이 된다는 것은 결코 쉬운 일이 아니다. 수많은 편견과 판단, 오만과 인색함을 내려놓는 일이다. 왜냐하면 낮은 의식의 흔적들은 신의 자리에 함께할 수 없기 때문이다.

이 사랑은 압도적인 역병이 몰려올 때 그것에 맞서 싸우는 힘이다. 나는 지금 역병이 얼마나 거대하고 압도적인지 분명히 말하고 있다. 곧 나는 전령들을 보낼 것이다. 그때 당신은 공포의 순간을 직접 눈으로 보고 경험할 것이다. 하지만, 이 사랑은 누군가를 얽매기 위한 사랑이 아니다. 또 하나의 기회이며, 일종의 구원이다. 우리는 당신이 살아남기를 바란다. 가장 중요한 것은, 당신이 진정으로 살아남기를 원하고, 이를 위해 행동하는 것이다. 우리는 "누군가가 구해주겠지"라는 안일한 믿음 속에서 아무것도 하지 않는 이들의 기도를 듣지 않는다. 우리는 결코 그런 방식으로 움직이지 않는다. 역사는 이미 수없이 증명해 왔다. 그러니 나는 말한다. 나는 당신을 사랑한다. 진심으로, 당신을 사랑한다. 나는 당신의 자녀들을 사랑하고, 당신의 가족을 사랑하며, 당신이 고향이라 부르는 그 비옥한 땅을 사랑한다. 나는 당신의 정원에 피어난 꽃들을 사랑하고, 속삭이듯 흐르는 물소리마저도 사랑

의지의 융합, 사랑의 힘, 그리고 함대의 개입

한다. 당신이 홀로 걷는 고요한 산책길도, 그리고 등에 걸친 낡은 옷까지도, 나는 사랑한다. 무엇보다, 나는 당신 그 자체를 사랑한다. 그래서 나는 개입하려 한다. 그리고 그것은 결코 나 혼자만의 일이 아니다. 조화로운 파동을 지닌 진화된 신들이 존재한다. 그들은 결코 인간을 이용하거나 해치지 않는다. 그들은 단지, 삶이 가능하게 만든다. 실로 아름다운 일이다. 그리고 바로 그 안에는, 이곳에 있는 자들이 두려워하는 힘이 존재한다. 그들은 우리를 그리고 당신을 진심으로 두려워한다. 이유는 당신이 스스로 하루를 창조하기 때문이다. 그 단순한 행위만으로도, 당신은 그들이 강요해 온 굳어 버린 상대적 현실의 틀을 흔들고 있다. 하루를 창조하는 것이 왜 중요한가? 내가 말하는 것이 현실이 된다는 사실을 알기 때문이다. 지금 이 순간, 나는 당신이 살아갈 수 있는 하나의 현실을 그리고 있다. 나는 숨겨진 것을 드러내고, 묻혀 있던 것을 밝혀내며, 당신 위에 있던 모든 것을 보여줄 것이다. 그러니 두려워하지 말라. 기억하라. 당신은 더 이상 누구의 종도 아니다. 이제는 그 무엇도 당신을 파괴할 수 없다.

무엇이 우리를 개입하게 만드는가? 예를 들어보겠다. 역사적으로 아직도 많은 사람들이 기억하는 사건이 있다. 서로의 땅을 두고 싸우던 이민자들의 나라인 미국이 어떻게 하나가 되어 외국인을 위해 싸울 수 있었는지에 관한 이야기다. 그 이유는 어쩌면, 그들 모두가 본래 외국인이었기 때문일지도 모른다. 또한 위협받는 모든 땅이 한때는 그들의 고향이었기 때문일 수도 있다. 그렇다면, 그것이 사랑이었을까? 극심한 가뭄으로 온 대지가 먼지로 뒤덮이고, 밀밭은 쓰러져 말라가며, 가축에게 줄 물조차 말라버린 시절이 있었다. 모두가 집을 잃고 남은 것은 황폐해진 농경지뿐이었다. 그때 과연 미국은 무엇을 할 수 있었을까? 모든 것을 은행에 빼앗기고 철저히 짓밟힌 사람들은, 도대체 어디에서 다시 일어설 힘을 찾을 수 있었을까? 그래서 당신의 조부모 세대는 은행을 믿지 않았다. 그들에겐 은행보다, 매트리스 속이나 낡은 커피 깡통이 훨씬 더 믿음직한 곳이었다.

외계 기술과 오만한 히틀러의 제3 제국에 맞서 전쟁을 치르려는 이 나라를 우리는 어떻게 바라보아야 할까? 나는 양키들을 사랑한다. 수많은 국가 가운데, 이 무모하고 제멋대로이면서도 강인한 생명력을 지닌 나라를 나는 진심으로 아낀다. 비록 여전히 인권 문제로 갈등이 있지만, 그들의 정신은 분명 존중받을 가치가 있다. 그들은 아무것도 가지지 못했지만 이렇게 말했었다. "나는 가진 것이 거의 없다. 하지만 명예와 존엄, 그리고 믿음은 있다. 이것은 옳지 않다. 그래서 나는 떠난다. 밝은 마음으로 모험을 떠나, 프랑스에서 싸우고, 그러다 프랑스 여인과 사랑에 빠질지도 모른다."

미국이라는 이 땅에 어떤 힘이 개입했다. 힘의 개입은 외계 문명의 강력한 세력과 영원한 생명의 약속을 따르려 했던 한 황제를 무너뜨렸다. 그때 태평양과 유럽에서는 두 개의 전쟁이 동시에 벌어지고 있었고, 국내에서는 돈마저 턱없이 부족했다. 그런 상황에서 이 나라를 지탱해 준 힘은 과연 무엇이었을까? 나는 당신에게 묻고 싶다. 그토록 절박한 순간에, 무엇이 그들로 하여금 전쟁에 개입하게 했을까? 그것은 바로 신이 함께하고 있다는 믿음 아래 기꺼이 싸우겠다는 의지였다. 그리고 우리는 모두 그 자리에 나타났다. 그렇다. 복수의 신들로. 정말로, 우리가 모두 함께하였다. 나는 전쟁의 신으로서, 그 싸움 자체에 그리고 오직 의지 하나만으로 적을 무너뜨리는 그 전쟁에 특별한 관심이 있었다. 우리는 그들을 쓰러뜨렸다. 그리고 그 과정에서, 수많은 성자가 목숨을 잃었다. 그들이 누구였는지 내가 말해주겠다. 담배를 피우고, 맥주를 마시며, 먹을 수 있을 때 겨우 한 끼를 해결하던 전사들이었다. 그들의 머리는 산산조각이 났지만, 영혼은 곧장 빛 속으로, 그리고 그 너머로 향해갔다. 누군가를 위해 기꺼이 자신을 내어주려는 그

의지의 융합, 사랑의 힘, 그리고 함대의 개입

의도는, 수많은 인간적 결함과 죄를 덮고도 남을 만큼 강력하고도 순수한 힘이었다.

나와 그리고 나와 같은 이들에게 가장 깊은 감동을 준 것은, 이 나라가 한때 폐허로 만들었던 나라들에 되돌아가 식량을 제공하고 재건을 도운 일이었다. 그들은 일본에 구호물자를 보내고, 나라를 다시 일으킬 수 있는 부를 제공했다. 일본은 다시는 이웃 나라를 공격하지 않겠다는 문서에 서명했고, 거짓된 신을 따랐던 자국민들에게 부를 나눠줬다. 그리하여 그들이 다시 삶을 회복할 수 있도록 한 것이다. 참으로 공정한 일이었다. 하지만 당신은 일상에서 그런 모습을 거의 보여주지 않는다. 당신이 이웃의 삶과 재산을 무너뜨려 놓고는, 그들에게 음식을 주고, 다시 일어설 수 있도록 돕는 일은 좀처럼 하기 어렵다. 이것은 최근 역사에서 일어난 우리가 반드시 연구하고 기억해야 할 중요한 사건이다. 가난하고 평범한 사람들이 하나 되어 싸웠고, 나라 전체의 자원을 전쟁 무기로 바꾸면서도 매일 허기진 배를 안고 집으로 돌아갔다. 그러면서도 전쟁터에서 굶주린 사람들에게 먹을 것을 나눠줬다. 이런 모습이야말로 참으로 위대한 영혼의 모습이다. 진정으로 위대한 영혼이다.

개입한다는 것은 사랑이다. 그것은 모든 생명과 모든 이의 의지와 선택을 존중하는 행위다. 그리고 동시에, 천 명 중 단 한 사람일지라도 "살아남고 싶다, 세상에 변화를 주고 싶다"라는 간절한 기도를 올리는 존재를 외면하지 않는 것이다. 비록 그 길을 수많은 이들이 가로막는다 해도, 우리는 그 한 사람의 뜻을 지지할 것이다. 우리는 언제나 그래 왔다. 이것이 바로 사랑이다. 하지만 당신은 이런 사랑을 이해하기 어려울지도 모른다. 자신의 성적 정체성과 선택, 부, 무지를 지키려는 당신에게는 사랑이 들어설 자리가 없다. 그러나 고난이 모든 것을 벗겨내고 나면, 마지막에 남는 것은 오직 사랑뿐이다. 그리고 그 사랑은 당신 안에 깃들어야 한다.

빛의 전쟁

"이번 전쟁에는 나도 함께하고 있다. 그리고 내가 말했던, 아무도 본 적 없는 전설 속의 그 종족도 이 전쟁에 참여하고 있다. 왜 그들이 이곳에 있는가? 이유는 분명하다. 그들이 바로 이 은하계 전체에 자유의지를 처음으로 전한 근원적인 종족이기 때문이다."

- 람타

우리는 곧 전쟁을 할 것이다. 지금껏 어떤 공상과학 영화에서도 보지 못했던, 전율을 일으킬 만큼 강력하고 무시무시한 무기와 기술을 지닌 모든 군대가 모습을 드러낼 것이다. 이것은 빛의 전쟁이다. 보이드는 12일 동안 빛으로 채워질 것이며, 당신은 하늘에서 두 개의 태양이 떠 있는 것을 보게 될 것이다. 지구의 축이 흔들려서도, 어떤 이상한 행성이 궤도를 벗어났기 때문도 아니다. 그런 차원의 일이 아니다. 훨씬 더 거대한 사건이다. 이것은 신들의 전쟁이다. 12일 동안 밤낮으로 보이드가 찬란한 빛으로 채워질 때, 땅속에 숨어 있는 자들, 지하에 묻힌 자들, 지구 위에 존재하는 자들, 그리고 그들에게 영혼을 팔아버린 모든 정부와 인간들 사이에 전쟁이 일어날 것이다. 위대한 신들과 하위 신들 사이의 전쟁이다. 만약 12일 밤낮 동안, 사방 360도로 하늘 전체가 빛으로 타오르는 광경을 보고 싶다면, 신들이 움직일 때를 주목해야 한다. 기억하라. 당신의 집중력이 아무리 뛰어나다고 자부하더라도, 이 전쟁에는 참여할 수 없다. 이 전쟁은 오래전부터 전설로 내려온 '빛과 어둠의 전쟁'이다. 그러나 정확한 표현은 아니다. 왜냐하면 어둠도, 빛도 아름답고 둘 다 생명을 북돋고, 고요함과 깨달음을 주기 때문이다. 이것은 하위 신들과 위대한 신들 사이의 전쟁이다. 과거 미국과 동맹국들이 땅을 빼앗기 위해서가 아니라, 사람들이 자신의 땅을 지키기 위해 싸웠던 전쟁과 같다. 그 과정에서 수많은 피를 흘렸지만, 그것은 빛의 전쟁이었다. 그리고 지금도 마찬가지다. 우리는 당신의 지구를 빼앗으려는 것이 아니다. 우리가 원하는 것은 단 하나, 당신 안에 도사리고 있는 악마들을 제거하는 것이다. 그것을 위해 어떠한 희생이 따르더라도 감수해야 한다. 그러하리라 (So be it). 왜냐하면 사람들은 때로 불편한 진실 앞에서 무지를 택하고, 어리석음을 선택하기 때문이다.

앞으로 우리는 모두 외면하고 싶은 불편한 진실을 마주하게 될 것이다. 이번 전쟁에는 나도 함께하고 있다. 그리고 내가 말했던, 아무도 본 적 없는 전설 속의 종족도 이 전쟁에 참여하고 있다. 왜 그들이 이곳에 있는가? 이유는 분명하다. 그들이 바로 이 은하계 전체에 자유의지를 처음으로 전한 근원적인 종족이기 때문이다. 다시 말해, 그들은 이곳에 가장 먼저 존재했으며, '에덴'이라 불리는 작은 동산이 아니라 '보이드' 전체를 지배했다. 이름조차 명확히 부를 수 없는 그 존재들이 왜 이처럼 작은 전쟁에까지 관심을 기울이는가? 그들은 왜 직접 개입하려 하는가? 지금 이 순간, 인류라는 종족이 마침내 깨어나고 있기 때문이다. 아름답고 특별한 신적 존재들이 이제 막 평화와 탐험의 시대, 그리고 미래의 무한한 가능성으로 들어가려 하고 있다. 그들은 과거에 얽매여 그 틀을 고착하려는 자들이 아니다. 오히려 더 큰 꿈을 위해 과거에서 벗어나려는 자들이다. 그들은 두려움에 복종하는 노예가 아니라, 자신의 의지로 살아가는 자유로운 존재들이다. 더 나은 내일을 꿈꾸며, 미래를 위해 기꺼이 살아가려는 존재들이다. 아직 그날이 오지도 않았지만, 편안함과 익숙함에 안주해 자신을 스스로 파괴하지 않는 이들이다. 그들은 옳은 싸움을 꿈꾸는 자들이다. 생존을 위한 고귀한 투쟁을 선택한 양키들이다. 지금 이 순간 태양계 역사상 처음으로 우리는 새로운 인류를 맞이하고 있기 때문이다. 인류는 기업과 정부가 정해 놓은 제한된 미래가 아니라, "나는 존재한다"라는 강한 자각과 의지를 바탕으로 자신만의 미래를 창조할 수 있는 인류다. 그리고 바로 그 꿈이 위협받는 순간, 이름조차 붙일 수 없는 존재들이 모습을 드러낸다. 모든 차원에서 존경받고, 태초부터 존재해 왔던 그들. 그들은 지금도 여전히 가장 순수하고 성숙한 힘을 자유롭게 사용할 수 있는 존재들이다. 그 힘으로 그들은 혼돈 속에서 질서를 창조해 냈다. 그렇다면 왜 그들조차 이곳에 주목하는가? 이유는 단 하나 지금 이 순간, 일부 존재들이 미래를 향해 깨어나고 있기 때문이다. 그들이 맞이할 미래는, 오랫동안 뇌를 가로막아 온 전자기적 장벽을 넘어서는 것이다. 그곳에서 진정한 자유의지를 가진 존재가 자신의 꿈을 향해 의식적으로 깨어나게 될 것이다. 그 꿈은 더 이상 피부색이나 인종, 외형적 조건에 얽매이지 않는다. 세월 속에서 잊힌 아름다움의 본질을, 존재 전체의 경험 속에서 다시 찾으려는 열망, 그것이 바로 사랑이다. 그 사랑은 마침내 수면 위로 떠오른다. 그들은 그 사랑을 지지하고, 널리 퍼뜨리기 위해 이곳에 있다. 그들이 굳이 와야 할 필요는 없다. 그들은 이미 여기에 있기 때문이다. '여기'가 어디든, 그들은 늘 존재해 왔다.

달을 기울게 한 위대한 집결의 순간

"문제는, 지구가 지금 커다란 변화를 겪고 있다는 점이다. 그리고 그 변화의 이면에는, 이곳에 도착한 존재들이 있다. 만약 하나의 함대가 달의 궤도를 조금이라도 벗어나게 만들 수 있다면, 그 정도의 힘이 지구에 작용할 경우, 그것만으로도 엄청난 지진을 일으킬 수 있다. 그렇다면, 그 힘이 지각판에 어떤 영향을 미치고 있을지 한번 생각해 보아야 한다."

- 람타

빛의 전쟁이 눈앞에 다가왔다. 그리고 지금, 그 전쟁을 위해 모든 존재가 집결하고 있다. 혹시 달이 기울어진 것을 알아차렸는가? 이유를 알고 있는가? 니비루도, 행성 X도, 혜성도, 태양 때문도 아니다. 이미 말했듯이, 이제는 기존의 틀에서 벗어나 생각해야 할 때이다. 달이 기운 참된 이유는 우주선들 때문이다. 그 우주선들은 얼마나 거대한가? 로스앤젤레스 도시 전체를 통째로 집어넣을 수 있을 정도이다. 그렇다면 캘리포니아는? 아니면 미국 전체는? 유럽은? 아프리카 대륙 전체를 들어 올릴 수 있는 우주선도 실제로 존재한다. 물론 이런 이야기가 당신에게는 다소 믿기 어려울지도 모른다. 그 점은 나도 잘 알고 있다.

달이 기울어진 이유는 단 하나다. 지구 주변에 거대한 UFO들과 모선, 수송선들이 대거 집결하고 있기 때문이다. 물론 그들은 고도화된 기술로 자신들의 모습을 감춘다. 애써 숨을 필요조차 없다. 대부분의 사람은 여전히 잠들어 있거나, 파티에 빠져 있거나, 현실의 장막에 갇혀 있기에 그들을 보지 못한다. 만약 당신이 아프리카 대륙만큼 거대한 존재라면, 하늘 위에서 별처럼 빛나고 싶지는 않을 것이다. 우주선들의 크기와 기술력, 그리고 그들을 둘러싼 에너지장은 상상하기 어려울 만큼 막강하다. 우주선을 감싸고 있는 플라스마장은 방금 지나온 차원에서 만들어진 것이다. 플라스마장은 우리가 대상낭이나 야외에서 썩은 영상에서도 포착된 적이 있다. 많은 사람들은 그것을 단순한 연기나 빛의 왜곡으로 생각했지만, 실제로는 전혀 다른 것이었다. 다른 차원에서 응축된 플라스마장은 스스로 웜홀을 만들 수 있다. 또한 우주선을 감싸 빛을 굴절시키며 그 모습을 감춘다. 심지어 바닷속으로 들어가도 파도 하나 일으키지 않고, 지구 내부로 들어가도 화산 하나 흔들리지 않는다. 플라스마장은 물질과 충돌하지 않기 때문이다. 그것은 물질의 흠을 따라 조용히 움직인다. 충돌하지 않고 그 사이를 지나간다. 만약 그런 우주선들로 이루어진 거대한 함대가 존재한다면, 함대 주변에는 반드시 플라스마장이 형성된다. 그리고 그 에너지는 시간이 흐르면서 지구와 달, 그리고 영향권 안에 있는 모든 것에 미세하지만 분명한 영향을 주기 시작한다. 지금 달이 기울고 있는 것도 바로 그 때문이다. 전장에 모여드는 수많은 방문자로 인해, 달은 지금 조용히, 그러나 확실하게 궤도를 바꾸고 있다.

왜 당신은 그 일에 참여하지 않는가? 왜 모든 일이 벌어지는 동안, 안전한 곳에 머무르는가? 이유는 단순하다. 아직 그 일에 직접 나설 준비가 되어 있지 않기 때문이다.

빛의 전쟁은 이미 시작되었다. 전쟁을 위한 준비는 모두 끝났다. 이제 남은 것은 선한 자와 악한 자의 충돌뿐이다. 문제는 악한 자들이 하늘 위에도, 땅속에도, 그리고 군사 기지의 심장부에도 존재한다는 사실이다. 모든 준비는 이미 끝났다. 지금 이 순간에도 당신의 상상을 훨씬 넘어서는 수많은 회의가 세계 곳곳에서 숨 가쁘게 열리고 있다. 그렇다면 태양은 무엇을 알고 있을까? 태양은 그저 모든 것을 토해내듯 폭발할 순간을 기다리고 있을 뿐이다. 지금, 이 세계와 당신을 인질처럼 붙잡고 있는 자들, 바로 그들이 악한 자들이다. 그러나 이런 세상에 속해 있는 사람이라면, 그들이 오히려 선한 자들로 보일지도 모른다.

악한 자들은 이렇게 생각한다. "동성애자들, 유색인종들, 그리고 유대교나 기독교를 믿지 않는 자들은 불태우거나 추방해 세상에서 사라져야 한다." 그러자 선한 자들은 말한다. "잠깐만요, 그건 잘못된 생각입니다." 그러나 진짜 문제는 따로 있다. 지구는 지금 거대한 변화를 겪고 있으며, 그 변화는 지금 이곳에 어떤 존재들이 우리와 함께하는가와 밀접하게 관련되어 있다. 만약 한 함대가 달의 궤도를 조금이라도 흔들 수 있다면, 그 힘은 지구에 큰 지진을 일으킬 것이다. 그럴 때 그 힘이 지각 활동에 어떤 영향을 줄지 한번 상상해 보아야 한다.

당신이 반드시 알아야 할 것이 있다. 지금 지구에 영향을 미치고 있는 존재들은 사람들이 떠드는 니비루나 혜성이 아니다. 그들이 말하는 혜성은 사실 혜성이 아니다. 그 혜성은 지금 강력한 함대의 호위를 받으며 이곳으로 다가오고 있다. 그들은 이 게임에 늦게 들어왔지만, 마침내 모습을 드러냈다. 비록 기술적으로 다소 뒤처졌을지라도, 이번 전투에 반드시 참여하겠다는 의지로 모든 힘을 쏟고 있다. 그들은 정의의 편에 서기를 갈망하며, 오랫동안 이날을 위해 준비해 왔다. 니비루는 눈에 보이지 않는 신비한 행성이 아니다. 몇몇 사람들이 떠드는 것처럼 혜성 따위도 아니다.

솔직히 말해 보자. 당신은 지금 정말로 이 전쟁에 참여하고 있는가? 적어도 이렇게는 말해야 하지 않겠는가? "선한 자들이 이기기를 기도하자." 내 말에 동의하는가? 지금 달이 궤도에서 밀려나고, 지각판에 거대한 변화를 일으키고 있는 것은 다가오는 폭풍, 곧 빛의 전쟁이다. 전쟁은 지금 이 순간 실제로 벌어지고 있다. 사람들은 이렇게 말할 것이다. "9.2 규모의 지진이 일어나고, 거대한 쓰나미가 몰려와도 우리는 잘못을 시인하거나 사과하지 않을 것이다. 그저 이렇게 말할 뿐이다. '징조를 알아채고 미리 대비했어야 했다.'" 이제 남태평양에서의 한가로운 휴가는 끝났다. 함대가 도착하면 이런 일들이 벌어진다. 그리고 언제나 그랬듯, 내가 지금 이 말을 한다는 사실만으로도 당신은 곧 그 현실을 직접 마주하게 될 것이다. 그 전쟁을 실제로 겪게 될 것이다.

앞으로 더 강력한 지진들이 일어날 것이다. 태평양 연안은 물론, 북유럽과 대서양까지 그 진동은 점점 더 거세지고 있다. 많은 이들이 미 서부 해안에서 대지진이 일어나리라 예측하지만, 실제로는 대서양 중앙 해령에서 대지진이 먼저 일어날 것이다. 그러니 아직 안심하긴 이르다. 지구의 자기장과 행성들이 공전하며 지켜내는 힘의 균형은 단순하지 않다. 우리가 아는 것보다 훨씬 정교하게 작용하고 있다. 무엇보다 중요한 사실은, 균형의 중심이 적도가 아니라는 것이다. 모든 것은 적도 위에 있거나, 그 아래에 있다. 남반구에 외계 함대가 모이는 데에는 분명한 이유가 있다. 뉴질랜드와 호주를 둘러싼 수많은 섬에서 곧 그들의 움직임이 포착될 것이다. 외계 세력 가운데 일부는 결국 바닷속으로 사라지게 될 것이다. 지진이 점점 더 거세지는 현상은 지금 당장 그곳을 떠나야 한다는 명백한 경고다. 경고를 무시한다면 당신은 바다 아래로 가라앉게 될 것이다. 안타깝게도, 그곳 바다에서 숨 쉴 수 있는 아가미 따위는 없다.

지구를 둘러싼 전자기장에는, 마치 전 세계를 하나로 잇는 거대한 그물처럼 하나의 메시지가 흐르고 있다. 그리고 지금, 그 메시지는 바로 당신에게 전해지고 있다. 메시지는 당신을 밤새 뒤척이게 하고, 알 수 없는 불안과 막연한 두려움에 사로잡히게 한다. 만약 메시지를 들었다면, 지금 이곳을 떠나야 한다. 메시지는 모든 이의 귀에 들리고 있으며, 그 흐름은 멈추지 않은 채 더욱 거세지고 있다. 남반구, 특히 대서양과 유럽에서는 지진이 계속해서 발생하고 있으며, 강도는 더욱 거세질 것이다. 지진의 영향은 아메리카 대륙의 동부 해안과 중서부로 확산될 것이며, 결국 서부 해안은 바다 아래로 가라앉게 될 것이다. 그렇다면 왜 이러한 현상들이 적도가 아닌, 다른 지역에서 먼저 일어나는 것인가? 황도면의 회전은 분명 적도를 중심으로 이루어지지만, 균형의 축은 적도에 있지 않다. 흔들림은 적도보다 위나 아래, 극지에 가까운 지역에서 더 크게 느껴진다. 결국 적도에 가깝다고 해서 결코 안전한 것은 아니다. 당신이 서 있는 땅속에서도, 당신이 올려다보는 하늘 위에서도 모든 것이 흔들리고 있다.

 니비루의 신들이 언제나 이렇게 기록을 남긴 이유가 있다. "내가 돌아올 때, 높은 곳을 찾아라. 낯선 땅에서 내가 너희를 찾을 것이다." 이 말은 지금도 여전히 유효하다. 지구는 계속 변할 것이며, 앞으로 더 큰 변화가 일어날 것이다. 태평양 연안을 따라, 알래스카, 알류샨 열도, 한국, 일본, 중국, 인도차이나반도, 그리고 이국적인 섬 뉴질랜드에 이르기까지, 지각은 계속 흔들릴 것이다. 지각 밑에 있는 거대한 대륙은 밀려나고 흔들리며, 거센 해일에 휩싸이게 될 것이다. 이미 경고했다. 지금 일어나고 있는 이례적인 폭풍들이 그 증거이다. 이제 무슨 일이 벌어지고 있는지, 귀 기울여야 할 때이다. 물가에서 벗어나라. 뱀이 사는 곳으로, 붉은 사막으로, 깊은 산속으로 가야 한다. 바다에서 가능한 한 멀리 떨어져야 한다. 그렇지 않으면, 당신 역시 살아남지 못할 것이다. 만약 바닷속 땅이 갈라지고 무너져 큰 재앙이 일어난다면, 오스트레일리아여, 거대한 물결은 곧장 당신에게 밀려올 것이다.

 머지않아 북유럽에서 대지진이 일어날 것이다. 지진은 브리튼 제도를 강타해, 오랜 세월을 버텨온 고대 성당들과 역사적인 건축물들을 무너뜨릴 것이다. 그러나 그것은 단순한 파괴가 아니다. 지구가 움직이고 있다는 분명한 경고다. 한때 위대한 신들이 머물렀던 섬은 결국 바다 아래로 가라앉았다. 그러나 진실은 그 섬 아래에 거대한 모선이 존재하고 있었다는 것이다. 전설 속 아발론이라 불린 그곳. 빛과 마법, 신비의 궁전으로 여겨졌던 그 섬은 실제로는 하나의 UFO, 우주선, 전차였다. 무엇이라 부르든, 그들은 떠날 때 섬 전체를 바다 밑으로 가라앉히며 흔적을 지웠다. 고대 문명이 사라질 때마다, 그들은 가능한 한 모든 증거를 없애려 했다. 대륙의 지각을 무너뜨려 섬 하나를 잠기게 하는 일은 그들에게 그리 어려운 일이 아니었다. 그렇다면 왜 그렇게까지 했을까? 이유는 단 하나, 사람들이 낡은 신전 숭배의 그림자에서 벗어나, 새로운 땅에서 새로운 희망과 번영 속에 살아가길 바랐기 때문이다. 사람들이 경배해 온 그 거대한 신전들, 사실 그것은 단순한 비행장에 지나지 않는다.

그러니 나를 믿든 믿지 않든, 선택은 전적으로 당신에게 달려 있다. 당신은 여전히 그들의 행성 플래닛 X에 매달릴 수도 있고, 뒤늦게 나타난 혜성에 마지막 희망을 걸 수도 있다. 하지만 분명히 말하겠다. 혜성은 지구와 충돌하지 않을 것이다. 그 꼬리 속에서 죽음을 맞이하는 일도 없을 것이다. 당신이 진정 마주하게 될 것은, 혜성과 함께 도착한 UFO들이다. 그리고 그들 또한 이곳에 온 분명한 이유가 있다. 그들은 지금 신들과의 전쟁에 참여하고 있으며, 그 흐름의 일부가 되기 위해 왔다. 왜냐하면 영적 정의 위에 다시 태어난 지구, 노예 의식에서 깨어난 이 문명을, 더 큰 우주 공동체의 일원으로 이끌고자 하는 신들이 존재하기 때문이다. 그러하리라(So be it).

인구 감축과 정치

"이제 우리는 알게 된다. 이 모든 역사, 그리고 왜 외계의 신들이 이곳에 와 문명에 깊이 관여해 왔는지를. 이유는 단 하나, 전쟁 때문이다. 이 문명은 협상 도구를 가지고 있다. 그들은 어디에나 있다. 지구 안에도, 지구 위에도, 당신이 사는 도시 곳곳에도 퍼져있다. 그들은 곧 군대이고, 기업이며, 무자비한 권력 그 자체다. 또한 이 존재들은 이온층과 전자기장, 그리고 인간이 만든 기술까지 이용해 당신을 잠재우고, 노예 상태로 묶어두고 있다."

- 람타

누구도 당신이 도시를 떠나는 것을 원하지 않는다. 도시를 떠나는 순간, 그들은 더 이상 당신을 통제할 수 없기 때문이다. 도시는 사람들이 밀집되어 있기에 더 쉽게 감시하고 통제할 수 있다. 그래서 거짓 정보가 퍼지고, 사람들은 복종과 의존 속에 묶여 살아간다. 우리는 그 이유를 반드시 알아야 한다. 사람들은 스스로 돈을 맡기고, 집을 담보로 넘기고, 누군가를 선출하며, 그들의 물건을 소비한다. 그렇게 하면서 점점 더 체제에 의존하게 된다. 모든 것은 당신이 스스로 권한과 자유를 버리도록 만든 치밀한 계획이었다. 이제 사생활은 없다. 당신의 모든 대화와 소문은 공중에 퍼져나가고, 개인적인 것이라는 개념 자체가 사라졌다. 돈도 마찬가지다. 공중을 통해 이동하는 자산은 온전히 당신의 것이 아니다. 이 모든 것은 소수의 가진 자들이 대다수를 가난과 종속에 빠뜨리기 위해 만든 구조다. 그 구조는 이렇게 말한다. "이 방식으로 살아야 해. 일자리를 찾아야 해! 하지만 일자리는 없어. 네 집? 이제 우리 거야. 그러니 너도 우리 거야." 그들은 실제로 그렇게 생각하며, 행동하고 있다. 이것이 기술은 발전했지만, 의식과 생각하는 힘을 키우지 못했을 때 얼마나 끔찍한 결과가 일어나는지를 보여주는 분명한 예이다. 급격한 기술 발전은 지구를 차지하려는 외계 문명이 쓰는 또 하나의 도구이기도 하다. 그들은 지구의 변화를 이용해 필요 없는 존재들을 제거하려 할 것이다. 그리고 당신은 이미 알고 있다. 그들에게 당신은 필요 없는 존재라는 것을. 그들은 두려움에 사로잡혀 쉽게 조종당할 수 있는 사람들을 원한다. 반대로 두려움에서 벗어나 자기 의지로 하루를 창조하며 살아가는 사람들은 원하지 않는다. 그들은 스스로 생각할 줄 아는 존재를 결코 이용할 수 없기 때문이다.

이제 우리는 알게 된다. 모든 역사, 그리고 왜 외계의 신들이 이곳에 와 문명에 깊이 관여해 왔는지를. 그 이유는 단 하나, 전쟁 때문이다. 이 문명은 협상 도구를 가지고 있다. 그리고 그들은 어디에나 있다. 지구 안에도, 지구 위에도, 당신이 살아가는 도시 곳곳에도 퍼져 있다. 그들은 곧 군대이고, 기업이며, 무자비한 권력 그 자체다. 그들은 수학으로 소통하지 않는다. 당신이 수학을 이해하지 못하기 때문이다. 무지를 따라 수학적 가능성에 기대는 대신, '앎'을 기반으로 한 수학적 프로그램이 필요하다. 그리고 그들이 전하는 메시지는 매우 단순하다. "누구든 감히 뭔가 시도한다면, 지구를 포함한 모든 사람을 파괴하겠다." 지금은 당신이 중요한 존재라고 생각할지 모른다. 하지만 아무리 많은 돈을 가졌어도, 이번만큼은 빠져나갈 수 없다. 그들은 매우 냉혹하다. 그리고 이렇게 말한다. "우리는 이 미개한 인간들을 발전시켜 주었다. 원하는 것을 주었고, 그 대가로, 그들의 정부는 국민을 우리에게 넘겨주었다. 모든 것은 공정하게 이루어진 거래였다."

이 게임에서 무엇이 '판돈'으로 걸려 있는지 당신은 반드시 알아야 한다. 그것은 바로 지구, 당신 자신, 당신의 자녀와 가족들, 그리고 당신이 아는 문명 전체이다. 존재들은 지구의 이온층, 전자기장, 그리고 인간이 만든 기술까지 이용해 당신을 잠재우고 노예 상태로 묶어왔다. 심장마비를 일으킬 수 있는 능력은 물론, 그들은 원하는 질병을 직접 만들어낼 힘도 가지고 있다. 모든 질병의 주파수와 생성 원리를 알고 있으며, 그 기술을 인구 감축이라는 목적에 사용해 왔다. 이것은 결코 최근의 일이 아니다. 그들은 오래전부터 그렇게 해 왔다. 흑사병은 쥐로부터 시작된 것이 아니며, 에이즈도 원숭이로 인해 생긴 것이 아니다. 병의 기원은 전혀 다르다. 흑사병은 외계 존재들에 의해 발생했고, 에이즈는 러시아의 실험실에서 인위적으로 만들어졌다. 그리고 이 사실조차도 당신이 알고 있는 진실의 일부에 불과하다. 불멸성을 거슬러 인간의 몸을 무너뜨리는 모든 질병에는 고유한 주파수 배열이 있다. 당신이 스스로의 의식으로 악마를 만들어내듯 그들 또한 인공적으로 조작된 생명체들을 창조해 냈다. 그 생명체들은 전리층을 통과하는 하나의 신호만으로도 어느 나라든 순식간에 병들게 만들 수 있다. 그러니 지금 당신이 상대하고 있는 존재가 누구인지, 그 실체를 조금이라도 알아야 한다. 그러나 걱정하지 말라. 당신 곁에는 탁월한 존재들이 함께하고 있으며, 당신은 반드시 이 모든 것을 이겨낼 것이다.

당신의 한 표, 그것은 단지 권력을 가능하게 했을 뿐, 정작 당신 자신과는 아무런 상관이 없다는 생각. 그런 발상을 이해하려면 상당히 열린 사고가 필요하다. 하지만 한 장의 투표로 인해, 당신은 결국 자신이 뽑은 정치인들에 대한 책임을 온전히 떠안게 되었다. 당신은 한때 거리로 나와 펜타곤과 시카고, 뉴욕, 캘리포니아를 뒤흔들며 세상을 바꾸려 했던 그 위대한 세대가 아니다. 당신은 그들과 다르다. 겁이 많고, 조심스럽고, 인터넷 안에만 머무는 세대다. 당신은 결코 거리로 나서지 않을 것이다. 사람들의 시선이 두렵고, 이제는 당신 안에 그런 용기조차 남아 있지 않다.

지금까지 너무 많은 부조리와 불의가 벌어져 왔다. 과거의 위대한 세대였다면 이미 거리로 나섰을 것이다. "우리가 국민이다. 내가 당신을 그 자리에 앉혔다. 당신이 매수되었더라도, 내 표는 여전히 유효하다. 나는 당신을 끌어내릴 수 있고, 당신을 지지한 기업들 앞에서 현수막을 걸고 싸울 것이다." 엘리트들이 가장 두려워하는 건 억눌린 대중의 각성이다. 그러나 지금까지는 그들 엘리트가 늘 이겨왔다. 사람들은 가난, 실직, 집 없는 현실을 당연히 받아들이도록 길들여졌다. 정부는 국민을 지키지 않았고, 오직 후원자들만 챙겼다. 대통령은 마음만 먹으면 새 화폐를 발행하고, 은행가들을 상대로 국가 파산을 선언할 수도 있다. "오늘부로 파산을 선언한다. 새 화폐를 발행할 것이다. 당신은 빚을 회수할 수 없다. 억지로 시도한다면 끝까지 맞설 것이다." 이렇게 선언할 수 있음에도 아무도 그 길을 택하지 않았다. 지금 당신을 파멸로 몰고 가는 이들은 바로 당신이 직접 그 자리에 올려놓은 사람들이다. 그리고 투표하지 않겠다는 무관심은 결국 소수에게 모든 권력을 넘겨주는 꼴이 되었다.

잘 들으라. 이것은 당신이 직접 선출한 정치인들과 관련해 반드시 짚고 넘어가야 할 문제다. 공화당, 즉 신보수주의자들과 엘리트 집단은 전쟁을 원하고 있으며, 실제로 전쟁을 일으킬 것이다. 배후에는 군산복합체가 있으며, 인구 감축이 그들의 최종 목표이다. 한편, 민주당은 자당의 대통령에게 깊이 실망하고 있다. 그들은 전쟁을 일으키는 정부가 아니라, 이 나라를 세운 국민을 돌보는 정부를 원한다. 그들은 외계 존재들과 결탁해 있는 것이 아니다. 다만, 거대한 체제 안에서 고립된 목소리로 외롭게 외칠 뿐이다. 그들은 미국 헌법 아래에서 성실히 보험을 납부해 온 연금 수령자들을 보호하려 한다. 노후에 국가가 자신들을 일정한 수당으로 돌봐줄 것이라 믿고 살아온 이들, 그 믿음을 저버리지 않기 위해, 그들은 지금도 싸우고 있다. 그러나 그들을 위해 싸워주는 대통령은 없다. 지금 벌어지고 있는 이 모든 일은, 당신의 채널인 제이지 나이트의 눈을 통해 조용히 일어나고 있는 하나의 혁명이다. 그녀는 당신이 내뱉는 말 한 마디, 그 말에 담긴 의도와 숨은 뜻까지도 보고 듣고 있다.

나는 나의 채널, 제이지 나이트에게 이렇게 말했다. "아무도 저항하지 않고 모두가 그저 순응하고 있기 때문에, 그들의 싸움은 이미 끝난 것이나 다름없다." 그 말을 들은 그녀는 큰 충격에 두 주 동안 깊은 우울감에 빠졌었다. 게다가 이 이야기를 털어놓을 사람조차 없었다. 그녀가 아는 사람 중에는 이 진실을 기꺼이 들으려는 이가 단 한 사람도 없었기 때문이다. 그런데도 그녀가 계속해서 진실을 파헤치고 있다는 사실은 보존되고 보호받아야 할 이들을 위한 생존 본능에서 비롯된 작지만, 분명한 지성의 불꽃이라 할 수 있다. 이것은 흔히 조롱거리로 치부되는 음모론이 아니다. 이것은 지금, 이 순간에도, 우리의 삶에서 매일 벌어지고 있는 현실이다. 법은 더 이상 국민의 의사와 관련이 없다. 이제 법은 국민이 선출한 자들의 본래 뜻마저 배신한 채, 기업의 이름으로 만들어지고 또 폐기되고 있다. 그러나 대부분의 사람은 그저 모든 일을 지켜보기만 한다. 그래도 두 개 주만이 예외이다. 조금 거칠지만 강하게 저항하고 있는 그들은 부당한 권력을 몰아내고, 하나 된 의지로 진짜 목표를 향해 나아가고 있다.

안타깝게도, 그러한 움직임은 다른 주에서는 좀처럼 찾아볼 수 없다. 들려오는 소식 또한 결코 희망적이지 않다. 문득 의문이 든다. 왜 대통령은 인프라 재건이나 전력망 복구처럼 중요한 문제에서 매번 양보하는가? 이유는 단순하다. 이미 알고 있기 때문이다. 태양이 곧 어떤 일을 일으킬지, 외계 존재들이 머지않아 방문할 것임을 알고 있다. 그의 아내도, 자녀들도 모른다. 그러나 그는 안다. 그리고 그는 또한 알고 있다. 자신이 대화하고 있는 이 체제 안에는 정부와 배후 세력, 군산복합체와 정치 엘리트들이 깊숙이 침투해 있다는 사실을. 그래서 환경 규제는 무너지고, 도로와 전력망 같은 사회 기반 시설은 방치된 채 복구될 기미조차 보이지 않는다. 그들이 바라는 것은 단 하나뿐이다. 살아남은 자들에게 응급처치와 약간의 식량, 최소한의 생존 물자를 나눠 주는 것뿐이다. 공화당이 장악한 의회는 심지어 자신들의 지역조차 재건할 의지조차 없다. 이 모든 것은 단순한 무책임이나 방임이 아니다. 인구 감축이라는 계획된 흐름의 일부이다. 그들이 그렇게 움직이는 이유는 분명하다. 그들은 바로 그 역할을 하도록 돈을 받고, 보호받고, 유지되기 때문이다. 만약 당신이 내부에 있는 사람이고, 누가 외부에 있는지를 알고 있다면, 왜 대통령이 그렇게 소극적인 태도를 보이는지 이해할 것이다. 두 주, 두 달, 혹은 1년 안에 파괴될 것을 알면서도 사람들에게 도로를 파고, 전선을 잇게 하는 일이 얼마나 무의미한 일인지를 그는 알고 있다. 대통령은 자신이 알고 있는 진실을 세상에 알리고 싶어 한다. 그의 영혼 어딘가 깊은 곳에는 진실을 용기 있게 밝히고자 하는 열망이 있다. 하지만 그는 안다. 그 진실을 밝히는 순간, 자기 아내와 자녀들, 가족들의 생명과 삶이 위협받을 수도 있다는 현실을 냉정히 저울질해야 한다는 것을. 그리고 그 선택의 무게는 단순히 개인의 문제가 아니라 자유세계의 지도자라는 자신의 위치와도 부딪치는 문제이다. 그러니 기억하라. 대통령이 직접 나서서 무언가를 말하는 순간, 그 메시지는 반드시 들어야 한다.

우리 같은 작은 사람들이 쓸 수 있었던 자유 에너지(Free Energy)가 세상에 나오지 못한 이유는, 바로 당신이 주식으로 투자한 석유 회사들 때문이다. 당신의 투자와 배당금 때문에 미국 국민은 자유 에너지를 사용할 수 없다. 그러한 이기적인 투자 행위는 앞선 세대가 보여준 위대한 희생과는 너무도 다르다. 이제 당신은 이 게임에 깊이 관여한 투자자가 되어버렸다. 석유 회사들은 악마와 손을 잡았다. 그래서 당신은 자유 에너지를 가질 수도, 원하는 곳으로 자유롭게 옮길 자격도 없다. 이 모든 일은 눈에 보이지 않는 마음의 구조가 교묘하게 작동한 결과이다. 그 구조는 지구의 전자기장에 자극받아 더 강해지고, 결국 당신 안에 숨어 있던 악한 마음을 깨운다. 또한 그 악한 마음은 점점 더 커지면서 파괴적인 힘으로 변해간다.

병든 사람이 없으면 보험회사는 존재할 수 없다. 질병이 없으면 약도 필요 없다. 그렇다면, 왜 사람들을 병들게 하지 않겠는가? 실제로는 사람의 가장 약한 유전자를 자극하기만 해도 질병을 만들어낼 수 있다. 오늘날 사람들은 건강보험이 있어야 비로소 보호받는다고 느낀다. 하지만 과거의 뛰어난 세대는 건강보험 같은 것 없이도 살아냈다. 당신은 알고 있었는가? 그 시절 소아마비나 매독, 칸디다증 같은 병은 있었다. 그러나 오늘날처럼 당뇨나 암은 흔하지 않았다. 그들에게는 건강보험이라는 개념 자체가 없었다. 보험료를 감당할 여유조차 없었기 때문이다. 그런데도 그들은 놀라운 일들을 해냈다. 지금의 당신은 어떠한가? 오랜 세월 주입된 생각 때문에, 보험이 없으면 곧 약한 존재가 된다고 믿고 있지는 않은가?

건강보험 하나 없이, 한 나라 전체가 전쟁에 나섰던 시대가 있었다는 것을 상상할 수 있는가? 믿기지 않는가? 아마도 이렇게 생각할지도 모른다. "나는 평생 죽도록 일했고, 모은 돈을 건강보험에 쏟아부었으니, 이제는 괜찮을 것이다." 그렇다면 계속 그 꿈을 꾸어야 한다. 다시 말하지만, 과거의 뛰어난 세대는 건강보험 없이도 살았다. 그렇다면 그들은 어떻게 버텼을까? 생명보험조차 거의 없었고, 그것도 전쟁터로 향하는 병사들에게만 주어졌었다. 가족들에게는 그마저도 허락되지 않았다. 그들은 보험을 들 여유조차 없었다. 하루하루를 살아내는 데 모든 힘을 쏟았기 때문이다. 죽음을 준비할 시간도, 여유도 없었다. 그런데 지금 당신은 어떤 세상을 만들어 놓았는가? 그 시절은 가족 간의 유대가 깊고 따뜻했던 때였다. 노인이라는 이유로, 지저분한 기저귀를 갈고 싶지 않다는 핑계로 노부모를 요양원에 보내는 일은 없었다. 그들은 아기였던 당신을 밤낮으로 기저귀를 갈아주던 사람들이었다. 당신은 부모를 대하는 방식 그대로 훗날 당신도 대접받을 것이다. 이 점에 대해 진지하게 생각해 보아야 한다. 당신은 애초에 기업 중심의 복지 체계에 종속되어 살아갈 필요가 없었다. 당신이 땀 흘려 번 돈의 대부분은 자동차 보험, 주택 보험, 토지 보험, 의료 보험, 그리고 각종 세금으로 빠져나가고 있다. 그러니 지금 당신이 빚에 허덕이며 사는 것도 어쩌면 당연한 일인지 모른다. 기억하라. 이제 그 모든 시스템은 곧 무너질 것이다.

생명을 구하는 일은 당신의 마음에 사랑이 머물게 하고, 당신을 더 크고 위대한 현실로 이끈다. 과거를 위해 죽지 말고, 미래를 위해 살아가야 한다.

이제 당신도 알게 되었을 것이다. 정치가 더 이상 국민을 위한 것이 아니라, 기업을 위한 것이라는 사실을. 대법원의 판결로 기업이 하나의 인격체로 간주되면서, 석유 회사 같은 거대 기업들까지 정치인들에게 무제한으로 로비하고 막대한 자금을 쏟아부을 수 있는 사람이 되어버렸다.

지금의 당신에게는 트루먼이나 케네디처럼 외계 존재의 실체를 알던 지도자도, 루스벨트처럼 결단력 있는 리더도 없다. 굶주린 시베리아 사람들을 굶주림에서 구해낸, 후버 대통령처럼 자비로운 인물도 없다. 그는 대통령으로서 부족했지만, 생명을 구한 사람이었다.

지금의 대통령은 진실을 다 알지 못하고, 진실의 일부만을 전해 듣고 있다. 그는 당신이 뽑은 국회의원들에게 좋은 일을 억지로 시킬 힘도 없다. 법과 정책을 정하는 사람들은 원래 당신의 목소리를 대변하라고 뽑힌 사람들이다. 하지만 많은 경우, 당신이 투표하지 않아서 무관심한 사람들이 대신 선택한 자들이 그 자리에 앉았다. 그러니 당신도 책임에서 자유로울 수 없다. 대통령은 의회의 승인 없이는 아무것도 할 수 없다. 이런 구조는 과거의 독재자, 황제, 혹은 여전히 국민의 세금으로 살아가는 영국 왕실과 그 자손들과 같은 존재들이 다시 권력을 쥐지 못하게 하려고 설계된 것이다. 그래서 국민을 대신해 말하라고 대표자들을 뽑았지만, 지금 그들은 이미 통제 불능 상태에 놓여 있다. 그들은 의도적으로 나라를 몰락시키려 하고 있다.

중산층을 제거하고, 태양의 격변을 비롯한 모든 파괴적 사건이 이 나라를 집어삼키도록 방조하고 있다. 그것이 바로 지금 이들이 하는 일이다. 그리고 그들이 바로 당신이 그 자리에 올려놓은 사람들이다. 당신은 지금, 대통령조차 존중하지 않는 자들을 지도자의 자리에 앉혀 놓은 것이다.

당신의 대통령은 혁명을 일으킬 수도 있다. 사람들은 그가 혁명을 선언해 주기를 기다리지만, 그렇게 될 것 같지는 않다.

지금 당신이 싸워야 할 대상은 다른 나라들이 아니다. 당신이 맞서야 할 적은, 나라 안에서 조용히 이 나라를 무너뜨리고 있는 자들이다. 그런데 이런 중대한 시기에, 당신의 대통령은 전쟁을 이끌 지도자가 아니라 평화주의자다. 적들은 이라크도, 아프가니스탄도, 예멘도 아니다. 적 그들은 지금 이 땅, 이 나라 안에 존재하고 있다. 위대하고도 독보적인 대통령은 스스로 역사적인 지도자가 될 기회를 저버리고 있다. 그의 성향과, 인정받고자 하는 욕구, 무엇보다 평화적 협상에 대한 집착 때문이다. 그는 싸우기를 두려워한다. 그리고 자신을 믿고 따르는 국민이 함께 일어설 것인지조차 확신하지 못하고 있다. 그러나 지금, 수많은 군대가 명령을 기다리며 대기하고 있다. 만약 대통령이 이 나라의 심장을 울리는 연설을 하고, 국민이 의회와 대기업을 향해 행진하도록 독려하며 법의 개정을 강력히 요구한다면, 그 순간 그는 위대한 지도자가 되어 역사에 이름을 남길 수 있을 것이다. 그러나 지금으로서는 그럴 가능성은 희박해 보인다. 이 시대가 진정으로 필요로 하는 인물은 트루먼처럼 단호한 지도자다. "당신들이 내 뜻과 미국 국민의 의지를 거스르려 한다면, 덤벼보시오. 나는 의회에서 직접 맞서 싸울 것이오." 그렇다면 미국 국민은 기꺼이 그의 편에 설 것이다.

이제 인구 감축은 정치의 기본 전제가 되었다. 그리고 외계 문명은 이 빈 전쟁에서 자신들이 승자가 될 것이리 확신히고 있디. 그들은 빛의 전쟁을 명분 삼아 세계 전체를 인질로 삼았고, 그 영향력은 이미 지구 깊숙이 뿌리내렸다. 그들을 제거하려면 지형 전체를 통째로 없애야 할 정도이다. 무엇보다 그들은 누구의 명령 없이 핵무기를 작동시켜 다른 나라를 향해 발사할 수 있는 능력을 갖추고 있다. 단순한 위협이 아니라 실제 가능한 현실이다. 그래서 지금까지 무기들을 버리지 않고 계속 유지해 온 것이다. 그렇다면 왜 지금, 전 세계가 갑자기 핵무기를 없애야 한다고 생각하게 되었을까? 그 이유는 단 하나다. 외계 문명이 인간의 핵무기를 직접 작동시켜 전쟁을 일으키려고 했다가, 곧바로 핵무기를 차단하며 이렇게 경고했기 때문이다. "만약 우리에게 도전한다면, 당신이 만든 그 무기로 당신들을 파괴할 것이다." 그 경고를 들은 사람들은 경악했다. "맙소사, 이건 당장 없애야 해." 이제 당신도 알 것이다. 왜 인도와 파키스탄, 예루살렘, 이란, 북한, 중국을 여전히 잠재적 위협으로 간주하고 있는지를. 그들이 직접 핵무기를 작동하지 않아도 된다. 다른 누군가가 대신 작동시킬 수 있기 때문이다. 이 상황은 쉽게 빠져나올 수 없는 함정이다. 만약 당신이 이 나라의 대통령이라면, 그리고 이 모든 사실을 알고 있다면, 과연 어떤 결정을 내릴 수 있겠는가?

당신의 기질과 지금의 정세를 고려할 때, 이 혼란에서 벗어나는 길은 내가 오래도록 가르쳐 온 것들, 혼란을 넘어설 수 있도록 돕는 삶의 태도를 직접 실천하는 데 있다. 당신이 지닌 소박하면서도 고요한 낙원의 한 조각을 꼭 붙들고 놓지 말아야 한다. 다른 이의 삶과 비교하지 말고, 지금 당신 곁에 있는 작은 축복만으로도 깊은 감사와 기쁨을 느껴야 한다. 그리고 이 전쟁은 본질을 알고, 그 무게를 감당할 수 있는 어른들에게 맡겨야 한다. 외계 문명은 원한다면 어느 나라의 핵무기든 작동시켜 전쟁을 일으킬 힘을 가지고 있다. 그러나 우리 역시 그들을 저지할 수 있으며, 실제로 지금까지 그렇게 해왔다.

당신이 지금 인간적 드라마에 빠져 있는 동안, 모든 흐름은 조용히 그러나 확실히 하나의 정해진 결말을 향해 움직이고 있다. 마지막 순간에 다가갈수록 지진이 일어날 것이다. 그리고 그보다 더 큰 사건들이 잇따라 터질 것이다. 태양 역시 변하고 있다는 신호를 보낼 것이며, 우리는 모두 그것을 느끼고 있다. 빛의 전쟁은 곧 지구의 거대한 격변과 이어질 것이다. 그들이 이곳에 존재한다는 사실만으로도 중력이 왜곡되고, 지구의 극이 흔들리며, 조수와 기후는 격렬하게 요동치고 폭풍이 몰아칠 것이다. 허리케인을 만들어내는데 꼭 HAARP[12](하프)가 필요한 것은 아니다. 어딘가 정박해 있는 모선 하나만으로도 당연히 그런 현상은 일어날 수 있다. 그럼에도 당신은 여전히 그 원인을 HAARP로 돌리고 있다. 지금 일어나는 모든 현상은 단순한 기상 변화가 아니라, 외계 정치로 인한 결과다. 오늘날의 공화당은 더 이상 보수 정당이 아니다. 이미 외계 정치의 한 축으로 변질되었다. 지금 당신은 아무런 실질적 권한도 없다. 이제 그 누구도 당신을 두려워하지 않는다. 엘리트들이 오랫동안 두려워한 단 하나는, 사람들이 언젠가 다시 깨어날지도 모른다는 가능성이었다. 그들은 늘 조심스럽게, 아주 느리게 움직였다. 원하는 것을 주는 척하면서도, 실제로는 거의 눈치채지 못할 정도로 하나씩 빼앗아 갔다. 당신의 권한과 힘도 그렇게 조금씩, 조용히 사라졌다. 이 모든 것은 우연이 아니다. 오랜 세월에 걸쳐 치밀하게 짜인 흐름이다. 당신에겐 갑작스럽고 충격적인 현실처럼 보일지라도, 실제로는 느리고 은밀하게, 거의 보이지 않게 진행되어 온 것이다. 그리고 그 변화는 지금, 이 순간에도 우리의 일상에 스며들어 있다. 우리는 그것을 매일 듣고, 매일 마주한다. 그러

---

12) HAARP(High-frequency Active Auroral Research Program, 고주파 능동 오로라 연구 프로그램)는 1993년 미국 공군, 해군, 알래스카 대학교, DARPA가 공동으로 시작한 전리층 연구 시설로, 고주파 전파를 대기 상층부에 조사해 통신, 항법, 기후 영향 등을 연구하는 목적을 갖는다. 그러나 일각에서는 HAARP가 기후 조작, 지진 유발, 의식 통제 등 군사적 용도로 사용된다는 음모론이 제기되어 논란이 되어 왔다.

나 너무 익숙해져 더는 의식하지 못한 채 그 안에서 살아가고 있을 뿐이다.

이제 당신은 이 모든 역사적 맥락을 통해 지금 무슨 일이 벌어지고 있는지를 더 분명히 이해할 수 있을 것이다.

신들의 행성, 태양, 그리고 새로운 시대의 서막

"지각 있는 존재가 더 이상 하인으로 머무르지 않고 신성을 자각한 존재로 깨어나 스스로 선언하지 않는 한, 그리고 개인의 힘이 아니라 오직 태양만이 거대한 변화를 일으킬 수 있음을 깨닫지 않는 한, 새로운 시대는 결코 상상할 수 없다."

- 람타

신들의 행성, 니비루('플래닛 X')는 갈색 왜성이 아니다. 갈색 왜성은 목성보다 네 배나 크지만, 천둥처럼 우르릉대며 다가오는 니비루와는 전혀 다르다. 니비루는 공포 그 자체이다. 만약 그 행성이 실제로 황도면 근처까지 접근했다면, 단지 달이 조금 흔들리는 정도가 아니라 태양계 전체가 이미 격변에 휩싸였을 것이다.

신들의 귀환을 말하자면, 그들은 더 이상 별이나 행성과 같은 거처가 필요하지 않다. 만약 당신 또한 그들처럼 장대한 궤도를 지니고, 이미 다차원적 존재인 이웃들과 함께 살아왔다면, 당신 역시 행성에 속박되지 않은 채 차원을 넘어 이곳에 닿는 법을 깨우쳤을 것이다.

예전에는 모두가 하인이었다. 하지만 지금은 다르다. "그땐 우리를 마음대로 다룰 수 있었겠지만, 지금은 다르다." 그래서 플래닛 X는 지금 황도면 근처에 있지 않다. 왜일까? 우리가 하루라도 빨리 사라지길 바라는, 이 구역의 폭군인 그 '신들의 행성'은 태양 최대 방출(Solar Maximum Ejection) 시기에 태양 근처에 있기를 원하지 않는다. 그들조차 태양의 거대한 질량 방출이라는 전쟁에서 스스로를 지켜낼 수 없기에, 태양 폭풍 속에 머물기를 피하는 것이다. 그들조차 그 '킬 샷(Kill Shot)'을 견뎌낼 수 없다. 그것이야말로 모든 것을 끝내는 한 방이기 때문이다. 그들이 어디에 있든, 결국 이 태양에 의해 소멸될 것이다. 이 태양은 불안정하며, 끊임없이 질량을 방출한다. 그들이 왜 이곳에 없는지 생각해 보라. 행성 X는 태양의 질량 방출 속에서 살아남을 수 없다. 그들이 어디에 있든, 결국 치명적인 '킬 샷'의 위치에 놓이게 될 것이다. 그래서 그 행성은 2011년에도, 2012년에도, 2013년에도 지구에 접근하지 않았다. 그때 접근했다면 궤도를 이탈해 산산조각 나며 소멸했을 것이다. 그 행성은 결코 태양의 중력을 이용해 방향을 바꾸거나 속도를 높일 수 없다. 태양의 힘조차 그들에게는 더 이상 도움이 되지 않는다. 지금의 태양은 그 자체만으로도 어떤 존재든 파괴할 힘을 지니고 있기 때문이다.

큰 별들과 행성들로 이루어진 거대한 천체들을 떠올려 보아야 한다. 지금 태양은 그 어떤 것보다 훨씬 더 격렬하게 폭발하고 있다. 그리고 상황은 앞으로 더 악화될 것이다. 정치인들이 인프라를 재건하겠다고 말하지만 실제로는 아무런 성과도 내지 못할 것이다. 왜냐하면 그들 또한 잘 알고 있기 때문이다. 곧 일어날 사건이 지구 자기장을 무력화시키고, 현대 문명이 의존하는 전자 기기를 완전히 마비시킬 것이라는 사실을. 그 순간이 오면 전자 화폐는 무용지물이 되고, 우유도, 냉동식품도, 식당도 사라질 것이다. 자동차, 기차, 선박, 비행기, 텔레비전, 컴퓨터, 휴대전화 등 우리가 사용하는 모든 것이 멈출 것이다. 이것이 바로 킬 샷, 즉 치명적 타격이라 불리는 현상이다. 어떤 행성도 이렇게 강력한 태양에 의해 파괴되기를 원하지 않는다. 태양은 그들에게 전쟁을 선포할 것이며, 그들 역시 이를 잘 알기에 감히 태양의 영역 안으로 들어오지 못하는 것이다.

당신이 어떤 종류의 UFO를 가지고 있든, 어떤 거대한 모선을 보유하고 있든, 어느 것도 태양을 가릴 수는 없다. 태양은 생명의 근원이며, 모든 존재에게 생명을 불어넣는 존재다. 동시에 적을 무너뜨리는 위대한 공포이기도 하다. 지금 하늘에서 벌어지는 전쟁은 단순한 충돌이 아니다. 행성과 은하 사이에서 벌어지는 거대한 전쟁이다. 이제는 더 이상 미신과 편협한 사고방

신들의 행성, 태양, 그리고 새로운 시대의 서막

식에 자신을 가두어서는 안 된다. 하루라도 더 무지 속에 머물 이유는 없다. 당신 세계의 지도자들조차 이미 어떤 힘으로 통제되고 있다. 지각(知覺)은 막혀 있고, 진실은 가려져 있다.

모든 행성은 언제나 태양을 통해 정화됐다. 태양은 강력한 전자기 힘으로 모든 것을 정화하는 거대한 힘을 가지고 있다. 그렇다면 우리는 어떻게 수백만 명의 사람들의 생각을 정화할 수 있을까? 이 행성의 자장 속에 갇혀 있는 유령들과 혼, 그리고 떠도는 옵스(Orbs)[13]들의 영혼을 어떻게 구원할 수 있을까? 오늘날 사회의식은 철저히 서로 얽혀 있으며, 대다수의 사람은 그 안에 종속된 줄도 모른 채 살아가고 있다. 과연 우리는 이 거대한 집단의식의 틀을 깨뜨릴 수 있을까? 우리는 어떻게 변화를 일으킬 수 있을까? 어떻게 한 행성을 정화하고, 그 위에 군림하는 폭군들을 무너뜨리며, 하늘에 떠 있는 우주선들을 끌어 내리고, 외계 문명을 해체하며, 바다를 끓이고, 그 안의 생명체들을 증발시킬 수 있을까? 우리는 어떻게 이 행성을 중화시키고, 완전히 정화할 수 있을까?

불의 정화는 전기와 같다. 화산이 폭발하고 대류가 움직이며, 어떤 곳은 물에 잠기고 또 어떤 곳은 솟아오른다. 거대한 도시들이 단 하룻밤에 사라지고, 강력한 정부들조차 바닷속으로 가라앉을 수 있다. 우리는 이것을 정화라 부른다. 그러나 그것은 단순한 정화가 아니다. 이 힘은 전 세계를 뒤덮은 사회의식의 네트워크를 무너뜨리고, 고대 그리스인들이 야만이라 부른 악과 잔혹함마저 소멸시킨다. 정화의 본질은 바로 그 야만을 제거하는 것이다. 실제로 그렇게 될 것이다. 성스러운 불의 세례는 사회의식을 멈추게 할 것이며, 그 신호, 사회의식이 끊임없이 주입해 온 세뇌적 사고와 집단적 영

---

13) 옵스란, 일반적으로 눈에는 잘 보이지 않지만, 카메라나 영적 감지 속에서 종종 포착되는 구형의 에너지 존재로, 때로는 죽은 이들의 잔존 의식이거나 다른 차원의 생명체로 여겨신나.

향력은 더 이상 우리의 뇌에 닿지 못한다. 우리의 뇌는 살아 있는 몸을 기반으로 작동하는, 아주 정교한 전기 신호 수신 장치이다. 오늘날의 마이크로칩도 이 뇌를 본떠 만들어졌다. 그러나 불의 정화, 불은 마이크로칩 기반의 시스템까지 모두 태워 없앨 것이다. 그 결과 외부에서 주입되던 수많은 세뇌적 사고들은 더 이상 우리의 의식을 지배하지 못하게 될 것이다.

빅 브라더, 사회의식이라는 이름의 거대한 기계가 꺼지는 순간, 당신은 무엇을 깨닫게 될까? 이 정화는 단순히 지구를 불태워 없애는 파괴가 아니다. 그것은 지구가 거대한 불덩이로 폭발하는 일이 아니다. 불의 정화는 훨씬 더 섬세하고 깊은, 성스러운 세례 같은 영적 정화다. 이 정화는 당신을 없애는 과정이 아니라, 당신을 억누르고 종속시키며 매일 사고를 지배하던 것들을 제거하는 과정이다. 그 결과, 당신은 뉴욕이라는 도시에 갇힌 좁은 인식에서 벗어나, 멀리 떨어진 항성계와의 교류까지 상상할 수 있게 된다. 이 정화는 바로 그 모든 장애물을 걷어낸다. 당신의 뇌 속에 있던 장벽을 풀고, 지금까지 한 번도 켜진 적 없는 내부의 트랜지스터 - 잠재된 의식의 스위치가 마침내 깨어난다.

이 불의 세례는 우리가 알고 있던 모든 껍질을 벗겨내고, 내면 깊숙이 숨어 있던 적을 드러내는 과정이다. 그리고 이 모든 일에 대해 태양은 분명한 목소리로 응답할 것이다. 우리가 새로운 시대의 약속이라 부르는 찬란한 시와 노래, 결핍을 채워줄 희망으로 만들어진 이상은, 인류 모두를 위한 삶과 자유 그리고 행복을 추구하는 궁극적 헌법처럼 울려 퍼진다. 그러나 진정한 헌법은 정부도, 자본도, 종교도 아닌 그 너머에 있다. 보이드 그리고 그 안의 수많은 은하를 질서 있게 붙들고 있는 정의의 법. 모든 것을 파괴하려는 인간의 욕망에도 불구하고 우주를 지속 가능하게 만드는 절대적 원리. 어쩌면 그것이야말로 진정한 헌법일 것이다. 남성, 여성, 아이들, 그리고 어떤 모습으로 존재하든, 모든 존재에게 진정한 평등과 정의 그리고 신성에 대한 깨달음은 초의식을 자각하는 데 있다. 곧, 보이드의 노래를 아는 데 있다. 단 하나의 법, 모든 존재에게 동등한 사랑과 기회를 주어야 한다는 법만이 적용된다. 보이드는 다만 간청할 뿐이다. 당신이 본질을 꿰뚫어 보고, 맑은 인식과 정화된 의식에 이르기를. 경쟁을 요구하지 않는다. 그것은 하나의 초대다. 더 크고, 더 불변하며, 절대로 파괴되지 않는 신들의 법 속에서, 사랑으로 창조되고 유지되는 삶의 법칙 속에서 살아가라는 부름이다.

당신은 지금의 시대가 철저히 벗겨지고 정화되지 않는 한, 새로운 시대를 상상조차 할 수 없다. 당신이 하인이 아니라 신성을 자각한 존재로 깨어나 스스로 선언하지 않는 한, 그리고 자유의지를 지닌 독립된 존재로서 새로운 시대를 요구하지 않는 한, 새로운 시대는 오지 않는다. 또한 개인의 힘만으로는 불러올 수 없는 거대한 변화를 오직 태양만이 일으킬 수 있다는 사실을 깨닫기 전까지는, 그 시대를 진정으로 상상할 수 없다. 새로운 시대는 폭군도, 야만도 없는 참된 시대가 될 것이다. 과거의 흔적은 모두 사라지고, 새로운 시대는 위대함과 고등한 존재들, 그리고 당신이 별들 사이에 설 무한한 가능성을 향해 완전히 열릴 것이다. 당신의 자녀들은 어린 시절 상상 속에서 그리던 신비롭고 광활한 우주 공간을 실제로 여행할 기회를 맞이하게 될 것이다. 그때는 더 이상 종교도, 사회적 의식도, 호전적 기질도, 자멸적 충동도 누구에게도 위협이 되지 않을 것이다. 그 모든 것들은 사라질 것이다. 이것이 바로 불의 세례다.

당신은 단 하룻밤 사이, 자신에게서 얼마나 많은 것이 사라질지를 상상조차 하지 못할 것이다. 빅 브라더라 불리는 거대한 지배 장치가 꺼지고 사라지는 순간, 당신이 그토록 자아라고 믿어왔던 것들이 속절없이 녹아내릴 것이다. 지구를 둘러싸고 있던 인공의 그물망, 전기를 만들고 전자기장을 유지하며 첨단 문명을 가능케 했던 보이지 않는 장치들이 단숨에 무너져 내릴 것이다. 그리고 드디어 그것을 무너뜨리는 존재는 공포의 제왕은 바로 태양이다. 그날들은 참혹할 것이다. 정체를 알 수 없는 존재들 간의 전쟁, 극심한 공포와 지진, 그리고 제2차 세계대전을 능가할 전 지구적 재앙이 몰아칠 것이다. 그렇다면 스스로에게 물어보아야 한다. 당신은 모든 것을 견뎌낼 용기가 있는가? 시련을 이겨낼 순수함이 있는가? 당신의 삶은, 그리고 당신 자녀들의 삶은 과연 그만한 가치가 있는가? 니르바나, 혹은 천국의 왕국은 정말 있을까? 그렇다, 분명히 있다. 다만 당신은 아직 그곳을 본 적이 없고, 그 길을 함께 걸어본 적도 없으며, 그 흐름에 몸을 맡겨본 적도 없다. 그리고 상상조차 할 수 없는 아름다움과 존재들을 직접 만나본 적도 없다. 비록 그들이 당신과 같은 모습을 하고 있지 않더라도, 그들에게서 흘러나오는 사랑은 그 자체로 신성하며 경외심을 불러일으킨다.

드디어, 인류는 선언했다. '우리는 더 이상 신들에게 복종하지 않겠다.' 그리고 마침내, 자신을 발견하기로 결단을 내렸다. 이제, 결단을 내린 인류에게 하나의 위대한 초대가 주어진다. 작지만 위대한 진화, 그것은 정말로 기다릴 만한 가치가 있었다. 그리고 이제, 그 누구도, 심지어 니비루조차, 당신의 태양을 함부로 건드릴 수는 없다. 혹시 아직도 당신이 니비루에 대한 믿음이 남아 있다면, 그들 역시 이렇게 말할지도 모른다. "우리는 지금은 그곳에 갈 수 없지만, 여기에서 당신들을 지켜보고 있다. 그리고 우리가 한때 당신들을 학대했던 것도 잘 알고 있다. 하지만 이렇게 멋지게 성장한 당신들의 모습을 보니, 진심으로 기쁘고, 또 자랑스럽다." 그것이 바로 그들의 몫이다. 그뿐이다.

그 함대는 너무 거대해서 달조차 끌어당기며, 지금 이 순간에도, 지구의 균형을 흔들고 있다. 그들은 사방에 퍼져 있다. 일부 외계 존재들은 극도로 공격적이며 인류를 인질 삼아 위협하고 있다. 그러나 그들조차도, 누군가가 이곳에 진정한 관심을 가지고 다시 돌아올 것이라곤 전혀 예상하지 못했다. 그렇지만 그들은 이 전쟁에서 결코 승리할 수 없다. 그들이 핵전쟁을 일으킨다면, 우리는 그것을 무력화시킬 것이다. 그들이 인류를 말살하려 든다면, 우리[14]는 그들을 먼저 소멸시킬 것이다. 실제로 눈으로 전쟁을 보게 될 것이다. 바로 그 이유로 국제우주정거장은 철수되었다. 지금 그곳은 너무도 혼잡하고, 지나치게 위험한 공간이 되어버렸기 때문이다.

이 추악한 전쟁은 태양의 극대기가 오기 전에 본격적으로 시작될 것이다. 파괴의 날들은 하늘에서 시작된다. 단순히 행성들이 지구와 충돌하는 물리적 재앙이 아니다. 그것은 훨씬 더 깊고, 심지어 경외심마저 불러일으킬 장엄한 광경이 될 것이다. 만약 당신이 그 장면을 마주할 용기를 지닌다면, 그 순간을 결코 놓쳐서는 안 된다. 우주적 각성과 전환의 결정적인 장면이 될 것이다. 이 전쟁은 고도로 진화한 은하 간 존재들과 차원을 넘나드는 자들 사이에서 벌어지는 전쟁이다. 그리고 그것은 위험한 시대 속에서 깨어난 신들의 영혼을 차지하기 위한 사상 최대 규모의 전쟁이 될 것이다. 이런 전쟁은 처음이 아니다. 이미 수많은 은하에서 반복됐다. 어떤 종족이 진화의 흐름을 마음대로 조종해 자기 욕심을 위해 생명의 본질을 위협할 수 있었다면, 지금 우리가 아는 보이드의 질서와 은하계의 움직임은 애초에 존재하지 못했을 것이다. 그러므로 이것은 새로운 전쟁이 아니다. 그리고 나 또한 전쟁의 일부였다. 나는 나의 역할을, 그 누구보다 충실히 수행해 왔다.

나는 당신의 인간다움을 기뻐해 왔다. 그리고 당신의 종교가 본래의 길에서 벗어나 있다는 것을 알려주려 했다. 나는 당신이 살아 있는 존재로서

---

[14] 여기서 말하는 '우리'란, 단지 하늘에 머무는 외계 존재들뿐 아니라, 이 진실을 깨닫고 깨어나고 있는 모든 의식의 연합을 뜻한다. 그들은 필요할 때 개입하며, 인류의 생존과 변형을 위한 일에 함께하고 있다.

활기와 희망을 품고 미래로 나아가고, 미신에 억눌리지 않기를 바란다. 작은 마음은 늘 작은 생각을 품는다. 그리고 작은 생각은 결국 사람들을 가두고 지배하는 수단이 된다. 예언이 결코 한 사람에 관한 것이 아니라, 은하계 전체의 질서와 체계에 관한 것이었다고 생각하면 충격적이다. 바로 그 점에서 예언의 위대함이 드러난다. 그래서 지금, 빛의 자손들은 어둠의 자손들과 전쟁을 벌이고 있다. 어둠의 자손들은 지구 안에도, 지구 위에도, 그리고 지구 너머에도 존재한다. 거대한 함대는 아직 모습을 드러내지 않은 채 집결하고 있으며, 궤도의 작은 흔들림을 통해 그 함대의 존재를 알리고 있다. 그들은 인질로 잡은 이들에게 감히 해를 가하지 못한다. 우리 쪽이 더 크고 더 강력하다는 사실을 알고 있기 때문이다. 그리고 우리와 함께 오는 함대는 우리보다 더 위대하다. 가장 아름다운 존재들, 즉 우주의 에메랄드 속에 자리한 아누나키의 자손들과 다섯 위대한 종족[15]의 아이들을 자기 뜻대로 하려 했던 사악하고도 고도로 발달한 존재들과는 전혀 다르다. 그들은 한때 짓밟히고, 전쟁으로 상처 입고, 찢기고, 다시 일어서기를 반복했으며, 누군가의 도움으로 살아남고 다시 일어섰다. 그리고 마침내 그들은 새로운 삶을 시작하게 되었다. 삶은 절대로 패배하지 않는다. 궁극의 순간에도 꺾이지 않는다. 삶은 자신을 무너뜨릴 수 있는 어떤 것도 만들지 않는다. 에너지를 파괴할 또 다른 에너지는 존재하지 않으며, 생각을 소멸시킬 생각 또한

---

15) 다섯 위대한 종족: 인류의 의식과 유전 형성에 깊은 영향을 미쳤다고 전해지는 별계 문명들.
　플레이아데스인(Pleiadians): 인류와 가장 가까운 '별의 형제'로 불리며, 인간 DNA 형성에 직접 관여한 것으로 전해진다.
　시리우스 종족(Sirians): 고대 이집트 문명과 연결되며, 심오한 영적 지혜와 고도의 기술 지식을 전수했다고 한다.
　안드로메다인(Andromedans): 자유와 자율을 중시하는 높은 차원의 의식을 지닌 존재로, 인류 집단의 해방과 진화에 영향을 끼쳤다고 전해진다.
　리라·베가계 후손(Lyrans & Vegans): 인류의 가장 오래된 원형으로 여겨지며, 여러 문명의 기반이 된 시조적 존재들.
　아누나키(Anunnaki): 수메르 신화와 깊은 관련이 있으며, 인류의 유전자와 사회 구조 형성에 직접 개입한 것으로 알려져 있다.

신들의 행성, 태양, 그리고 새로운 시대의 서막

존재하지 않는다. 그 누구에게도 그런 힘은 허락되지 않았다. 태양은 정화의 힘을 지니고 있다. 우리는 전쟁에 참여하게 될 것이다. 그리고 그 광경은 장엄하고 경이로울 것이다. 하늘에는 기이한 상징들과 불가사의한 현상들이 나타날 것이다. 하지만 언론은 그것을 농담처럼 치부하려 할 것이다. 하늘을 가로지르는 낯선 비행체들, 갑자기 나타나는 나선형의 빛, 지평선을 가르며 번쩍이는 불빛들, 그리고 소리 없는 침묵의 폭발들. 이 모든 일은 실제로 벌어질 것이다. 그런데도 사람들은 이렇게만 말할 것이다. "별똥별일 뿐이다."

창백하고 기이한 색으로 물든 하늘 아래, 연인들이 속삭이던 골목마다 두려움이 가득할 것이다. 그림자가 지구를 덮고, 마침내 보이드 전체가 빛날 것이다. 위대한 존재들이 도착한 것이다. 그 순간 지구는 요동칠 것이며, 나는 당신이 어디에 있기를 바랄까? 거대한 함선에서 뿜어져 나오는 힘과 플라스마 엔진의 진동은 지진과 화산 폭발을 일으킬 것이다. 많은 것들이 순식간에 사라지고, 세상은 끔찍한 격변에 휘말릴 것이다. 내가 당신에게 말한다. "안전한 장소에 머물러 있으라." 그 순간이 오면 당신은 모든 것을 직접 보게 될 것이며, 설명을 들을 필요가 없다. 그때는 지하로 내려가 문을 잠그고, 밖에서 어떤 일이 일어나든 상관하지 말라. 바다는 끓어오르듯 솟구치고, 땅은 크게 흔들릴 것이다. 산은 하늘로 치솟고, 하늘은 두렵지만 경이로운 빛으로 물들 것이다. 모든 징조를 보면, 당신은 본능적으로 알게 될 것이다. 더 이상 설명도, 경고도 필요 없다. 그때 나는 당신이 좋은 대지에 조용히 머물러 있기를 바란다. 약탈자들은 자취를 감추었고, 그들은 오직 사람이 많은 곳만 기웃거린다. 자동차는 멈추고, 기차는 서며, 비행기는 더 이상 하늘을 날지 못할 것이다. 컴퓨터는 모두 꺼지고, 인공위성도 사라질 것이다. 그렇다면 그들이 어떻게 바다를 건너 당신에게 올 수 있겠는가?

이 모든 것은 불필요한 것들이 하나씩 사라지는 정화의 과정이다.

당신이 있는 안전한 장소를 당연하게 여기지 말고, 그 신성한 자리에 머물러야 한다. 그곳에서 당신 안의 힘을 마음껏 외쳐야 한다. 자녀와 가족을 돌보고, 서로를 굳게 껴안아야 한다. 부지런한 개미처럼 함께 식탁에 둘러앉아 식사를 나눠야 한다. 머지않아 당신은 다시 세상 밖으로 나올 것이다. 잠시 숨을 고를 시간도 주어질 것이다. 그러나 아직 지구는 완전히 정화되지 않았다. 우리는 모두 물러나 다른 차원에서 숨어 그것을 지켜볼 것이다. 그 일은 반드시 일어나야 한다. 공포의 왕이라 불리는 불에 의한 정화는 피할 수 없는 운명이다. 그러나 불타는 것은 지구만이 아니다. 인간 안에 깊게 뿌리내린 타락과 악 또한 함께 불타 사라질 것이다. 지구는 파괴되지 않는다. 단지 움직일 뿐이다. 강은 흐르고, 대지는 요동치며, 큰 떨림을 쏟아낼 것이다. 그냥 일어나도록 두어야 한다. 두려워하지 말아야 한다. 당신은 미래에 속한 존재다. 당신의 운명은 과거가 아니라 미래다. 지금 당신을 둘러싸고 벌어지는 이 싸움은, 당신이 맹목적으로 선택하지 않고 본질을 돌아볼 만큼 깨어 있기 때문에 일어나는 것이다. 그런 의식은 소중하다. 반드시 지켜지고 존중되어야 한다. 지금 젊은 문명에서 태어난 새로운 생각들이 이전 세대의 낡은 개념에 새 생명을 불어넣는 소중한 힘이 되기 때문이다.

당신은 단지 사랑받기 위해 존재하는 자가 아니다. 당신은 이 시대가 간절히 기다려온 존재다. 당신 안에 남아 있는 모든 사악함과 폭력성, 무책임함은 거대한 전기 폭풍 속에서 사라질 것이다. 머지않아 당신은 자신을 지켜주던 안전한 자리에서 불려 나올 것이다. 그리고 찬란하게 밝아오는 아침, 당신 앞에 펼쳐질 광경은 눈부실 만큼 아름다울 것이다. 그 순간은 깊은 눈물로 이어질 것이며, 당신은 새롭게 태어날 것이다. 그리고 새로운 왕국을 바라보게 될 것이다. 당신은 마침내, 가장 경이로운 존재들과 찬란하고 신비로운 것들을 마주하게 될 것이다. 그날 이후로는 모든 것이 당신 앞에 드러날 것이다. 그러니 그렇게 되기를. 그날이 오고, 그 시간이 도래하면 당신을 창조한 신들과 마주하게 될 것이다. 당신은 그들을 보게 될 것이며, 그들과 함께 걷고, 함께 나아가게 될 것이다. 그리고 또 다른 신들도 목격하게 될 것이다. 그때 당신은 우리와 눈을 마주할 수 있을 만큼 완전한 의식을 지닌 존재가 되어 있을 것이기 때문이다. 그리고 나 역시 그 자리에 함께할 것이다. 그러하리라(So be it).

내가 지금까지 당신에게 가르쳐 온 모든 것, 내가 다녀온 모든 장소, 그리고 당신에게 전했던 모든 말, 즉 당신을 창조한 신들에 대하여, 당신의 기원과 역사에 대하여 전했던 모든 것은 모두 진실이었다. 내가 발을 디뎠던 그 땅들 역시 마침내 성스러운 피난처가 되었으니, 그것 또한 틀린 말이 아니었다. 나에게는 숨겨진 목적이 없다. 내가 품었던 가장 깊은 뜻이 있다면, 그것은 바로 당신이 자신의 신성에 걸맞은 존재로 살아가도록 돕는 것과 인간성과 오만 사이에서 절제를 배우도록 이끄는 일이었다.

나머지 이야기는 두렵고 위협적으로 들릴 수 있다. 그러나 나는 분명히 말한다. 두려워하지 말아야 한다. 당신이 할 수 있는 모든 일을 하라. 두려움을 키우는 대신, 에너지를 부지런하고 질서정연한 개미 군락의 생명력처럼 바꾸어, 지금 이 순간부터 실천해야 한다. 아직 두려움이 남아 있다면, 그 에너지를 식량으로, 당신에게 필요한 것들로 전환해야 한다. 두려움이 더 이상 당신을 지배하지 않을 때까지 멈추지 말고 계속 그렇게 해야 한다. 우리가 지금껏 함께 준비해 온 여정은 이제 마침내 하나의 끝을 향해가고 있다. 그리고 동시에, 새로운 시작을 향해 문을 열고 있다.

당신과 이 모든 이야기를 나눌 수 있었다는 사실은 내게 매우 중요한 일이었다. 나는 내가 한 말에 대해 책임지며, 그 말에 담긴 힘과 권한을 온전히 지니고 있다. 당신은 내가 전한 예언의 의미에 대해 자유롭게 논의할 수 있다. 나의 비전에 의문을 제기할 수도 있다. 금과 식량을 준비하라, 이주하라, 그러면 몰락해 가는 폭군들의 마지막 무도회에서 벗어나 자유로워질 수 있다. 내가 그렇게 당부한 모든 말들에 대해서도, 당신은 자유롭게 판단하고 말할 수 있다.

나는 당신을 공포가 아닌, 크나큰 희망과 위대한 여정 속으로 떠나보낸다. 당신 앞에 펼쳐질 길은 상상조차 못 했던 경이로움으로 가득할 것이다. 나를 사랑해 주고, 귀 기울여 주었으며, 무엇보다도 마음을 다해 의식을 성장시켜 준 당신에게 진심으로 감사드린다. 그리고 이제, 당신은 이렇게 말할 수 있을 것이다. "오늘 나는 분명히 성장했다. 내가 꿈에도 그려보지 못했던 것들을 보았고, 내가 이런 상상을 할 수 있으리라고는 생각도 못 했다. 그리고 나는 그 모든 순간을 끝까지 감동 속에 살아냈다."

단 한 순간도 혼자라고 생각하지 말아야 한다. 순결한 마음으로 드리는 진심 어린 기도는 언제나 응답한다. 그러니 하나님의 영광과 당신 안에 있는 성령의 빛을 위하여, 그리고 인류의 여정을 위하여 기억하라. 당신이 어디에 있든, 어디로 향하든, 당신은 사랑에서 태어났으며, 지금, 이 순간에도 그 사랑 안에 살아 있다.

제 3 부

접촉과 미래를 위한 준비

위대한 정신을 위해 필요한 것들

"분명히 말하건대, 고대의 문헌에도, 만 년 전 위대한 스승들의 가르침에도, 신이 당신 안에 심어둔 진리는 그 무엇과도 비교할 수 없다."

- 람타

사람들은 종종 "나는 영적으로 성장하고 싶다"라고 말한다. 그러나 그들의 현실 속에는 영적으로 성장할 틈이 없다. 그들의 현실을 하나의 원으로 상상해 본다. 그 안에는 그들의 이미지, 즉 인격이 자리하고 있다. 그런데 그 이미지는 마치 흩어진 퍼즐 조각처럼 여기저기 흩어져 있다. 나의 딸 제이지 나이트(JZ Knight)가 처음 이 비유를 말했을 때, 내가 퍼즐의 의미를 깨달은 순간 그것이 얼마나 적절한 표현인지 깊이 공감했다. 당신의 현실도 이와 다르지 않다. 하나의 원이며, 그 원 안에 흩어진 퍼즐 조각들이 모여 지금, 이 순간의 당신 자신을 이루고 있다. 사람들이 영적 여정을 시작할 때, 흔히 여정이 한 방향으로 곧장 나아가는 길이라고 생각한다. 그래서 겉으로 보이는 몇 가지 변화를 시도한다. 현인이나 스승을 찾아가고, 철학과 가르침을 배우며, 진리를 찾아 세계 곳곳을 떠돈다. 이는 잃어버린 중요한 퍼즐 조각을 찾기 위함이다. 하지만 문제는 그들의 현실이라는 원이 이미 자기 이미지로 가득 차 있다는 점이다. 그리고 그 원을 둘러싼 경계에는 지금껏 쌓아온 모든 것 - 지식, 종교적 신념, 문명이 만들어낸 온갖 관념과 기준 - 이 겹겹이 쌓여 있다.

사람들은 자기 현실의 원을 잠시 치워놓고, 이제 진짜 영적 여정을 시작한다고 여긴다. 그래서 다양한 체험을 하고, 신념에 따라 옷차림과 식습관을 바꾸기 시작한다. 그러나 식습관을 바꾸는 일조차, 과거 교회가 육식을 금했던 것과 크게 다르지 않다. 단지 반대되는 교리를 따를 뿐이다. 결국 그들은 자기 현실이라는 원의 바깥쪽 한 끝에서 다른 쪽 끝으로 옮겨갔을 뿐, 그 이상도 그 이하도 아니다. 십자가나 부적 대신 크리스털을 걸고, 주기도문을 외우던 사람은 만트라를 되뇌기 시작한다. 이 모든 것은 단지 현실이라는 원의 가장자리에서 자리를 바꾼 것에 불과하다. 어떠한 실질적인 변화도 일어나지 않는다. 내가 보는 것을 당신도 알아야 한다. 사람들은 겉모습만 바꿀 뿐, 내면 깊이 자리한 자아 구조는 여전히 변하지 않는다.

문명 안에서는 진정한 변화가 일어날 수 없다. 사회가 정해 놓은 기준, 즉 허용되는 틀에서 벗어나는 것은 받아들여지지 않는다. 극단적인 종교 신자가 된다 해도, 그것은 사회가 인정하는 하나의 방식일 뿐이다. 음식, 옷차림, 사고방식까지 모두 문명이 규정한 범주 안에 묶여 있다. 그것들은 단지 겉모습일 뿐이다. 이 문명은 개성을 잃은, 색깔 없는 베이지색 인간들로 이루어져 있다. 그래서 많은 이들이 영적 여정을 시작한다고 말하지만, 실제로는 삶을 근본적으로 바꿀 선택을 하지 않는다. 단지 방향만 바꾼 채 같은 원 안을 맴돌 뿐이다. 결국 그들이 말하는 영적 여정이란 또 다른 역할극, 겉모습만 바꾼 반복적인 삶에 지나지 않는다. 물론 그것 자체가 잘못된 것은 아니다. 사람들은 종종 놀란 눈으로 묻는다. "정말 그렇게 변했나요? 정말 자신을 완전히 버리고 새로 태어난 건가요? 당신 자신을 구성하던 퍼즐 조각들을 날려 보내고, 그 틈으로 빛이 들어오게 만든 건가요?" 그러나 현실의 틀 안에서 (과거의) 이미지를 붙든 채로는, 삶을 뿌리째 흔드는 변화는 절대로 일어나지 않을 것이다. 실제로는 아무것도 변하지 않을 것이다. 그래서 누구도 진정한 변화를 믿지 않는다. 많은 이들이 영적 진리를 찾는 이유는 더 이상 베이지색 군중으로 살고 싶지 않기 때문이다. 그들은 문명이 부여한 이미지도, 영성이라는 이름 아래 덧씌워진 이미지도 원하지 않는다. 겉모습만 영적인 사람이 되려는 것이 아니라, 존재 그 자체가 되고 싶어 한다. 코팅된 영성이 아니라, 내면 깊은 곳에서 솟아나는 진짜 '나'로 살고 싶어 하는 것이다.

당신의 현실 속에 박혀 있는 이러한 장벽을 제거하기 전까지는 진정한 기쁨과 황홀함을 결코 경험할 수 없을 것이다. 한번 상상해 본다. 아주 단순한 비유지만 누구나 쉽게 그려볼 수 있다. 당신의 현실, 그리고 앞으로 살아갈 영원을 하나의 원이라고 생각해 본다. 원은 당신의 의식을 온전히 담고 있으며, 그 자체로 '영원'이 될 수도 있다. 그러나 만약 당신이 문명화된 인간은 이래야 한다는 고정된 이미지들로 그 원을 빽빽하게 채워 막아버렸다면, 그 안에는 아무것도 들어설 수 없다. 변화할 공간도, 빛이 스며들 틈도, 기적이 일어날 여지도, 모든 것을 바꿀 위대한 생각 하나 들어설 자리조차 없을 것이다. 왜일까? 공간을 만들려면 변화가 필요하기 때문이다. 변화를 이루려면 고정된 퍼즐 조각들을 하나씩 걷어내야 한다. 서서히 틈이 생기고, 빛이 스며들기 시작할 때 비로소 당신은 깊은 기쁨과 참된 황홀함을 경험하게 될 것이다.

나는 당신의 현실이라는 테두리에 또 하나의 조각을 덧붙이기 위해 온 것이 아니다. 오히려 조각들을 날려버리기 위해 왔다. 그것이 바로 변화이다. 변화란 미지의 세계를 마주하는 일이다. 당신의 이미지 중 일부가 사라진다고 해서 다른 이미지가 대신 들어오는 것은 아니다. 그 대신, 그 틈으로 빛이 스며든다. 비워진 공간, 그 공백이야말로 기쁨이 깃드는 자리이다. 그 짧은 순간 당신은 그것을 분명히 느끼게 될 것이다. 사실 많은 사람들이 나를 좋아하지 않는다. 내가 그들의 삶을 흔들고, 스스로 만들어 놓은 문명화된 기준 너머로 나아가도록 이끌기 때문이다. 문명이 요구하는 기준에 맞춰 살아가며, 컴퓨터 속 숫자에 불과한 존새로 머무는 한, 당신은 결코 신적인 존재가 될 수 없을 것이다. 삶 안에 기쁨이 들어설 공간조차 없다면, 그 황홀한 경지를 결코 알 수 없을 것이다. 지금 당신은 너무 건조하고, 너무 경직되어 있다. 당신이 붙잡고 있는 퍼즐, 이미지들 역시 그러하다. 늘 정석대로 말하고, 정해진 곳만 찾아가며, 옳다고 여겨지는 행동만을 되풀이한다. 그러나 그런 방식으로는 단 한 번도 예언자도, 그리스도도, 전설로 만들어진 적이 없다.

내가 당신을 산으로 보냈을 때, 나는 당신의 의식이 높아지는 모습을 지켜보았다. 그리고 그 순간, 나는 당신에게 깊은 깨달음을 일으킬 찬란한 하나의 생각[16]을 보냈다. 나는 당신이 진심으로 자신의 의식을 확장해 나가는 모습을 보았다. 산 위에서, 당신은 살아 있는 진리였다. 하늘에 어떤 현상이 나타났는지는 중요하지 않았다. 당신은 미지의, 추상적인 세계를 붙잡고 있었고, 의식을 하나씩 쌓아 올리며 퍼즐 조각들을 날려버리고 있었다. 그리고 그 틈을 통해 아름다운 것이 솟아오를 수 있었다. 퍼즐 자체는 중요하지 않았다. 당신이 살아 있는 진리였다는 사실이 중요했다. 그리고, 오 신이여, 바로 그 때문에 내가 당신을 사랑한다. 정말로, 나는 당신을 사랑한다. 바로 그것이 전설과 신들이 탄생하는 본질이며, 그리스도 또한 바로 그 본질에서 나왔고, 지금, 이 순간에도 계속해서 나오고 있기 때문이다. 많은 이들이 나를 좋아하지 않는 이유는 내가 변화를 일으키고 기존의 틀을 깨뜨리기 때문이다. 나는 그것들을 날려버린다. 그렇다, 나는 실제로 기존의 틀들을 날려버린다. 나는 누구에게도 변명할 필요가 없다. 나는 오직 당신을 사랑할 뿐이다. 그렇다, 나는 당신을 강하게 밀어붙인다. 나는 단 한 번도 자신을 예수라 부른 적도, 그처럼 행동한 적도 없다. 나는 당신이 그 퍼즐 조각들을 날려

---

16) 람타는 1988년 8월 11일부터 14일까지 유카 밸리에서 일어났던 사건을 언급하고 있다.

버릴 수만 있다면, 무엇이든 할 것이다. 그렇게 해야만 신의 빛을 보고, 참된 기쁨과 황홀함을 느낄 수 있기 때문이다. 당신이 잠시라도 초의식에 닿는 순간, 설명할 수 없는 깊은 기쁨이 밀려올 것이다. 당신의 영혼 깊은 곳에서 솟아오르는 기쁨이다. 당신은 그것을 분명히 느낄 수 있다. 이유를 설명할 수 없어도, 그 기쁨이 거기에 있다는 것만은 안다. 그것이 무엇인지 아는가? 그건 바로, 당신 현실 속의 퍼즐 조각 하나가 사라지고, 그 자리에 빛이 스며들기 시작한 것이다. 그래서 지금 당신 안에서 기쁨이 솟아오르고 있다. 기쁨은 바로 내면 깊은 곳에서 흘러나오고 있으며, 그것이 곧 참된 황홀함이다.

　나는 당신을 바라보며 그 안에 깃든 빛을 본다. 그리고 그 빛에서 피어나는 기쁨을 본다. 당신은 이 지구 위에서 가장 진실한 사람이다. 왜냐하면 삶 앞에서 위선을 부리지 않고, 삶을 외면하지도 않기 때문이다. 당신은 삶을 온전히 살아내며, 자신만의 방식으로 걸어가고 있다. 당신은 숫자도, 데이터도 아니다. 당신은 오직 하나뿐인 독립된 존재이다. 당신이 기쁨을 아는 이유는, 바로 당신이 원했던 것이기 때문이다. 당신이 신을 알아보는 이유는, 그것이 당신의 본질이기 때문이다. 누군가는 이렇게 말할지도 모른다. "그들은 너무 많은 것을 포기했어." 그러나 영원의 빛 앞에서, 너무 많다는 것이 과연 의미가 있을까? 진정 당신의 것이 아닌 것은 결코 버렸다고 할 수 없다. 그것은 처음부터 당신의 것이 아니었다.

　당신의 현실이 확장하고 있는 이유는, 당신의 의식이 확장하고 있기 때문이다. 그렇기에 당신은 변해야 한다. 기쁨과 황홀함을 경험하려면, 미지의 세계로 기꺼이 들어가야만 할 것이다. 정말 그렇다. 그러기 위해선 당신 현실 속에 박혀 있는 장벽들을 날려버려야 한다. 빛과 기쁨이 들어올 수 있도록, 당신 스스로 변해야 한다. 현실의 테두리 안에서 한쪽에서 다른 쪽으로 옮겨 가는 것만으로는 충분하지 않다. 그 너머에서 마주하는 것도 결국 또 다른 형태의 영적 진리일 뿐이며, 그것만으로는 당신을 바꾸지 못할 것이다. 당신 자신이 아직 진리의 상태에 도달하지 않았기 때문이다. 말과 만트라는 아무런 변화도 만들어내지 못한다. 결국 당신은 큰길을 가건, 샛길을 가건, 여전히 예전 그대로의 자신으로 돌아갈 것이다. 분명히 말하건대, 당신 안에 존재하는 신성한 존재가 당신을 위해 준비해 둔 것과 비교할 수 있는 가르침은, 이 세상 어디에도 없을 것이다.

고대인들이나 만 년 전의 위대한 스승들조차, 당신이 스스로 진리가 되어 체험하게 될 깨달음에 견줄 만한 것을 가르치지 못했다. 그들은 진리를 드러내는 본보기이었기에, 그들의 몫은 다만 길을 가리키고 방향을 비추는 일이었다. 나는 안다. 당신이 지금까지 얼마나 많은 것을 견뎌왔는지, 얼마나 많은 불길을 지나왔는지. 언제나 그렇듯 이미지를 해체할 때마다, 문명이라는 이름 아래 굳어진 베이지색 질서를 무너뜨릴 때마다, 당신은 반드시 불을 통과해야 한다. 이 세상에 존재했던 모든 그리스도 같은 사람들, 그리고 지금도 여전히 살아 있는 그리스도 의식 또한 동일한 불의 길을 걸어갔다. 그들이 스스로 선택한 운명이었다. 그들 또한 두려움을 느꼈고, 경이로움을 마주했으며 때로는 자신이 그런 존재가 아니기를 바랐던 순간도 있었다. 당신만 그런 것이 아니다. 그들 또한 의심했다. 그러나 그들 안에는 그들을 앞으로 나아가게 하는 무언가가 있었다. 그들이 전설이 될 수 있었던 이유는 영성이나 문명이 만들어낸 베이지색 테두리 속에서 산 것이 아니라, 개별적 존재로서 자신의 길을 살았기 때문이다. 그들은 그 삶을 직접 살아냈고, 스스로 진리의 불꽃이 되었다. 당신은 알고 있는가? 진리를 단지 이해하려 하기보다 실제로 살아내려 할 때, 모든 것이 비로소 작동한다는 사실을. 그러기 위해서는 당신 자신이 진리가 되어야 한다. 진리는 당신과 분리

될 수 없다. 진리는 곧 당신 자신이어야 한다. 만약 진리를 알기 위해 끊임없이 애써야만 한다면, 그 순간 당신은 이미 진리와 분리된 것이다. 그리고 분리된 상태에서는 당신은 언제나 알고자 하는 마음과 진정으로 아는 상태 사이에 머무를 수밖에 없을 것이다. 의식의 세계에서 당신이 있는 그대로의 모습으로 현실을 창조하고 있기 때문이다.

당신 대부분에게 변화는 충분히 가치 있는 일이었다. 그리고 지금 내 의식 안에 있는 나의 사람들 역시 이미 안전한 자리에 와 있다. 당신이 원해서 선택한 변화였다. 세상의 눈에 당신은 어쩌면 이상하게 보일지도 모른다. 그러나 지금 이 세상 자체가 점점 믿음을 잃어가고 있다. 그렇기에 이런 여정을 통해서만 우리는 황홀함을 느낄 수 있다. 단순해지고, 자신을 사랑하며, 신을 사랑할 수 있게 된다. 그런 과정을 거쳐야만 비로소 진정한 천재가 되어, 풍요롭고 고결한 삶을 살아갈 수 있을 것이다. 결코 이미지 속에서 얻어지는 것이 아니다. 그 안에 머문다면 당신은 문명화된 인간으로 남을 수는 있겠지만, 결국 나이를 먹고 죽음을 맞이할 뿐이다. 사람들은 당신을 두고 구도자였던 사람이라 말할 수도 있다. 그러나 누군가는 이렇게 물을 것이다. "그래서, 그 사람은 진리를 찾았을까?" 아마도, 그렇지 않았을 것이다. 하지만 나는 당신의 변화를 본다. 나는 당신의 빛이 세상에 일으키는 변화와 그 영향력을 보고 있다. 나는 당신이 어디로 향하고 있는지 안다. 그리고 그 사실은 나, 람타에게 깊은 기쁨을 안겨준다. 왜냐하면 당신에게 일어난 변화가 정말 충분히 가치 있는 일이었기 때문이다. 이곳에는 지금 진심으로 행복한 사람들이 있다. 또 한편에는, 그런 이들을 바라보며 '도대체 어떻게 저렇게 행복할 수 있을까?' 하고 의아해하는 사람들도 있다. 그들은 이렇게 말한다. "저 사람은 모든 걸 포기했잖아." "이곳으로 이사까지 왔다고?" "일을 그만두고 저 길을 택했다니?" 그들이 그렇게 말하는 이유는 단 하나,

스스로 변화를 선택하지 않았기 때문이다. 직접 경험하지 않았기에 그 안의 기쁨과 의미를 알지 못한다. 그러나 당신이 단 한 번이라도 진정한 기쁨과 황홀함을 경험하게 된다면 - 대가가 무엇이었든, 얼마나 많은 퍼즐 조각을 날려버렸든 - 당신은 알게 될 것이다. 모든 것이 절대 헛되지 않았음을.

나는 당신이 그 고요한 대지 위에 앉아, 밤바람과 하나 되어 의식과 에너지 (C&E®) 훈련을 하는 모습을 보며 진심으로 기뻤다. 나는 당신의 숨소리를 들었고, 당신이 무엇을 하고 있었는지도 모두 알고 있었다. 나는 당신이 의식을 점점 더 확장해 나가는 모습을 분명히 보았다. 그래서 나는 하늘을 가로지르는 찬란한 빛 하나를 보냈다. 당신이 "그러하리라(So be it)."라고 말하며 의식을 더 크게 확장하는 바로 그 순간, 그 안으로 위대한 하나의 생각이 도달했기 때문이다. 그것이야말로 진정한 선물이다. 람타에 대해서 많은 말을 할 수 있고, 실제로 많은 사람들이 그렇게 말한다. 나의 사람들, 곧 영적으로 풍요한 이들에게는 분명한 하나의 진실이 있다. 그들은 결코 영적으로 가난하지도 않고, 나약하지도 않다. 그들은 빛의 기둥이며, 그 기쁨을 삶으로 살아내는 사람들이다. 그리고 그들이 곁에 존재하는 것만으로도 다른 사람에게 축복이 된다. 그들의 존재 자체가 신의 현존을, 그리고 실로 그리스도의 본질을 드러내고 있기 때문이다. 그러하리라(So be it). 씨앗들에게.

개입과 접촉,
인간의 무지로부터 죽어가는 지구를 구하기 위한 시도

"그들은 학교를 세워 인류에게 지식을 전하려 했었다. 인간 안에 존재하는 작은 파괴적인 유전자에서 벗어나게 하려 했다. 지금도 그들은 인간 드라마의 흐름을 바꾸기 위해 애쓰고 있으며, 세상이 은폐하려는 진실, 즉 당신이 죽어가고 있다는 사실을 세상 앞에 드러내기 위해 돌아오고 있다."

- 람타

나는 당신에게 생명력의 본질을 가르쳤다. 당신은 세균을 없애는 일이 하나의 문명을 파괴하는 것과 다르지 않다는 사실을 곰곰이 생각한다. 내가 그렇게 말한 데에는 분명한 이유가 있다. 아무리 사랑이라 말하며 행동해도, 그 사랑이 딱딱한 규칙이나 고집스러운 믿음에 묶여 있고 거기에 무지까지 섞여 있다면, 결국 의식의 확장을 가로막는 거대한 장벽이 될 뿐이기 때문이다. 고정된 규칙과 기준에 얽매여 있으면 미지의 세계와 마주할 수 없으며, 고정된 잣대를 붙든 채 의식의 세계에 들어가면 얻게 되는 것은 결국 그 기준에 맞는 정보뿐이다. 당신 곁에 있는 누군가는 지금 이 순간에도 의식을 넓히며 진정한 황홀함을 경험하고 있을지 모르지만, 당신은 자신이 그런 경험을 하지 않았다는 이유만으로 그 사람이 실제로 그런 상태에 도달하지 못했다고 단정한다. 왜 그런 차이가 생길까? 현실을 보는 방식이 다르기 때문이다. 자신 안에 굳어 있는 틀, 즉 경직된 구조를 부수는 일, 그것이야말로 마스터가 되는 여정의 핵심이다.

마스터라는 말은 무엇을 의미할까? 사실 겉보기에 그럴듯하게 포장된 영적 용어일 뿐이다. 많은 이들이 '마스터란 이래야 한다'라는 신화를 만들어냈지만, 정작 자신이 마스터가 아니라면 의미를 어떻게 알 수 있겠는가? 진정한 마스터란 끈기와 꾸준한 노력으로 제한된 사고를 지식의 빛으로 바꾸는 사람이다. 그는 고정된 관념과 작은 불만들, 자기 이미지를 만든 틀을 하나씩 깨뜨려 나간다. 마스터는 통찰을 통해 이미지의 조각들을 날려 보낸다. 조각 하나가 사라질 때마다 그 자리는 이해의 빛으로 채워진다. 그리고 그 빛은 그의 현실을 넓히며, 그를 더 강하게 만들 것이다. 결국 당신의 힘은 의식의 깊이만큼만 드러난다. 의식이 제한되어 있다면, 힘 역시 제한될 수밖에 없을 것이다.

마스터들은 더 큰 마음을 배우며, 성장을 막는 모든 것을 이겨낸다. 그렇게 해서 진정한 마스터가 된다. 그들은 박테리아와 그 안의 작은 문명에 주목한다. 이것들 역시 생명력의 표현이다. 이 생명력의 본질을 이해할 때 우리는 깨닫게 된다. 삶은 본래 영원하며, 진정한 의미에서 어떤 것도 사라지지 않는다는 것을. 외계 교사들은 처음에 번식을 위한 식민지를 찾으려 했다. 그들은 인간이 무심코 흘려보내는 정자와 수정되지 않은 난자를 채취해, 자신들의 유전 구조와 섞어 새로운 인종을 만들려 했다. 그들의 목적은 인간의 감정을 유전자에 심는 것이었다. 눈물을 흘리는 능력, 웃는 능력 같은 인간적인 감정을 얻으려 했다. 그래서 그들은 당신이 무심코 흘려버리는 것들을 가져갔다. 그러자 사람들은 외쳤다. "그건 내 자유의지를 침해한 거야! 어떻게 나를 욕보일 수 있지?" 하지만 한번 잘 생각해 본다. 당신도 매일 자신을 그렇게 대하지 않는가? 사실 이것은 특별한 일이 아니다. 어쩌면 당신은 날마다 무의식적으로 자신을 소홀히 하거나, 자신을 스스로 해치고 있을지도 모른다. 결국 외계인 그들이 가져간 것은, 당신이 원하지 않아 그냥 흘려버린 것들일 뿐이다.

당신이 시야를 조금만 더 넓힌다면, 그들과의 다음 만남은 단순히 그들의 신체 구조나 생활 방식을 아는 데 그치지 않을 것이다. 훨씬 더 놀랍고 경이로운 방식으로 그들을 만나게 될 것이다. 그들은 자신을 지키기 위해 당신에게 최면을 걸거나 마비시킬 필요가 없다. 그들은 매우 연약한 존재이

개입과 접촉, 인간의 무지로부터 죽어가는 지구를 구하기 위한 시도

고, 당신은 깊은 두려움에 사로잡혀 있다. 당신은 두려움과 미신, 불안, 증오, 그리고 전쟁이라는 테두리 안에서 살아가고 있다. 당신은 본래 호전적인 사람이다. 도끼를 들고 싸우지는 않더라도, 말로 서로를 공격하며 싸운다. 그것도 전쟁이다. 그들이 당신을 최면에 빠뜨리는 이유는 단순하다. 당신이 그들을 붙잡기라도 하면, 그들의 약한 뼈가 쉽게 부러질 수 있기 때문이다. 그들은 연약하고 섬세한 존재이기에 자신을 지키기 위해 그렇게 할 수밖에 없다.

그들과의 다음 만남은, 이전과는 전혀 다른 방식으로 이루어질 수 있다. 당신들 중 일부는 코나 몸속에 작은 가시 모양의 장치가 삽입되어 있는데, 그것을 통해 그들과 연결되어 있다. 장치들을 통해 그들은 당신의 삶에 관한 방대한 정보를 모아왔다. 그들은 당신의 눈으로 세상을 보고, 당신의 귀로 소리를 듣는다. 당신이 무엇을 먹는지, 어떻게 소화하는지, 위장이 어떻게 움직이는지까지도 알고 있다. 그들은 인간이라는 존재를 아주 자세히 이해하고 있다. 그것이 바로 그들이 원했던 것이다. 그들이 약 만 년 전 이곳을 떠난 이후, 지금까지 당신이 어떻게 진화해 왔는지를 확인하려는 것이다.

그들과의 다음 만남은 이전과는 완전히 다른 차원에서 이루어질 것이다. 그들이 이곳에 다시 온 이유는 결코 당신을 즐겁게 하기 위함이 아니다. 지금, 이 세계는 매우 심각한 상황에 놓여 있다. 당신은 아직 실감하지 못할 수도 있지만, 이것은 부인할 수 없는 진실이다. 그들은 다시 돌아왔다. 진리를 전할 교사들을 보내고, 선택된 사람들 안에 씨앗을 심으려 한다. 그리고 그들을 한곳으로 이끌려 한다. 곧 이 세상이 무너질 것을 알고 있기 때문이다. 그 순간이 오면, 그들은 주저 없이 개입할 것이다. 그들은 지금 무엇이 필요한지, 그리고 머지않아 많은 것들이 파괴될 것임을 정확히 알고 있다. 생각해 본다. 당신의 적이든, 혹은 가까운 사람이든, 만약 그들이 500킬로톤 규

모의 코발트 폭탄을 손에 쥐고 있다면, 세계는 이미 벼랑 끝에 서 있는 것이다. 더 나아가 땅을 떠나 도시로 향했던 사람들이 남긴 결과들, 즉 그들이 만들어낸 탐욕과 오염의 문제들이 지금 세상을 고통스럽게 하고 있다. 그렇기에 그들이 다시 돌아온 것이다. 이 행성에 직접 개입하려는 것이며, 실제로 그렇게 할 것이다. 그들은 언제나 그래왔듯이 진리의 씨앗을 지닌 사람들을 선택한다. 그리고 당신의 영혼도 그들과 같은 신적인 존재로서 이미 그 일에 동참하기로 동의하였다. 그러므로 다음 만남은 우상이나 유명인을 만나는 것처럼 시끄럽고 떠들썩하지 않을 것이다. 당신은 형제들이 지닌 힘과 경이로움, 그리고 바로 당신을 위해 이곳에 도착한 하나의 함대를 직접 보게 될 것이다.

그들이 세 문명[17]을 파괴했을 때 - 실제로는 세 곳보다 훨씬 더 많았다 - 모든 일은 순식간에 벌어졌다. 그 순간, 내 유전적 계보를 잇는 한 인간이 우주선을 타고 직접 그 광경을 목격했고, 덕분에 역사는 영원히 기록될 수 있었다. 그들이 문명을 파괴하기로 한 이유는, 지금 이 세계에서 벌어지고 있는 상황과 놀라울 만큼 닮아 있었기 때문이다. 단 하나 다른 점이 있다면, 그때는 수없이 많은 경고가 주어졌음에도 아무도 귀 기울이지 않았다는 사실이다. 지금도 마찬가지다. 세상은 죽어가고 있는데, 그 사실조차 철저히 숨겨지고 있다. 투자자들에게는 절대 그런 사실을 알리지 않는다. 돈은 계속 들어와야 하고, 이자율은 그대로 유지돼야 하며, 달러 가치도 떨어지면 안

---

17) 세 문명: 람타의 가르침에서 자주 언급되는 세 문명을 가리킨다.
    레무리아(Lemuria, Mu): 태평양 일대에 존재했던 것으로 전해지는 고대 문명. 영적·직관적 능력이 발달했으나, 대홍수와 지각 변동으로 소멸했다.
    아틀란티스(Atlantis): 대서양에 있었다고 전해지는 고도로 발달한 문명. 기술 남용과 권력의 오만, 전쟁으로 인해 멸망했다.
    세 번째 문명: 종종 하이 브라실 혹은 아누나키와 관련된 초기 수메르 문명으로 언급된다. 이는 지구에 뿌리내린 또 다른 위대한 문명으로, 결국 파괴되었다고 전해진다. 람타는 실제로 파괴된 문명이 "세 곳보다 훨씬 많았다"라고 강조하며, 여기에서 "세"는 상징적 의미로 쓰였음을 시사한다.

개입과 접촉, 인간의 무지로부터 죽어가는 지구를 구하기 위한 시도

되기 때문이다. 결국 이 세상에서 진짜로 중요한 건 오직 하나, 돈뿐이다. "이건 공개할 수 없다. 투자자들이 화를 낼 테니까. 그들을 어떻게 감당하겠는가?"라는 목소리가 들린다. 사람들은 종이돈이라는 환상에 너무 의지하고 있다. 매달 월급만 나오면, 지구가 죽어가고 있다는 사실도 모른 척한다. 사람들이 버리고 떠난 땅은, 아주 적은 자원만으로도 먹을 것과 입을 것, 집과 물, 그리고 삶을 충분히 제공해 줄 수 있는 곳이었다. 그러나 사람들은 그곳을 버리고, 유리로 만든 동굴 같은 도시 속에 자신을 가두고 산다. 그래서 인간은 더 이상 지구와 조화를 이루지 못한다. 생명력과도 하나 되지 못한 채, 모든 것이 뒤틀려 있다. 이제는 자연이 인간보다 더 빨리 진화하고 있다. 그럼에도 사람들은 이런 상태를 문명이라 부른다. 하지만 사실, 문명이란 인류에게 닥친 가장 위험한 현상 가운데 하나다. 분명 문명은 배우는 과정이지도 하지만, 동시에 사람을 가두는 정교한 덫이기도 하다.

당신은 인정받기 위해 얼마나 많은 것을 감수하며 살아가고 있는지 생각해 보라. 당신은 지금 무엇에 의지하고 있는가? 자동차 없이 살 수 있는가? 시동을 걸고 매연을 내뿜는 일을 멈출 수 있는가? 석유를 사지 않고, 플라스틱을 쓰지 않고 살아갈 수 있는가? 만약 당신이 말이 끄는 마차를 타고 시내로 나간다면, 사람들은 뭐라고 할까? 처음엔 신선해 보일 수도 있다. 하지만 누구도 당신을 반겨주지 않을 것이고, 아마도 조롱을 견디기 힘들 것이다. 하지만 말은 땅에서 자란 풀을 먹고, 말의 배설물은 다시 땅을 비옥하게 만든다. 이것이 자연과의 조화이다. 물론 다소 거친 비유일 수 있지만, 그 안에 담긴 진실은 절대 거칠지 않다. 그리고 당신도 알다시피, 지금도 그런 방식으로 살아가는 사람들이 실제로 있다. 혹시 마음이 불편해지기 시작했는가? 잘 들어야 한다. 당신이 그토록 만나고 싶어 하는 존재들, 그들은 단순한 호기심으로 온 것이 아니다. 분명한 목적을 가지고 이곳에 왔으며, 목적 중 하나는 과거에도 그랬듯 이 세상을 구하는 것이다. 이곳은 한때 방사능으로 파괴된 적이 있었다. 독성은 성층권에서 중화되어야 했고, 그때 하늘을 가르며 날아온 거대한 초록빛 불덩이들이 바로 방사능을 정화했던 존재들이다. 그들은 질서를 회복하기 위해 과거에도 왔고, 지금도 오고 있다. 왜냐하면 지구에서 일어나는 일은 은하계 전체에 영향을 미치기 때문이다.

은하계는 하나의 몸과 같다. 평소에는 느끼지 못했던 상처가 몸 어딘가에 생기면, 그 상처를 치유하기 위해 모든 신경이 그곳에 집중된다. 모기에게 물려 가려우면 나도 모르게 손이 가서 긁게 되는 것처럼, 은하계 역시 그러하다. 어딘가에 상처가 생기면, 은하계의 모든 신경이 그쪽으로 쏠린다. 그 상처가 무엇인지 아는가? 상처는 바로 당신이다. 내가 이렇게 말하는 이유는, 당신이 지식을 받아들이고, 지식이 당신이라는 그릇 안으로 흘러 들어올수록, 당신의 의식이 점점 더 깨어나고 확장되기 때문이다. 그 순간부터 당신은 자신과 같은 진동, 같은 이상을 지닌 것들을 자연스럽게 끌어당기게 된다. 그리고 그것이 바로 당신을 지켜줄 유일한 힘이다. 그 힘은 마치 당신의 현실이라는 퍼즐 조각들 사이로 흘러드는 한 줄기 빛과도 같다.

하늘에서 초록빛 불덩이가 터질 때마다, 그것은 그곳의 독성을 정화하는 것이며 인간만을 위한 것이 아니다. 바다의 생명체는 물론 지금 죽어가고 있는 동물들 모두가 영혼을 지니고 있다. 그들의 절규 또한 이 우주에 그대로 울려 퍼지고 있다. 만 년 전, 위대한 스승들은 그 시대 사람들에게 지식을 전해 주었다. 그들은 스리랑카에 살던 에스키모인들을 북극의 추운 땅으로 옮겼고, 실제로 많은 사람들을 다른 곳으로 이주시켰다. 또 학교를 세워 인류가 배울 수 있도록 했으며, 인간 안에 있는 파괴적인 본능에서 벗어나도록 도우려 했었다. 그래도 인간은 여전히 자기 자신을 해치고, 주변의 모든 것을 파괴하려 한다. 그들은 인간이 반복하는 이 오래된 드라마를 끝내

개입과 접촉, 인간의 무지로부터 죽어가는 지구를 구하기 위한 시도

고, 세상이 숨기려는 비밀을 폭로하기 위해 돌아오고 있다. 그 비밀은 바로, 당신이 자유롭게 살고 있다고 믿지만 사실은 매달 급여를 받기 위해 서서히 죽어가고 있다는 사실이다.

우리는 이제 외계인들이 우리를 사랑해서 집으로 데려가 줄 것이라는 마법 같은 믿음에서 서서히 벗어나고 있다. 우리가 그들에게 무언가를 가르쳐 줄 수 있다는 로맨틱한 환상에서도, 그리고 우리가 아주 특별하므로 그들이 우리를 원할 것이라는 착각에서도 깨어나고 있다. 생각해 보라. 그들이 왜 굳이 우리를 원하겠는가? 그들은 우리를 사랑하는 형제들이지만, 그들은 의식이며, 지성이며 지식 그 자체이다. 그들은 이미지에 대한 집착도 없고, 불안한 마음도 없다. 그들 역시 진화하고 있고, 우리 또한 진화하고 있다. 하지만 그들은 자신을 꾸미거나 포장하려 하지 않는다. 그들은 단지 우리를 진심으로 사랑하기 때문에 돕고 있을 뿐이다. 우리가 그들과 같은 마음과 목적을 가질 때, 비로소 우리는 그들과 만나게 된다. 어느 날 갑자기 거대한 우주선이 와서 우리 모두를 데려갈 것이라는 생각, 그들 중 누군가가 소울메이트일 것이라는 환상, 이런 이미지에 매달린 생각을 버려야 한다. 그렇게 될 때, 우리는 비로소 위대한 의식, 위대한 빛과 만나게 된다. 그 순간이 되면, 우리는 마침내 그들과 같은 것을 스스로 끌어당기는 존재가 되기 때문이다.

당신은 오라장을 통해 의식에서 창조한 것과 똑같은 것을 끌어당긴다. 의식 안에서 확장된 모든 것은 곧 현실로 드러난다. 그래서 당신이 변하면, 삶에서도 많은 것들이 자연스럽게 떨어져 나간다. 변화가 일어나면 삶 속에 갑자기 빈자리가 생기기도 하고, 이유 없이 기분이 좋아지기도 한다. 다른 사람들이 괴로워 울고 있을 때, 당신도 함께 울어야 할 것처럼 느껴질 수 있다. 그러나 당신은 그들과 다르다. 당신은 이미 의식 안에서 확장된 자신의 모습을 그대로 끌어당기고 있기 때문이다. 현실은 그렇게 움직인다. 아주 단순한 원리이다. 결국 모든 것은 상대적이다.

　당신의 바람이 들리지 않을 것이라고, 당신이 배우는 모든 것이 허공으로 사라져 버린다고 생각하지 말아야 한다. 당신이 변화한 만큼 그리고 그 변화가 의식의 확장을 통해 이루어진 만큼, 당신은 이미 그들과의 동반자 관계를 끌어당기고 있다. 이제 당신은 그들의 진정한 동반자가 될 준비를 해야 한다. 단순히 영적인 분위기를 흉내 내는 것이 아니라, 있는 그대로 진정한 당신으로서 준비해야 한다. 그들은 겉모습을 원하지 않는다. 우리가 찾는 것은 본질이다. 우리는 신성을 찾고 있다. 신성을 드러내고, 신성으로 존재하며, 신성을 표현할 수 있는 내적 힘을 찾고 있다. 그들은 어리석은 자를 선택하지 않는다. 당신이 유명한지, 부유한지, 가난한지, 상처받은 피해자인지는 중요하지 않다. 그들이 보는 것은 오직 하나, 단순함이다. 그들은 단순한 자들에게만 진실을 드러낸다. 단순함 속에는 참된 지성과 순수함이 있다. 당신이 삶 속에서 그들의 목적과 하나 된 진실을 살아내기 시작할 때, 당신은 자연스럽게 그들의 목적과 같은 흐름을 끌어당기게 된다. 유명해지기 위해 이 길을 선택하지 말아야 한다. 이 길은 오직 자신을 있는 그대로 사랑하고, 생명력을 사랑하기 때문에 가는 것이다. 이 생명력이야말로 당신이 이 몸을 떠날 때 타고 가는 빛이다.

　이제 내 말을 잘 들어야 한다. 저녁 약속을 한 친구가 끝내 오지 않아, 아무리 기다려도 만나지 못한 경험이 있을 것이다. 그들도 마찬가지이다. 그들은 당신이 원할 때마다 나타나지 않는다. 그들 역시 자기 의지를 가진 존재이기 때문이다. 하지만 그들은 언제나 당신을 지켜보고 있다. 당신이 누구인지, 지금 무엇을 하고 있는지, 그들은 다 알고 있다. 그들은 시야가 좁거나 어떤 것 하나에 집착하지 않는다. 모든 것을 넓고 깊게 인식하며, 무엇

개입과 접촉, 인간의 무지로부터 죽어가는 지구를 구하기 위한 시도

보다 당신이라는 존재를 분명히 알고 있다. 내가 처음 내 딸 제이지를 만났을 때도 그랬다. 그녀는 내가 실제로 존재한다는 것, 그리고 내가 악마가 아니라는 것을 쉽게 믿지 못했다. 그래서 나는 전령, 즉 러너를 보내야 했다. 지혜로운 노파의 모습인 전령을 제이지가 멀리서 만나러 갔지만, 그녀 마음속에는 여전히 의심이 남아 있었다. 그래서 나는 다시 위자보드라는 도구를 통해 메시지를 보냈다. "오 지혜로운 이여, 우리가 당신께 경의를 표합니다. 밖으로 나가 보십시오. 하늘에서 빛을 보게 될 것입니다." 그녀는 곧장 밖으로 달려 나갔다. 그리고 우리가 나타났다. 거대한 빛이 하늘로 솟아올라 머리 위를 지나갔다. 빛은 두 갈래로 나뉘어 하늘 꼭대기까지 치솟았다가 방향을 바꾸며 멋진 장관을 만들어냈다. 그것은 이렇게 말하기 위한 작은 제스처였다. "안녕하세요. 우리는 존재합니다." 누군가는 말했을 것이다. "그거, 그냥 유성이었을 수도 있잖아." 아니다. 그것은 너무도 정교하게 계획된 일이었다.

당신이 본 그 빛은 인사였다. 그것이 바로 첫 번째 '안녕하세요'였다. 앞으로 당신은 그런 빛을 더 자주 보게 될 것이다. 그리고 다시 혼자 있는 외딴 공간으로 돌아갈 때, 그들은 또다시 당신에게 인사를 건넬 것이다. 만약 그들이 약간 머뭇거리는 듯한 모습을 보인다면, 실제로 그렇다. 그들은 매우 섬세하고 조심스럽다. 만약 그들이 다가왔을 때 당신이 그들을 보고 놀라거나 두려워한다면, 이번 생에서 가장 찬란한 '빛의 다리'를 건널 기회를 잃게 될 것이다. 그들이 찬란한 빛으로 나타났을 때, 당신 안의 신성이 깨어나 절대적인 사랑으로 그들을 맞이한다면, 당신은 말로 표현할 수 없는 놀라운 여정을 시작할 것이다.

당신은 지금 시간을 내어 배우고 있다. 익숙한 생각에서 벗어나 낡은 생각의 틀을 깨고 있다. 이제 마음은 단순히 감정을 표현하는 것이 아니라, 점점 더 객관적인 의식으로 바뀌고 있다. 이 과정은 쉽지 않다. 하지만 당신과 전혀 다르게 생긴 존재를 진심으로 만나기 위해서 거쳐야 하는 여정이다. 우리는 오랫동안 공포 영화, 두려움, 낯선 것들을 불신하는 태도에 익숙해져 있다. 그래서 자신과 조금이라도 다른 존재를 보면 본능적으로 위협이라 여기고, 곧바로 악으로 규정해 버린다. 하지만 객관적인 마음은 다르게 본다. 의식과 에너지(C&E®) 훈련을 통해 낯선 것들을 객관적으로 바라볼 수 있다. 미지의 영역이라 불리는 차원이다. 그곳에서 당신의 신성이 깨어나 직접 응답하고, 함께 움직이기 시작할 것이다. 이것은 숨을 쉬는 것만큼 확실한 사실이다. 그들은 - 당신 친구들처럼 - 실재하는 존재들이다. 이 점을 잊지 말아야 한다.

이 존재들은 실제로 존재한다. 하지만 과학자들은 그들에 대한 논문을 쓰지 않는다. 그들은 지금의 과학으로는 다룰 수 없는, 기존의 사실적 추론의 틀을 넘어선 영역에 있기 때문이다. 그러나 그들은 우주 어디에서나 만날 수 있으며, 사실 당신의 이웃과 다르지 않은 존재들이다. 당신이 먼저 따뜻한 사랑으로 그들을 대하지 않는다면, 진정한 관계를 맺을 수 없다. 때로는 당신이 먼저 손을 내밀어야 한다. 지금은 여전히 지구에 묶여 하늘로 날아오를 수 없지만, 언젠가는 땅에서 떠오르는 놀라운 경험을 하게 될 것이다. 강하게 숨을 내쉬는 의식과 에너지 (C&E®) 훈련 호흡법은, 과거 수도원의 수행자들이 공중에 떠오를 때 사용했던 방식과 같다.

당신이 그들에게 어떤 제스처를 보낼 때, 그리고 그들이 '안녕하세요'라고 인사했을 때, 당신이 그들을 축복하는 마음 또한 하나의 인사가 된다. 그 순간부터 당신은 더 깊은 여정으로 들어가게 된다. 당신은 이 현실이라는 퍼즐을 넘어, 그것을 가능한 한 많은 빛으로 풀어내고 확산시키는 법을 배워야 한다. 당신의 의식이 순수해질수록, 그들과 만날 가능성도 더욱 커진다. 만약 이 모든 과정이 단지 '나 외계인을 만났어'라는 자기 과시를 위한 것이라면, 당신은 결코 그들을 만날 수 없을 것이다. 당신 안의 신성에서 우러나온 사랑으로 그들을 만나고자 한다면, 그들 또한 사랑의 의식 안에 존재하기 때문에 그 만남은 말로 다할 수 없는 경이로운 경험이 될 것이다. 이제 당신은 왜 이 길을 개인적인 감정만으로 받아들여서는 안 되는지 조금씩 알게 되었을 것이다. 당신이 한계를 넘어서면, 곧 그들의 의식인 위대한 의식에 이르게 된다.

지금 많은 사람들이 깨어나 움직이고 있다. 그들은 자신의 영에 이끌려 스스로 길을 찾아가며 무언가를 깊이 느끼고 있다. 하지만 천사가 나타나 그들에게 길을 알려주지는 않을 것이다. 지금 당신 곁에는 다른 천사들이 아니라, 오직 나 람타만이 있다. 나 역시 천사 중 하나이지만, 지금은 나 혼자만이 이 말을 하고 있다. 아무도 이런 변화를 바라지 않는다. 너무 급격한 변화이기 때문이다. 나는 분명히 말하고 싶다. 지금 변화의 흐름을 따라 움직이는 당신의 모습, 그것이 바로 당신이 누구인지를 분명히 보여준다. 만약 당신의 영이 내가 전하는 말과 진실에 공감한다면, 당신은 이 모든 변화를 직접 보고 끝까지 살아남을 씨앗이다. 그렇게 된다면 우리는 다시 그들과 소통할 수 있고, 만 년 전의 스승들 또한 돌아올 것이다. 그것이야말로 얼마나 놀라운 일인가? 하늘로 서 있는 20미터 높이, 50톤이 넘는 거대한 석상 중 일부는 죽은 자의 무덤이 아니라, 언젠가 돌아올 이들을 위해 세워진 살아 있는 기념비이다. 석상들은 침묵 속에서 이렇게 말하고 있다. "우리는 돌아올 것이다. 우리는 여기에 묻히지 않았다. 우리는 저 너머에 있으며, 다시 돌아오고 있다." 의식이 준비되어야만 그들과 소통할 수 있다. 역사 속 많은 문명이 이런 준비를 해 왔었다. 그리고 어떤 문명들은 파괴된 것이 아니라 단지 이 현실을 떠났을 뿐이다. 그들은 더 깊은 깨달음에 이르렀고, 그 깨달음을 통해 진화하여 이 세상을 초월했다. 그래서 그들은 사라진 것이 아니라 떠난 것이다. 지금 그들은 다른 차원에 존재한다. 그들에게는 그것이 자연스러운 진화의 과정이다. 눈 깜짝할 사이에 파괴된 문명들도 있다. 그 장면은 실제로 목격되기도 했었다. 왜 그런 일이 일어났을까? 의식이 준비되어야만 태양 너머에서 오는 존재들과 만날 수 있기 때문이다. 그리고 지금, 당신은 바로 그 장대한 여정의 문턱에 서 있다. 이 순간에도 세상 곳곳에서 많은 사람들이 깨어나고 있다.

하지만 여전히 그것을 보지 못하는 이들이 있다. 그들은 이미 영이 죽은 자들이며, 변화를 받아들이지 못한다. 겉모습, 즉 이미지에만 의존해 살아가며, 이 문명 속에 묶여 있는 자들이다. 그러나 단 몇 사람이라도 진실을 보고 이해한다면, 그들은 다시 다리를 놓을 것이다. 그렇게 해서 위대한 스승들과 그들의 지혜가 다시 이 세상에 전해질 것이다. 그들은 자신을 드러내려는 것이 아니라, 당신이 그들과 동등한 존재임을 깨우쳐 주기 위해 돌아오는 것이다. 나는 원숭이 마음이 어떻게 움직이는지 안다. 여기서 말하는 원숭이 마음이란, 끊임없이 떠돌고 가만히 멈추지 못하며, 두려움과 충동에 즉각 반응하는 그 불안한 의식을 말한다. 그래서 지금 작고 평범한 당신이 낡고 죽어가는 세상 한가운데 있는 것이다. 당신은 돈을 내고 이곳에 왔고, 지금 이 스승은 이렇게 말하고 있다. 당신이 바로 씨앗 중 하나이다. 이 말은 사실이다. 당신이 듣고 있는 이 지식은 반드시 변화를 일으킬 것이다. 그것은 확실하다. 그러나 당신의 이미지는 이 진실 앞에서 두 가지 반응을 보일 것이다. 하나는 너무 많은 진실을 듣고 과부하에 걸려 폭발하는 것, 하지만 당신에게 꼭 필요한 과정이다. 또 하나는 내가 하는 말을 흘려듣고 이렇게 말하는 것이다. "멋진 이야기지만, 그런 일은 절대 일어나지 않아." 만약 그렇게 말한다면, 단언하건대 당신에게는 어떤 변화도 일어나지 않을 것이다. 지금, 이 순간 당신은 이 진실 중 얼마나 받아들여 자신의 현실로 만들지를 스스로 결정하고 있다. 내가 당신에게 하는 이 말은 처음에는 그냥 말일 뿐이다. 그러나 그것이 당신의 진실이 되는 순간, 당신은 그 진실과 맞는 현실을 끌어당길 것이다. 그때 당신은 살아 있는 진리가 된다.

인류의 각성과 폭정에 맞선 행진

"이제 당신 자신을 들여다볼 때이다. 그렇다, 당신은 여전히 지구에 속한 존재이다. 밤하늘을 가로지르는 불꽃의 우주선을 타는 존재도 아니며, 날개가 달린 존재도 아니다. 빛나는 피부를 가진, 키 2미터가 넘는 거대한 존재도 아니다. 그럼에도 불구하고 당신은 여전히 '신'이다. 그들만큼이나 소중하고 중요한 존재이다. 인간은 자신의 역할을 해야 한다. 당신의 영혼이 바로 그 길로 당신을 인도하고 있기 때문이다."

- 람타

당신들의 수는 훨씬 더 많다. 셀 수 없이 많은 존재들이 있으며, 바로 그들이 있었기에 지금까지 문명이 이어져 올 수 있었던 이유이다. 이제야 자기 행성이 파괴되고 있다는 사실을 깨닫기 시작한 사람들이 있다. 나는 그 점을 기쁘게 받아들인다. 지구는 오래전부터 파괴되어 왔다. 이제야 사람들은 파멸을 알아차리기 시작한 것이다. 머지않아 분노의 외침이 터져 나올 것이며, 그 외침은 오히려 축복이 될 것이다. 인류가 더 이상 잠들어 있지 않고 폭정에 맞서 일어설 때, 그 어떤 폭정도 오래가지 못한다. 지금처럼 많은 사람들이 깨어난 상황에서는, 어떤 독재도 막을 수 없다. 실제로 세상을 지배하는 것은 극히 소수에 불과하다. 만약 모두가 한꺼번에 깨어나 "이제 됐다, 더는 참지 않겠다"라고 외친다면, 인류는 처음으로 과거의 반복이 아닌 새로운 미래를 만드는 문명을 세우게 될 것이다. 역사는 늘 되풀이됐다. 문명은 늘 과거의 모습을 모방하여 세워졌기 때문이다. 미국 역시 로마의 잿더미 위에 수립되었으며, 세상은 언제나 이처럼 반복된다. 결국 모든 문명은 빛을 잃고, 최면에 걸린 듯 무디어지고, 문명화라는 이름 아래 본래의 생명력과 힘을 잃어버린다. 자유롭게 생각하지 못하는 무지한 사람들이 늘 있었으며, 그들이 깨어나지 못하도록 억눌러온 것이 종교이다. 지금 이 시대의 날카로운 칼날도 바로 종교이다. 만약 모두가 동시에 깨어나 "이제 그만!"하고 외치며 정부와 법을 만드는 자들, 탐욕을 조종하는 자들에게 맞서기 시작한다면 세상은 달라질 것이다. 많은 사람들이 꾸며진 삶을 거부하고 "이제 직접 내 손에 달라"고 요구하며 전기를 끊고, 자동차 시동조차 걸지 않는다면 모든 것이 변할 것이다. 그때 세상은 수많은 천재로 가득 차게 될 것이다. 자동차 업체들의 문서 보관함엔 영구기관 설계도가 있지만, 그들은 그것을 만들 여유가 없었다. 만약 그들이 그것을 만들었다면, 더 이상 어느 누구도 사람들을 통제할 수 없었을 것이다. 사람들은 마침내 진정한 자유를 얻게 될 것이다. 하지만 지금은 자유가 주어지지 않는다. 당신은 진정으로 자신이 누구인지 알고 있는가? 오래전 스승들이 알고 있었던 진실을 지금 말해줄 것이다. 지금 당신은 전 세계를 지배하는 소수의 폭군 아래에서 멍에를 메고 살아가는 노예이다. 당신은 수표를 쓰고 돈을 낼 때마다 그들에게 "좋습니다"라고 말하며 스스로 억압의 체제에 순종하고 있다. 그러나 당신은 그 탄압에 맞서 일어설 수 있다. 나는 한때 200만 명의 군대를 이끌었던 사람이다. 지금도 내게 그 군대가 있다면, 세상은 전혀 다른 모습일 것이다.

잘 들어라. 당신은 세상을 바꿀 수 있다. 하지만 인간의 힘만으로는 절대 바꿀 수 없는 것들도 있다. 지질학적 변화나 초자연적인 개입이 있어야만 해결될 수 있는 문제들이 있다. 그중 하나가 바로 바다이다. 당신은 바다를 정화할 수 없다. 무엇으로 정화할 것인가? 바다 전체를 빨아들일 만한 거대한 진공청소기가 있는가? 모든 오염을 걸러낼 엄청난 여과 장치라도 있는가? 아니면, 지금껏 바다에 쏟아부은 오염을 중화할 화학물질이라도 있는가? 아니다. 그런 화학물질은 오히려 바다의 모든 생명을 죽이고, 바다를 불모지로 만들 뿐이다. 그렇게 되면 지금 우리가 아는 생명체들이 다시 나타나기까지 수억 년이 걸릴 것이다. 그렇다면 당신은 어떻게 할 것인가? 여전히 생선을 먹을 것인가? 당신은 도시들과 문명이 내뱉은 배설물과 오염의 찌꺼기를 그대로 먹고 있는 셈이다. 아니다, 그런 방식으로는 문제를 해결할 수 없다. 그럼에도 불구하고 당신은 여전히 많은 일을 할 수 있다.

당신이 만나고 싶어 하던 존재들, 낭만적인 만남을 꿈꾸며 그리워했던 그들은 지금 당신의 생명과 직접 연결된 아주 중요한 목적을 가지고 이곳에 와 있다. 이보다 더 중요한 일이 있을 수 있겠는가? 그들은 실제로 존재하는 존재이다. 지금 썩어가는 바다와 바다의 생명을 되돌릴 수 있는 존재는 오직 그들뿐이다. 실제로 그들은 지금 그 일을 시작하려 하고 있다. 그러나 그들이 어떻게 할지는 당신은 알 수 없다. 다만 한 가지 분명한 것은, 이제 당신을 도울 수 있는 존재는 그들뿐이라는 것이다. 지금 상황은 인간의 힘으로는 되돌릴 수 없을 만큼 늦어버렸다. 너무 늦어버린 것이다. "보이지 않으면 잊는다"라는 말이 있다. 그러나 지금의 현실 속에서 버틸 수 있는 시간은 오래 남지 않았다. 의식에서 밀려난 현실은 결국 당신이 만든 파멸의 그림자가 되어 되돌아오고 있다. 지금 하늘은 무너지고 찢어지고 있다. 이제 더 이상 낯설지 않은 광경이다. 그래서 우리가 이곳에 온 것이다. 나는 더 많은 진실을 말할 수도 있다. 그렇게 하면 사람들에게 겁을 준다고 비난할 것이다. 하지만 때때로 사람들을 깨우려면 충격이 필요하다. 지금이 바로 그때이다. 이제 우리는 다른 곳으로 시선을 돌려야 한다. 그것은 바로 앞으로 당신이 맞이할 10년이다. 10년은 그냥 다가오는 미래가 아니라, 당신이 직접 만들어가는 미래이기 때문이다.

내가 "당신은 내 의식 안에 있다"라고 말했을 때, 그것은 꾸며낸 말이 아니라 진심이었다. 또 "당신 중 몇몇은 지식의 씨앗이다"라고 말했을 때도, 단순한 표현이 아니라 사실이었다. 당신이 무지 속에 머무르지 않도록, 또 문명화된 겉모습만 붙들고 살지 않도록, 나는 끊임없이 지식을 전해 줄 것이다. 당신 안에는 이미 진리가 있으며, 신리를 스스로 깨닫고 살아가기를 바라기 때문이다. 그래서 언젠가 당신이 그들과 만나게 되면, 두려워서 도망치지 않도록 내가 미리 준비시키는 것이다. 그때가 오면 당신은 충분한 지식과 용기를 갖추게 될 것이다. 그 경험을 세상에 자랑하거나 신문사에 달려가 증거를 내미는 등 증명하려 애쓸 필요는 없다. 그냥 있는 그대로 자신답게 당당히 살아가면 된다. 이 모든 과정은 곧 끝을 맺게 될 것이다. 그러니 지금 이 순간, 지식을 받아들이고 의식을 확장해야 한다. 가능한 한 매일 조금씩이라도 의식에 자신을 맞추면서 살아가야 한다. 숨을 쉴 수 있다면, 의식과 에너지 (C&E®) 훈련도 충분히 할 수 있다. 이 훈련은 억지로 시간을 내서 하는 것이 아니라, 시간에 얽매이지 않고 지금, 이 순간을 새롭게 만드는 훈련이 되어야 한다.

더 많은 것을 보고 싶은가? 그렇다면 의식을 넓혀야 한다. 그래야 더 큰 세상을 볼 수 있다. 귀 뒤쪽에는 송과선이라는 작은 뇌 조직이 있다. 땅콩만 한 크기이지만, 에너지가 흐르면 열리면서 각성이 일어난다. 때로는 전기 충격 같은 강한 에너지가 흐르기도 한다. 이곳은 뇌에서 가장 민감한 부분이며, 다른 차원의 세계를 볼 수 있게 해 주는 관문이다. 송과선이 열리면, 당신은 나를 볼 수 있다. 이미 일부는 나를 보기 시작했다. 훈련을 통해 에너지를 만들고, 송과선을 열어 빛을 인식할 수 있게 되었기 때문이다. 송과선은 보이지 않는 세계로 들어가는 문이다. 그래서 매일 의식과 에너지 (C&E®) 훈련을 하며 강한 호흡으로 공기를 밀어 넣으면, 의식이 점점 확장되어 보이지 않는 세계에 닿을 수 있다. 사실 이것은 당신이 이곳에 오기 전부터 배우기로 되어 있던 훈련이다. 이제 당신은 받아들일 준비가 되어 있다. 당신은 할 수 있다. 그러니 팔짱을 끼고 "글쎄요, 나에게는 별 효과 없는 것 같아요"라고 말하지 말아야 한다. 실제로 효과가 있다. 의식과 에너지 (C&E®) 훈련으로 생긴 에너지는 내면을 열어 기쁨의 진동을 일으킨다. 만약 그 과정에서 단 한 순간이라도 당신이 웃었다면, 그것만으로도 이미 놀라운 일이 일어난 것이다. 그 웃음이 새로운 현실을 끌어당기는 힘이기 때문이다.

앞으로 10년 동안, 당신은 격동의 시기를 지나면서도 자신의 길을 계속 걸어가게 될 것이다. 그 과정에서 참된 자유를 얻으려면, 반드시 자기 주권을 확립해야 한다. 자유란 남에게 기대어 사는 것이 아니다. 그것은 결국 기생하는 삶일 뿐이다. 진정한 자유는 자신의 힘으로 자기 자리를 지키는 것이다. 그러니 이제는, 뿌리를 깊이 내리고 삶의 기반을 단단히 다져야 한다. 그렇게 될 때, 지식은 저절로 당신에게 흘러 들어올 것이다. 강물처럼 자연스럽게 당신의 삶 속으로 스며들 것이다. 그리고 언젠가 홀로 고요히 머무는 순간, 진정한 만남이 일어날 것이다. 그들은 매우 섬세하고 신중한 존재들이다. 잊지 말아야 한다. 당신은 여전히 호전적인 기질을 지닌 종족이다. 각성과 변화의 황홀함은 본질적으로 하나이자 같은 것이다. 진정한 마스터는 모든 경험에서 지혜를 얻고, 그 지혜로 앞으로 나아갈 용기를 가진 자이다. 그러지 못한다면, 여전히 과거 속에 갇혀 있는 것이다. 퍼즐 사이로 한 줄기 빛이 스며들었지만, 곧 문명이라는 낡은 이미지에 덮여 사라지고 만다. 그러면 결국 다시 예전의 틀로 되돌아가게 된다. 그러나 분명한 사실이 하나 있다. 당신은 더 이상 예전의 그 사람이 아니다. 다시는, 절대로. 그것이 바로 각성의 황홀함이다.

각성의 황홀함이란, 과거와 미래라는 환상에서 벗어나 지금, 이 순간을 온전히 발견하는 은총이다. 순간은 시간의 틀을 무너뜨리고 오직 존재하기 위해 드러난다. 그러나 이생에서 모든 사람이 자기 안의 참된 모습을 받아들일 준비가 되어 있는 것은 아니다. 아직 의식이 충분히 진화하지 않았고, 사랑과 지혜의 씨앗이 아직 준비되지 않았기 때문이다. 지혜의 씨앗이 있어야만 사람은 용기를 내어 자기 내면의 진실을 마주하고, 살아낼 수 있다. 그러나 그렇다고 해서 그들이 잘못되었거나 뒤처졌다는 것은 아니다. 단지 아직 그들의 때가 오지 않았을 뿐이다. 삶은 본래 그렇게 흘러간다. 그렇다, 이 가르침은 절대 쉽지 않다. 그리고 무엇보다 어려운 점은, 가르침이 변화를 일으킨다는 사실이다. 그리고 변화는 종종 고통을 동반한다. 그래서 대부분은 끝까지 버티지 못한다. 너무 힘들어 멈춰 서거나, 도망쳐 버린다. 그 결과, 그 경험이 줄 수 있었던 모든 것을 얻지 못한 채 살아가게 된다. 지혜를 얻는 대신, 남는 것은 오직 후회와 고통, 절망과 슬픔뿐이다. 하지만 그 모든 과정을 지켜보고 있는 또 다른 존재들이 있다.

그들은 눈으로는 도저히 담을 수 없을 만큼 찬란한 아름다움을 지닌 존재들이다. 그들은 고대의 불의 전차들이며, 오늘날에도 성모 마리아의 환영을 통해 교회에 메시지를 전하고 있다. 교회를 변화시키기 위해 지금도 그렇게 하는 것이다. 세상에는 성모 마리아와 요셉이 얼마나 많았는지 아는가? 사람들에게 메시지를 전하려면 반드시 이미지가 필요했기 때문이다. 정작 존재 자체는 볼 수 없으니, 이미지를 빌려야 했다. 그래서 사람들은 이미지가 전하는 말을 듣고서야 믿게 된 것이다. 앞으로 당신 중 일부는 전혀 이해할 수 없는 장면을 보게 될 것이다. 이미지가 어디서 비롯되었는지를 볼 수 없기 때문이다. 만약 그것을 있는 그대로 본다면, 당신은 충격을 받고 두려움에 휩싸여, 오히려 경험을 부정하고 의식을 닫아버릴 수도 있다. 그래서 그들은 이미지를 사용하는 것이다. 책 중의 책이라 불리는 성서도 마찬가지이다. 인류에게 메시지를 전하기 위해 상징적 이미지들로 가득 채워졌었다. 하지만 성서에 등장하는 인물들이 실제로 모두 존재했던 사람이라고 단정할 수는 없다. 그들은 메시지를 전달하기 위해 만들어진 이미지였을 뿐이다.

위대한 신들은 여전히 이 세상에 존재하며, 모든 계획의 주체들이다. 그러나 그들이 상대해야 하는 것은 지극히 좁고, 미신적이며, 무지하고 두려움에 사로잡힌 인간의 사고방식이다. 그래서 그들은 당신이 받아들일 수 있는 수준에 맞추어 진실을 전할 수밖에 없다. 하지만 언젠가 정말 놀라운 날이 올 것이다. 그날이 오면 당신은 더 이상 '성모 마리아'나 '요셉', 혹은 '부처'라는 이미지에 의지하지 않고, 그들을 있는 그대로 바라볼 수 있을 것이다. 나는 지금껏 단 한 번도 누구에게도 내 모습을 드러낸 적이 없다. 그 누구도 나를 그려본 적이 없다. 그것은 매우 현명한 선택이었다. 그래서 나는 지금도 안전하게 남아 있는 것이다.

그들이 더 이상 어떤 특정한 이미지로 나타날 필요 없이, 당신이 그들을 있는 그대로 보게 되는 날, 그것은 정말 경이로운 순간이 될 것이다. 기억해야 한다. 그들 또한 하나의 운명을 지니고 있다. 그것은 바로 진화하는 것이다. 하지만 진화의 길은 당신의 선형적 사고방식으로는 결코 이해할 수 없다. 당신은 언제나 시간과 공간이라는 틀 안에서만 세상을 보기 때문이다. 그럼에도 불구하고 그들은 계속 진화하고 있다. 그들은 신성을 자신 안에 통합하고 있으며, 결국 자신이 될 수 있는 모든 것이 되는 것이 그들의 궁극적인 목표다. 인간은 본래 지루함을 느끼지 않는 존재이다. 지루함은 인간 정신에 있어 죽음을 뜻한다. 여기서 말하는 인간이란, 차원을 넘나들고, 별들 사이를 여행하며, 평행우주를 자유롭게 오가는 존재이다. 대부분의 문명은 동일한 패턴을 반복하며, 반복이 그들의 역사가 된다. 그들은 하나의 이미지로 굳어져 있기 때문에 결코 진화하지 못한다. 그러나 여기서 말하는 인간들은 다르다. 그들은 진화하며, 각자의 고유한 운명을 지니고 있다. 그리고 무엇보다 바로 이들이야말로 진정한 신이다.

이제 당신 자신을 들여다볼 때이다. 그렇다, 당신은 아직 지구에 속한 존재다. 밤하늘을 가로지르는 불꽃 같은 우주선을 타는 존재도 아니며, 날개가 달린 존재도 아니다. 빛나는 피부에 키가 2미터가 넘는 존재도 아니다. 그럼에도 불구하고 당신은 여전히 신이다. 그들만큼이나 중요한 존재이다. 자신을 결코 그들보다 열등한 존재로 여기지 말아야 한다. 당신은 단지 진화의 다른 단계에 있을 뿐이다. '신으로서 당신의 운명'은 그들의 운명만큼이나 깊고도 중요한 의미를 지니고 있다. 인간으로서의 당신 또한 이 여정에서 반드시 해야 할 역할이 있으며, 당신의 영혼은 그 길을 향해 끊임없이 당신을 이끌고 있다.

 나는 굳이 여기 와서 당신과 이야기할 필요가 없었다. 내가 이곳에 오기까지 어떤 과정을 거쳐야 하는지, 당신은 전혀 알지 못한다. 정말 아무것도 모른다. 아마도 당신은 이렇게 생각했을 것이다. "이 존재의 말을 들을 가치가 있을까?" 하지만 단 한 번이라도, "이 존재가 나를 어떻게 생각할까? 내가 과연 가르침을 받을 만한, 혹은 사랑받을 만한 존재일까?"라고 자신에게 물어본 적이 있는가? 당신에게는 실로 중요한 진실이 있다. 그것은 바로 당신이 '신'이라는 사실이다. 그리고 내가 사랑하는 존재는, 바로 그 신이다. 당신은 각자 자신만의 운명을 지니고 있으며, 삶 속에서 저마다의 방식으로 진화해 갈 것이다. 당신의 영혼이 진화를 원하기에, 진화는 반드시 이루어진다. 그리고 그 여정은 매우 고귀한 일이다. 지금 내가 말하고 있는 이 존재들이 있는 그 자리가, 어쩌면 다음 생에서 당신이 도달할 수도 있는 미래이기 때문이다. 그러나 사실 지금의 당신은 아직 승천할 준비가 되어 있지 않다. 이곳에 있는 누구도 그러하다. 더구나 당신은 아직 승천이 무엇을 뜻하는지도 알지 못한다. 어쩌면 당신은 다음 생에서, 노란 태양이 아닌 푸른 태양 아래 빛나는 행성, 혹은 아주 먼 우주의 별에서 다시 태어날지도 모른다. 이생은 앞으로의 모든 생애를 떠받치는 기반이 될 것이다. 그렇기에 지금, 이 순간은 진화의 여정에서 특별한 의미를 지닌다. 이번 생은 진화라는 그 거대한 여정 속에서 내딛는 한 걸음이다. 만약 당신의 삶을 선형적으로 본다면, 일곱 계단을 오르는 것과 같다. 각 계단에는 발자국이 남아 있으며, 그 하나하나가 당신의 삶과 여러 생애가 모여 이루는 빛, 곧 깨달음이 된다. 당신이 한 걸음을 내디딜 때마다, 다음 단계는 더 깊고 높이 도약하는 발걸음이 될 것이다. 그러므로 이번 생은 당신 진화의 여정에서 매우 중요한 하나의 발걸음이다. 그렇다면 다음 걸음은 어디로 향할까? 그 답은 오직 지금, 이 순간, 당신이 창조해 내는 현재 속에서만 존재한다. 바로 이 지금, 이 순간이야말로 당신 존재의 본질이며 가장 중요한 것이다.

하늘을 올려다보며 존재들을 부러워하지 말아야 한다. 그 순간, 당신은 자신의 가치를 깎아내리고 있다. 또 "저 멀리 다른 세상에서 살 수 있다면 얼마나 좋을까?" 하는 헛된 바람도 품지 말아야 한다. 그렇게 생각하는 순간 지금의 현실을 부정하고 무너뜨리게 된다. 당신은 지금 이 모습 그대로 존재해야 한다. 그리고 진화해야 한다. 그렇게 할 때, 당신은 상상조차 하지 못했던 더 크고 놀라운 여정과 결실을 얻게 될 것이다. 당신은 단순한 존재가 아니다. 당신은 모든 여정을 살아낼 충분한 가치를 지닌 존재이다. 이것이 바로 핵심이다. 내가 당신을 그렇게 가치 있는 존재로 여긴다면, 이제는 당신 자신도 그렇게 여겨야 하지 않겠는가? 그러하리라(So be it). 나는 당신을 사랑한다.

세상의 끝이 아니라, 당신과 함께하는 변화의 시작이다.

"세상은 변화되기를 기다리는 하나의 물질로 존재한다. 죽어가고 있는 이 현실은 반드시 변해야 한다. 그리고 인간 또한, 그의 정신이 깨어나 변화되기를 기다리고 있다."

- 람타

한 가지 분명히 해두고 싶다. 나는 세상이 종말을 맞이한다고 말한 적이 없다. 하지만 오늘, 누군가 그렇게 말하는 것을 들었다. 그것은 내가 한 말이 아니다. 내가 말한 것은, 세상이 지금 죽어가고 있다는 사실이다. 하지만 동시에 이 세상은 위대하고도 강력한 도움을 받고 있다. 세상은 반드시 변해야 한다. 기억하는가? 우리가 현실이라는 원 안에 갇힌 이미지와 퍼즐을 산산이 깨뜨려야 한다고 말했듯이, 세상도 마찬가지다. 세상은 하나의 생명력이며, 그 생명은 변해야 한다. 지금, 변화에 함께하기 위해 위대한 형제들, 고대의 스승들이 이곳에 와 있다. 그리고 당신 역시 이 변화에 동참할 것이다. 반드시 동참해야만 한다. 그렇지 않으면, 당신은 과거라는 그림자 속으로 사라지게 될 것이다. 다시 말하지만, 나는 세상이 끝날 것이라고 말한 적이 없다. 세상은 끝나는 것이 아니라 변할 것이다. 또한 나는 세상이 잿더미가 되어 불타버릴 것이라고도 말한 적도 없다. 물론, 그럴 가능성은 있다. 아주 쉽게, 그렇게 될 수도 있다. 지금 지구의 대기는 매우 불안정하다. 죽음을 다루고, 물질을 파괴할 수 있는 무기, 핵무기를 손에 쥔 자들 역시 극도로 불안하다. 이 세계는 지금 여러 면에서 매우 불안정한 상태다. 그러나 의식의 변화가 일어난다면, 초의식은 새로운 하늘과 새로운 지구를 불러올 수 있다. 여기서 말하는 하늘은 창공과 성운, 우주의 구조를 의미하며, 새로운 지구는 변화된 인간과 변화된 어머니 지구를 뜻한다. 그리고 당신은 바로 그 거대한 변화의 직조물, 그 태피스트리의 일부이다. 이 점을 꼭 명확히 해두고 싶었다. 당신이 세상을 어떻게 말하고, 어떻게 받아들이는지를 잘 알고 있기 때문이다. 아니다, 세상은 끝나지 않는다. 끝나는 것은 당신이 알고 있는 문명이다. 이미 부패해 썩어가고 있는 그 문명이 종말을 맞이할 것이다. 그러나 세상은 반드시 변해야 한다.

당신이 지금 배우고 있는 차원 간 마음을 이해하는 것은 매우 중요하다. 차원을 넘는 생각을 할 수 있어야만 초의식에 들어가고, 다가올 새로운 세상에 속할 수 있기 때문이다. 지금 당신은 의식을 통해 차원을 넘는 마음을 여는 법을 배우고 있다. 의식이 점차 확장되고, 더 깊이 있는 사실을 있는 그대로 보는 이해, 즉 객관적인 이해에 이르게 될 때, 더 큰 지식이 주어질 것이다. 지금 당신은 나의 의식 안에 있으며, 곧 당신의 의식이 깨달음의 빛으로 채워질 것이다. 당신은 스스로 그 깨달음을 받을 자격을 만들어가고 있다. 그리고 그 자격을 갖추게 될 때, 그 깨달음을 현실에서 직접 경험하게 될 것이다. 당신은 이제 막 움트기 시작한 씨앗이다. 그래서 당신은 위대한 계획에 속한 존재다. 스스로 너무 작아서 아무것도 바꿀 수 없다고 느낄 때, 당신은 자연스럽게 익숙한 모습이나 이미지로 돌아가고 싶어한다. 나 역시 당신이 그런 감정을 느끼는 순간들을 지켜보아 왔다. 그리고 지금 의식이 확장되고 실제 삶에서도 변화가 일어나고 있음에도 불구하고, 불안과 두려움이 밀려올 수도 있다. 자신을 정의해왔던 많은 것들이 사라지면서 무력감을 느끼기 때문이다. 이제는 나라는 존재를 어떻게 설명해야 할지도 알 수 없게 되었다. 그러나 바로 그 지점, 막막함과 혼란의 경계야말로 깨달음이 당신 안에서 피어나고 있다는 놀라운 징후이다.

의식과 에너지 (C&E®) 훈련 하다 보면, 미지의 세계가 전혀 도움이 되지 않는 것처럼 느껴질 수 있다. 하지만 그것은 잘못된 생각이며 단순한 오해

세상의 끝이 아니라, 당신과 함께하는 변화의 시작이다

다. 알 수 없는 미지의 세계는 결국 당신의 의식 속으로 들어와 하나가 된다. 미지의 세계는 당신을 돕는다. 그것이야말로 삶을 가능하게 하는 본질이기 때문이다. 미지의 세계를 받아들여야만 비로소 그 세계로부터 확장할 수 있다. 지금 당신은 당신 안에 존재하는 신성한 의식의 도움을 받고 있다. 당신이 전혀 익숙하지 않은 낯선 보이드 속을 걷고 있기 때문에 그 안에서 어떤 징조나 상징을 찾고 있다는 것을 알 수 있다. 그러나 보이드는 그저 보이드일 뿐이다. 그리고 당신은 보이드의 공간들을 계속 걸어가야만 한다. 그 길은 익숙한 것이 하나도 없고, 온통 낯설게 느껴질 것이다. 하지만 기억해야 한다. 당신이 찾고 있는 그 표식은 결국 과거의 이미지에 불과하다. 당신을 지탱하려면 언제나 과거에서 끌어온 것에 의존해야 하기 때문이다. 그러나 바로 보이드, 그 자체가 메시지다. 그것은 잠들어 있던 마음이 깨어나고 있다는 증거이며, 여정에서 반드시 거쳐야 할 과정이다. 이 여정은 끝내 혼자 걸어야 할 길이다.

내가 꼭 전하고 싶은 것이 하나 있다. 지금 당신은 나를 보고, 내 말을 듣고, 이 몸을 통해 메시지를 배우고 있다. 그러나 그 너머에는 당신을 깊이 사랑하며 강력한 힘으로 함께하는 존재가 있다. 내가 바로 그 존재다. 나는 당신이 보이드의 깊은 곳까지 들어가는 여정에 끝까지 함께할 것이다. 나 역시 그곳을 다녀왔다. 나는 안다. 당신이 어디로 가고 있는지, 그 길에 무엇이 필요한지. 그리고 당신을 어떻게 밀어붙이고, 어떻게 이끌어야 하는지를. 나는 당신을 도울 수 있다. 그리고 언제나 당신 곁에 있을 것이다. 언젠가 이 위대한 태피스트리가 완성되는 날, 당신은 전체 그림을 보게 될 것이다. 그리고 그 안에서 자신이 얼마나 경이로운 역할을 해냈는지를 깨닫게 될 것이다. 왜냐하면 그날, 당신은 여전히 살아서 그 모든 것을 직접 바라보게 될 것이기 때문이다. 그것이야말로 참된 신호다.

처음에 나는 당신에게 말했다. 차원을 초월해 형제들을 이해하려면, 반드시 선입견에 치우치지 않고 사실을 있는 그대로 바라보는 마음, 객관적인 마음이 필요하다고. 우리는 아주 짧은 시간 안에 당신이 그런 마음을 갖도록 부단히 힘써 왔다. 당신은 아는가? 어떤 이들은 평생을 바쳐 자기 안의 이미지를 지우는 훈련을 한다. 또 어떤 이들은 숨 쉬는 법, 집중하는 법, 그리고 사실을 있는 그대로 바라보는 법을 평생 배운다. 그런데 우리는 이번 생에서 주어진 짧은 시간 안에 모든 것을 배우려 하고 있다. 우리는 당신의 현실 속에서 꼭 시간을 정해 그 일을 해야 했다. 그래서 지금도 현실의 가장 작은 틈 어딘가에서 이 작업을 하고 있다. 우리가 가진 것은 그것뿐이었기 때문이다. 우리는 작은 틈 속에서 당신 안에 자리한 조건화와 피해의식, 그리고 주관적인 사고방식을 뒤집으려 애쓰고 있다. 그렇게 해야만 의식을 더 크게 확장할 수 있기 때문이다. 그리고 꼭 전하고 싶은 것이 있다. 당신이 의식과 에너지 (C&E®) 훈련 할 때마다, 당신은 사실을 있는 그대로 바라보면서 객관적인 시각으로 움직인다. 그 과정에서 당신은 의식을 확장하며 자기 안에 남아 있던 이미지를 산산이 깨뜨리고 불태워 없앤다. 매번 훈련할 때마다 당신은 이렇게 낡은 자아와 조건을 지워낸다. 인간이라는 이 드라마 속에서, 이 훈련만이 당신의 의식을 확장하고 진정한 변화로 이끈다.

 나는 당신이 다시 익숙한 주관적인 생각으로 돌아가고 싶어 하는 유혹을 받고 있다는 것을 안다. 지금 당신에게 가장 편하고 익숙한 방식이기 때문이다. 사막을 건너는 것 같은 고된 여정에서 우리는 자주, 예전에 머물렀던 익숙한 자리, 과거의 사고방식으로 돌아가고 싶은 강한 유혹을 느낀다. 그곳은 편안하고 익숙하지만, 지금 당신이 맞닥뜨린 현실은 너무 낯설고 어색하기 때문이다. 지금 당신은 낯선 의식, 새로운 마음과 마주하고 있다. 당신도 그 낯선 마음이 되어야 한다. 물론 누구나 할 수 있는 것은 아니다. 하지만 놀랍게도, 아주 단순한 일이다. 그저 굳어진 몸과 굳은 생각의 틀을 깨뜨리면 된다. 그럴 때 비록 아주 짧은 순간이라도, 당신은 놀라운 경험을 하게 될 것이다. 바로 차원 간 마음이다. 차원 간 마음이야말로 당신을 모든 존재와 이어 주는 의식의 다리이다.

당신은 지금 확실히 변하고 있다. 변화는 당신이 스스로 안에서 첫걸음을 내디뎠기 때문에 가능했다. 나는 정말 기쁘다. 어떤 이미지도 당신을 진짜 행복하게 해 주지 못한다. 돌아볼 수 있는 과거도 없고, 기대할 수 있는 미래도 없다. 존재하는 것은 지금, 이 순간뿐이다. 그리고 이 순간 안에 깃든 신의 현존과 깨달음만이 영원하다. 당신이 원한다면 수많은 훌륭한 가르침을 들을 수 있다. 내가 예전에 인간의 말을 서툴게 해서 신비롭게 들렸던 말들도 다시 들을 수 있을 것이다. 또한 과거의 장면들을 반복하거나 재현할 수도 있다. 그러나 결국, 자신을 둘러싸고 있던 모든 껍질을 벗겨내고 본질에 다다를 때, 당신은 의식을 넓히고 변화할 수 있는 존재가 된다. 단지 진심으로 원하기만 하면 된다. 하지만 기억하라. 모든 화려한 말과 신비로운 표현들은 결국 또 하나의 이미지를 만들어낼 뿐이다. 언젠가는 그 이미지들과 마주해야 하고, 그것들을 반드시 부숴야만 한다.

의식을 넓히기만 해도 당신은 자신 안에 있는 하늘의 왕국과 연결될 것이다. 그리고 그 너머, 당신 안의 신, 곧 자아라 불리는 존재와도 이어질 것이다. 자아는 당신의 운명을 존중하며, 언제나 당신을 붙들고 함께하는 육신 안에서 살아 움직이는 영이다. 영은 생명의 책 속에서 새로운 장을 열어가는 존재와 같다. 그리고 당신의 여정이 끝날 때까지 결코 당신을 놓지 않을 것이다. 당신 안의 신은, 당신의 운명이 완성될 때까지 결코 당신을 떠나지 않는다. 그때가 되면 당신은 더 이상 무언가를 원하거나 꿈꾸거나 바랄 필요가 없다. 신은 이미 모든 것을, 아주 정확하게 알고 있기 때문이다. 그래서 굳이 부탁할 필요가 없다. 부탁하는 순간 오히려 그 존재와 분리되기 때문이다. 당신은 그저 원하는 그것, 신이 되기만 하면 된다. 그것이 다. 결론은 간단하다. 당신은 그것을 해낼 수 있다. 한순간이면 충분하다. 그 순간, 당신은 이 의식과 연결될 수 있다. 나머지는 다 필요 없는 것들이다. 영적인 오염, 반복되는 무지, 쌓이고 또 쌓인 헛된 것들은 결국 버려야 할 쓰레기일 뿐이다.

나는 당신과 이야기할 때 단 한 마디도 헛되이 하고 싶지 않다. 나는 오직 당신이 진실을 이해할 수 있도록 돕기 위해 여기에 왔다. 나는 안다. 당신이 얼마나 자주 흔들리는지, 무엇을 두려워하는지, 그리고 왜 그런 두려움을 느끼는지도. 그러나 지금 당신이 느끼는 보이드는 미지의 세계이자, 동시에 당신이 깨달음의 길로 나아가고 있음을 분명히 보여준다. 나는 당신을 돕고, 혼란을 넘어 본질적인 진실을 전하기 위해 이곳에 왔다. 외부와 연결되기 전에 먼저 해야 할 일이 있다. 바로 지금 이 순간, 영원한 존재로서의 참된 나, 신성을 바라보며 의식을 넓히는 것이다. 방법은 간단하다. 눈을 안으로 향해 스스로에게 이렇게 말하는 것이다: "나여, 드러나라." 단 한 순간이면 된다. 그 순간 당신 안의 신성이 깨어나기 시작할 것이다. 그때 당신은 곧바로 의식과 에너지 (C&E®) 훈련을 하게 될 것이며, 훈련은 당신 안의 자아와 신성을 더욱 강하게 깨워줄 것이다. 그리고 일상으로 돌아갔을 때, 당신은 더 이상 예전의 존재가 아닐 것이다. 모든 환상을 꿰뚫어 보는 눈을 갖게 되고, 진정한 기쁨을 발견할 것이다. 당신 안에서 내적인 힘이 깨어나, 진정으로 원하는 현실을 직접 만들어낼 수 있을 것이다. 그리고 현실 속에서 자신을 은총의 눈으로 바라보게 될 것이다. 단 하나의 의식, 곧 '신'이라는 이름만으로 충분하다. 우리는 지금 그 본질의 중심으로 곧장 들어가고 있다. 왜냐하면 이 모든 변화는 바로 당신 안에서 일어나고 있기 때문이다.

세상의 끝이 아니라, 당신과 함께하는 변화의 시작이다

생명력에게,
영원히,
존재하는 나로서.
그러하리라(So be it).

물질의 변성(Transmutation), 자아의 승화(Transfiguration)[18]

"이 세상은, 더 큰 에너지로 변화되기를 기다리는 하나의 물질이다. 그리고 인간 역시 더 높은 의식을 받아들여 지혜로운 존재로 거듭나기를 기다리는 물질이다."

- 람타

---

18) 물질의 변성인 'Transmutation'은 내면의 본질적인 에너지 또는 의식이 근원적으로 변화하여, 보다 높은 주파수의 상태로 전환되는 과정. 즉, 내적 에너지 차원의 변화이며, 연금술적인 의미의 근본적인 변환이다. 자아의 승화인 'Transfiguration'은 변형(transmutation)을 통해 일어난 내면적 변화가 외적인 형상과 존재 전체에까지 뚜렷하게 드러나고 반영되는 상태. 자아의 형태와 본질이 빛으로 전환되는 신성한 변형이다. 즉, 신성한 내적 변화가 외적 형상과 전 존재로 명백하게 표현되는 것을 의미하며, 예수의 '변모 사건'과 같이 형상과 빛으로 나타나는 현상이다.

이제 나의 말을 다시 한번 기억해야 한다. 이 세상은 더 높은 에너지로 변화하고 승화되기를 기다리고 있는 물질이다. 인간 역시 마찬가지다. 인간은 더 높은 의식을 받아들여 지혜로운 존재로 거듭나기를 기다리는 물질이다. 세상은 하나의 물질이고, 물질은 더 위대한 에너지로 변화되고 승화되기를 기다리고 있다. 인간의 육체 또한 물질이다. 몸은 지혜로운 남성과 여성으로 거듭나기 위해, 변화의 순간을 조용히 기다린다. 이러한 승화의 여정은 물질이 변하는 과정, 즉 물질의 연금술이며, 그 결과 신성한 에너지가 드러나 흘러나온다. 물질이 에너지의 비밀을 간직한 잠재된 힘을 드러내며 승화되듯, 인간의 몸 또한 그러하다. 그 여정을 인도하는 존재는 다름 아닌 당신 자아다. 인간의 몸은 안에 잠든 에너지를 드러내기 위해 변화되고, 승화되기를 기다리는 하나의 신성한 그릇이다. 지혜로운 존재들이 발산하는 고귀한 에너지는 '우주의 주인들'이라 불리는 초월적 존재들을 끌어당기는 힘이다. 에너지는 초 생명체를 불러들이며, 그 본질은 곧 초의식으로 향하는 길 그 자체다.

우리는 지금 물질의 승화에 대해 말하고 있다. 물질을 갈아 부수고, 분해하고, 해체하는 과정을 거칠 때, 전혀 새로운 생명의 형태가 탄생한다. 이 일을 하는 사람이 바로 연금술사다. 그는 오직 이 목표 하나만을 위해 평생을 바친다. 극심한 가난 속에서도 매일 같은 물질을 불에 넣어 달군다. 7년 동안 하루도 빠짐없이 그 일을 되풀이한다. 먹을 것이 없어도, 입을 옷이 없어도, 따뜻한 온기가 없어도, 그는 오직 물질이 변화하는 그 순간을 위해 모든 것을 견딘다. 그렇다면 무엇이 그를 그렇게 오랜 기다림 속에서도 버티게 했을까? 이유는 단 하나다. 잔 속의 검은 액체에서 별들이 굴러가는 모습을 보았을 때, 그는 드디어 물질을 변화시킨 것이다. 그는 물질을 승화시켰다. 그리고 그 과정 자체가 곧 자신의 존재를 승화시키는 의식이었다. 그가 그 순간을 기다리는 이유는 분명하다. 물질을 변화시키는 신성한 여정 속에서 그 자신 또한 변형되고, 승화되며, 마침내 해방되기 때문이다. 의식 안에서 그는 물질에서 벗어나고, 세상을 바라보며 모든 것이 허상임을 꿰뚫어 보게 된다. 그리하여 그는 영원히 자유로워진다. 이것이 그의 길이며, 위대한 스승들이 걸어왔던 존재의 변형과 해방의 여정과도 같은 것이다. 이제 내 말을 다시 기억하라. 이 세상은 더 높은 에너지로 승화되기를 기다리는 물질이다. 그리고 인간 역시 더 높은 의식을 받아들여 지혜로운 존재로 거듭나기를 기다리는 물질이다.

　연금술사의 과업은 자기 자신을 승화시키는 것이며, 그것은 영이 하는 일이다. 영은 의식 안에서 끊임없이 작용한다. 당신이 영을 불러들이는 순간부터, 영은 물질을 분해하고 변화시키며, 마침내 변형의 빛으로 이끌어 숨겨진 에너지를 깨워 나오게 한다. 내가 전에 말한 것을 기억하는가? "굳어진 생각의 틀에서 벗어나라. 당신은 훨씬 더 위대한 존재다. 그렇다, 당신은 영원한 존재다." 이 외침은 당신의 에너지를 깨워 달라는 영에게 보내는 요청이자, 동시에 연금술사인 영에게 지금 나를 변화시키고 자유롭게 하라는 명령이다. 그런데 왜 이렇게 힘들고 복잡한 과정을 거쳐야 할까? 지금이야말로 진화의 흐름이 크게 바뀌고, 시간이 압축되어 당신이 다음 단계로 나아가는 중요한 순간이기 때문이다. 지금 당신은 삶과 의식의 여정을 상징하는

물질의 변성, 자아의 승화

생명의 책의 4쪽, 5쪽, 6쪽을 빠르게 넘기며, 마침내 7쪽에 이르고 있다. 바로 그것이 지금 당신이 하는 일이다.

물질이 승화될 때, 당신은 우주의 지배자들을 끌어당긴다. 당신이 승화하는 순간, 그 안에서 흘러나오는 에너지는 마치 꿀처럼 달콤하며, 초월적 존재들에게는 생명의 영약과도 같다. 당신이 변형될 때, 그 과정에서 나오는 에너지는 마치 자기장처럼 작용해 모든 것을 당신 쪽으로 끌어당긴다. 자기장 한쪽 끝에서는 더 이상 나아갈 수 없는 과거의 현실, 곧 당신이 속해 있던 오래된 세계가 흘러 나가고, 다른 한쪽 끝에서는 위대한 미지의 세계가 당신을 향해 다가온다. 우리는 우주(코스모스)에 관해 이야기하고 있다. 그리고 그것만이 - 즉, 의식이 물질을 변경시키는 것만이 - 당신의 물질을 다룰 수 있는 유일한 방식이다. 물질을 파괴하는 유일한 길은 그것을 변형시키는 것이며, 이 일을 행하는 존재는 마법사가 아니라 연금술사다. 당신 안의 그 연금술사는 다름 아닌 영이며, 영은 물질을 분해하여 그 에너지를 새로운 형태로 전환한다. 이것이 곧 의식의 연금술이며, 창조의 시작이다.

왜 내가 당신에게, 지칠 대로 지쳐 몸을 움직일 힘도, 숨조차 남아 있지 않은 그 순간에 왜 다시 일어나 반복해서 훈련하라고 말하는지 아는가? 육체가 무너지는 바로 그 순간에 비로소 영이 개입하기 때문이다. 그것이 바로 당신이 물질을 변형시키는 순간이다. 그 순간, 당신은 폭발하는 미지의 의식으로부터 에너지를 방출하고 있는 것이다. 그 에너지는 어떤 형태나 이미지도 지니지 않는다. 그러나 바로 그 무형의 에너지가 미지의 모든 것을 당신 쪽으로 자석처럼 끌어당긴다. 그것이 초월적 존재를 불러들이고, 천재성을 불러들이며, 한 생에서 결코 상상할 수 없었던 모든 것을 당신에게 끌어당긴다.

연금술사는 왜 매일 낡은 침대에서 일어나, 값싼 차와 빵으로 허기를 채

우며 몸의 상태와 상관없이 실험을 이어갈까? 어쩌면 오늘 아침이 그가 승화할 수 있는 순간일지도 모르기 때문이다. 물질이 승화해 그 안에 갇힌 에너지가 풀려 날 수 있다면, 인간도 똑같이 변화할 수 있다는 사실을 그는 알고 있다. 그리고 그 사실을 당신도 알아야 한다. 당신은 생명력과 하나이다. 모든 것은 전체와의 연결 속에서만 의미가 있다. 연금술사는 지금도 자기 안의 에너지가 완전히 풀려나는 순간을 기다린다. 그의 내면에서 그리스도, 곧 신성이 깨어나는 순간이다. 그러니 이제 깨어나야 한다. 당신은 지금 무엇을 끌어당기며 살고 있는가? 당신이 무엇인가를 끌어당기려는 모든 노력은 사실 당신 안의 신성을 깨우고, 자신을 바꾸려는 의식적인 행위이자 창조의 행동이다. 그리고 의식과 에너지 (C&E®) 훈련할 때, 당신은 물질이 가진 단단한 틀을 허문다. 물질이 단단해 보이는 것도 사실은 당신의 의식이 만든 틀일 뿐이다. "나는 볼 수 없다. 들을 수 없다. 나는 아프다." 이렇게 믿는 것 역시 당신 스스로 정한 것이다. 몸은 단지 의식의 명령을 따를 뿐이다. 오직 당신 의식만이 몸의 상태를 결정한다.

그러나 지금 당신은 의식과 에너지 (C&E®) 훈련을 통해, 오래도록 굳어 있던 명령을 해체하고 있으며, 물질 또한 조금씩 풀려나간다. 몸이 더 이상 움직일 수 없을 만큼 물질이 모두 소진되는 순간까지, 당신은 물질을 갈아 없앤다. 그리고 바로 그 임계점에서 연금술사, 곧 영이 개입한다. 그 순간 당신은 회복되고, 젊어지며, 들어 올려진다. 바로 공중 부양이 일어난다. 바로 그 순간, 당신의 몸은 뜨거운 것이 차가운 것으로, 차가운 것이 뜨거운 것으로 바뀌는 변화를 경험한다. 그리고 육체는 치유된다. 몸 안으로 새로운 와인, 곧 새로운 의식이 흘러 들어오기 때문이다. 육체는 지금 변모(Transfigure), 내면의 형상과 본질이 다시 태어나는 과정을 겪고 있으며, 동시에 변형(Transmute), 곧 그 본질이 더 높은 차원으로 승화되는 경험한다.

물질의 변성, 자아의 승화

이 변화는 이미 오래전부터 몸과 의식 안에서 일어나기를 기다려왔다. 숨을 쉴 때마다, 생각할 때마다, 당신의 영은 조용히 그러나 분명히 그 순간을 기다리고 있다.

당신이 의식과 에너지 (C&E®) 훈련을 할 때, 당신은 내면의 연금술사, 곧 신성을 깨운다. 당신은 의식과 힘을 모아 물질을 바꾸고, 몸의 틀을 허물어 새롭게 변할 수 있도록 돕는다. 그 과정에서 오래된 자아의 모습, 이미지는 무너지고, 그 자리에 새로운 의식의 빛이 드러난다. 그 빛은 신성을 끌어당기는 힘, 즉 자기장을 따라 흐르며, 새로운 그릇 속으로 에너지를 흘러보낸다.

자, 잘 들어라. 당신은 하루 종일, 아니 평생 깊은 호흡을 할 수 있다. 그러나 결과는 그저 호흡에 익숙해진 폐 하나일 뿐이다. 그것만으로는 결코 진정한 변화가 일어나지 않는다. 당신은 의식과 에너지 (C&E®) 훈련을 흉내 내며 그저 앉아 있을 수도 있다. 하지만 그렇게만 해서는 아무 일도 일어나지 않는다. 올바른 지식이 없다면, 모든 행위는 결국 또 하나의 이미지일 뿐이며, 그 순간부터는 그것은 살아 있는 체험이 아니라 단지 또 다른 교리로 변해 버린다. 당신은 몸에 크리스털이나 십자가를 걸 수 있고, 특별한 반지를 낄 수도 있다. 성서를 읽거나, 이단이라 불린 책을 탐독하며 만트라를 읊을 수도 있다. 만트라는 원래 영을 불러내기 위한 것이었다. 그러나 어느 순간부터 만트라는 영혼을 얼어붙게 만드는 최면 장치로 변질됐고, 그때부터는 아무리 읊어도 어떠한 진화도 일어나지 않았다. 결국 중요한 것은 사라지고, 남은 건 무의미한 반복뿐이다. 삶 속에 고난이나 마찰이 없다면 어떻게 성장할 수 있겠는가? 물질을 깨뜨리고 에너지를 바꾸는 과정을 거치지 않고서, 어떻게 진짜 변화가 일어나겠는가? 당신은 그 변화를 직접 살아내야 한다.

당신은 무엇이든 할 수 있다. 하지만 정말 중요한 것, 자신의 이미지를 깨뜨리고 자신과 몸까지 바꾸는 방법을 알고 싶다면, 답은 여기에 있다. 의식과 에너지 (C&E®) 훈련을 할 때마다, 의식은 회전하고 물질은 허물어진다. 의식의 경계가 무너지고 에너지가 불타오른다. 그때 몸에서 일어나는 열은 세포 하나하나를 변화시킨다. 강한 숨을 한 번 들이쉴 때마다, 그 숨은 생명의 숨결이 되어 몸 안에서 변화를 일으킨다. 그것은 알 수 없는 힘이자 치유의 본질이다. 숨을 들이쉴 때마다 세포가 되살아나고, 피부는 젊어지며, 얼굴에는 생기가 돌기 시작한다. 생명의 숨결이 계속 흐르며 몸을 해체하고 새롭게 만들 때, 질병은 설 자리를 잃는다. 그리고 변화는 결국 기쁨으로 이어진다. 마치 연금술사가 63년이라는 긴 수행 끝에 마지막 아침을 맞는 순간과도 같다. 그는 도가니를 불가마에 넣었다가 꺼낸다. 그러자 물질은 푸른 빛을 내며 흘러내리고, 다이아몬드들이 별빛처럼 반짝인다. 바로 그 순간, 그는 자취를 감추고 영원 속으로 사라진다. 그는 영원의 일부가 된다. 연금술사가 변화시켜 온 그 물질이 곧 자신이 되었고, 이제는 존재 그 자체로 남게 된다.

세상은 변화되기를 기다리는 하나의 물질이다. 지금 죽어가는 이 현실 또한 반드시 새롭게 변해야 한다. 인간도 마찬가지다. 인간의 정신이 깨어나, 그 각성을 통해 변화하기를 기다리고 있다. 동시에 육체는 빛이 되어, 새로운 존재로 다시 태어나기를 간절히 원한다. 그리고 지금, 이 순간 당신은 이미 자신의 의식과 몸을 변화시키는 일을 하고 있다. 다만 그 사실을 알지 못하고 있을 뿐이다. 당신의 몸에 흐르는 자기장은 당신을 영원히 존재하게 한다. 그리고 육신 안에서 영원을 가능케 하는 것은 바로 생명의 숨결이다. 그 숨결이야말로 당신을 변화시키는 진정한 힘이다. 당신은 변화해야 한다. 그래야 승화할 수 있다. 그리고 진심으로, 간절히 원해야 한다. 당신이 하는

물질의 변성, 자아의 승화

모든 행동이 곧 더 넓은 의식을 만들어내기 때문이다. 그러나 때로는 원치 않았던 것까지 불러들여, 스스로 만든 지옥 속으로 떨어질 수도 있다. 결국 당신은 자신이 만든 모든 것에 책임을 져야 한다. 창조는 판단하지 않으며, 한 번 만들어진 것은 거둬들이지 않는다. 당신이 의식 속에서 만들어낸 것은 곧 법이 되어 반드시 현실로 나타난다. 자기장을 지니고 비슷한 것들을 끌어당기며, 결국 당신의 현실이 된다. 사실은 이미 현실 속에서 모습을 드러내고 있다.

당신이 마음속에서 만든 형상을 진짜 현실처럼 느끼고, 그것과 하나 되는 순간, 그 형상이 실제 현실로 드러나는 과정이 이미 시작된 것이다. 의식 속에서 형상이 만들어지는 순간, 그것은 현실에서도 반드시 드러난다. 그러므로 당신이 창조에 참여한 모든 것은 반드시 현실로 나타난다. 이제 묻겠다. 당신은 새로운 현실로 들어가는 문 앞에 서 있다. 문을 열 준비가 되어 있는가? 당신의 현실에 더 이상 어울리지 않는 것들이 저절로 흘러 나가는 모습을 담담히 바라볼 수 있는가? 아니면 뒤돌아 그것들을 다시 붙잡으려 하는가? 사람들과 소통하는 것이 힘든가? 아무 이유 없이 마음속 깊은 곳에서 솟아나는 기쁨이 낯설게 느껴지는가? 그렇다면 어떻게 하면 차원을 넘나드는 마음을 얻을 수 있을까? 차원을 초월한 마음을 갖기 위해서는 반드시 승화해야 한다. 그러려면 스스로 변해야 한다. 당신이 진심으로 원한다면, 이렇게 선언해야 한다. "자! 시작이다." 당신 안의 신성과 영이 움직이기 시작한다. 물질로 된 몸은 조금씩 허물어지고, 의식과 에너지 (C&E®) 훈련을 거듭할수록 점차 분해된다. 그리고 마침내, 몸은 들어 올려져 새로운 모습으로 변한다. 당신은 변화를 온몸으로 느끼며, 천천히 바닥에서 떠오르기 시작한다. 마침내 당신은 자신의 육체를 넘어선 더 위대한 존재임을 깨닫는다. 이것이야말로 진정한 마스터가 깨어나는 순간이다. 그는 단순히 철학만을 말하는 자가 아니다. 그는 실제로 변화를 창조하는 연금술사다.

당신에게서 에너지가 흘러나오는 순간, 초월적 존재들을 끌어당긴다. 그들에게는 시간도, 차원도, 경계도 아무 의미가 없다. 지금 당신이 어떤 상태에 있느냐에 따라, 끌어당기는 것도 달라진다. 에너지가 방출될 때 자기장이 생기고, 이미 당신과 함께하도록 예정된 존재들이 힘에 이끌려 다가온다. 바로 그 에너지의 흐름을 통해 당신은 그들을 만나게 된다. 자기장은 절대적이지 않고 상대적이며, 시간이나 공간, 차원의 제한을 받지 않는다. 어떤 것도 중요하지 않다. 당신은 그저 에너지를 놓아주면 된다. 그러면 빛이 저절로 당신에게 흘러올 것이다.

의식과 에너지 (C&E®) 훈련은 내가 내 삶 속에서 직접 만들어낸 것이다. 처음에는 아무도 그것을 알지 못했다. 그런데 시간이 지나면서 사람들은 그것을 달리 해석해 연꽃 자세라 부르며, 손바닥을 위로 향하게 해 에너지를 받는 자세로 바꾸어 버렸다. 사실 그것은 단지 "너무 힘들다"라고 말한 누군가가 자신의 편의를 위해 만든 대체 방식일 뿐이다. 사람들은 쿤달리니라는 에너지가 저절로 깨어나 척추를 따라 올라오기를 바란다. 그러나 묻겠다. 당신은 쿤달리니가 무엇인지 아는가? 그것은 단지 둔부 깊숙이 감춰져 있는 에너지일 뿐이다. 물론 그것도 맞는 말이다. 하지만 지금 그것은 교리, 신화로 변질되고 말았다. 쿤달리니 에너지는 오직 영, 즉 연금술사로서의 자아가 직접 불러낼 때만 깨어난다. 단순한 명상이나 외부의 그 어떤 것도 쿤달리니를 깨울 수 없다. 빛도, 크리스털도, 특정한 음식이나 옷차림도, 벌거벗은 몸도, 날씨도, 기후도, 그 무엇도 그것을 일으키지 못한다. 당신 안에 존재하는 신성만이 쿤달리니 에너지를 일으킬 수 있다. 바로 그 신성이 에너지를 불러낸다. 나 역시 그렇게 하여 차원을 넘어 승천할 수 있었다. 나는 변형이 무엇인지 안다. 변형은 자아를 깨달은 자에게 자연스럽게 따라오는 현상이다. 그리고 지금 나는 당신에게 가르치고 있다. 이 세상에서 이 기법을 아는 이는, 내 학교에 속한 당신뿐이다.

사람들은 변형된 의식 상태를 흉내 내지만, 그 상태를 진정으로 자기 것으로 만들지 못한다. 왜냐하면 그들은 의식의 변성(Transmutation)과 존재의 변형(Transfiguration)이 무엇을 의미하는지 이해하지 못하기 때문이다.

이 기법은 하나의 과학이자 비밀이다. 오랫동안 연금술사의 비법처럼 감춰져 왔다. 그러나 아무나 할 수 있는 것은 아니다. 모든 사람이 그것을 진심으로 원하지는 않기 때문이다. 훈련을 계속하고 깊이 배워나가면, 의식은 크게 확장되고 에너지는 강하게 흘러나올 것이다. 그 과정에서 당신은 점점 더 신성하고 위대한 존재, 마치 마법 같은 존재로 변해갈 것이다. 이 훈련은 당신이 먹는 음식보다 더 중요하다. 신이 되고 싶은가? 이것이 신이 되는 길이다. 내면 깊이 가능하다고 느껴온 것을 이루고 싶은가? 훈련을 통해 이룰 수 있다. 이 훈련에서 나오는 에너지는 단순히 치유에 그치지 않는다. 몸을 해체하고, 회복시키며 변화시키는 과정을 거쳐 몸의 구조 자체를 새롭게 만든다. 그 결과 몸은 치유되고, 젊음을 유지하며, 늙지 않는다. 무엇보다 중요한 것은, 당신이 허락하지 않는 한 그 몸은 절대 죽지 않는다는 것이다. 이 훈련은 당신 안을 에너지로 가득 채운다. 그 에너지가 풀려날 때 몸은 공기보다 가벼워지고, 몸이 떠오르는 공중 부양도 가능해진다. 이 기법은 수도승들이 아주 오래전부터 수행해 온 전통적인 훈련이다. 당신은 사물의 온도를 올리거나 내릴 수도 있다. 왜냐하면 몸 안에서 일어난 변화가 밖으로 퍼져 나가기 때문이다. 내면의 변화는 곧 외적 현실을 바꾼다. 이것이 바로 이 훈련이 작동하는 원리이다. 당신이 손을 휘두를 때마다, 반드시 어떤 변화가 일어난다.

이 여성을 통해 당신은 그리스도적 존재로 다시 태어난다. 곧, 신/남성과 신/여성이 하나로 통합된 완전한 존재, 자신 안의 모든 가능성을 실현한 영원한 존재가 된다. 그리스도적 존재로 거듭난다는 것은 이미지를 태우는 일이다. 이미지를 불태운다는 것은 그 이미지가 만든 현실을 허무는 것이다. 그렇게 되면 사람들은 당신을 이해하지 못하고, 당신과 소통하지 못한다. 결국 그들은 만족하지 못해 당신 곁을 떠날 수도 있다. 그러나 당신은 결국 변하게 될 것이다. 변화가 시작될 때, 놀라지 말라. 피해자인 척하지도 말라. 만약 당신이 외계 존재들을 불러냈다면, 이제는 그들과 마주할 준비를 해야 한다. 당신의 다음 단계는 바로 그들처럼 되는 것이다. 그들은 마치 물질을 갈아내고 불에 달구는 아침의 순간과 같다. 전자기기가 갑자기 멈춰도 놀라지 말라. 단지 멈춘 것일 뿐이다. 당신의 몸이 점점 투명해져도 당황하지 말라. 어느 순간 자연스럽게 일어나는 과정이다. 이 여정은 단순한 현상이 아니라 진실 그 자체다. 바로 진짜 자신이 되는 것이야말로 가장 큰 보상이다. 다른 것들은 단지 덤으로 따라올 뿐이다.

당신은 반드시 변해야 한다. 그렇지 않으면 그 자리에 머물 뿐이다. 깨달음이라는 그럴듯한 말들과 사랑이나 달콤한 영적 환상 속 명상에 자신을 가두게 될 것이다. 그 위에는 또다시 환상이 덧붙여진다. 크리스털 몇 개를 올려두고, 현인의 사진과 십자가, 예수의 형상까지 걸어놓는다. 이제 예수는 십자가에서 내려와야 한다. 정말 그래야 한다. 아무리 많은 상징을 세우고 쌓아 올려도, 그렇게 해서는 신을 알 수도 없고 경이로운 경험도 할 수 없다. 채식을 하든, 과일이나 새의 먹이만을 먹든, 당신은 여전히 늙어가고 있다. 문제는 무엇을 먹느냐가 아니라 지금 당신이 어떤 존재인가이다. 아무리 많은 만트라를 외워도 당신은 여전히 불행하다. 세상 속에서 자기 길을 찾지 못하면 점점 남에게 의지하게 되고, 결국 스스로 삶을 만들지 못한 채 남에게 매달리는 존재로 남게 된다. 노력하지 않는 사람은 도움을 받을 자격도 없다. "나는 영적이다.", "나는 신성하다"라는 말만 반복하다가, 위대함을 삶 속에 실현하지도 못하고, 아무 흔적도 남기지 못한 채 결국 생을 마치게 될 것이다.

이 가르침을 배울 수 있는 사람은 많지 않다. 오직 순수한 영을 가진 자만이 그 길을 걸을 수 있다. 이미지에 집착하면 아무 힘도 얻지 못한다. 그래서 이 가르침은 보호되고 있는 것이다. 힘은 이미지에서 오는 것이 아니라, 이미지를 완전히 없앨 때 비로소 생겨난다. 이 가르침을 배우는 목적이 진리를 왜곡하기 위해서, 혹은 타인을 지배하고 해치는 것이라면, 절대로 그 힘을 얻지 못할 것이며 그 무엇도 파괴할 수 없다. 당신은 반드시 다시 태어나야 한다. 다시 태어난다는 것은, 당신 안에 남아 있는 작은 유전적 흔적이나 파괴적인 충동을 완전히 없애는 것을 의미한다. 이 훈련을 하다 보면 아무 변화가 없는 것처럼 느껴질 때가 있다. 그럴 때는 실제로 아무 일도 일어나지 않는 것이다. 왜냐하면 당신은 진정한 변화를 위해서가 아니라, 단지 이미지를 유지하려고 훈련하고 있기 때문이다.

자기장을 만들고, 무언가를 끌어당기며, 균형을 이루는 모든 행위는 다른 것들과의 관계 속에서 존재할 수 있는 상태, 즉 상대적인 존재로 살아간다는 뜻이다. 모든 것은 상대적이다. 위대한 것을 원한다면, 당신 스스로 위대한 존재가 되어야 한다. 지금 당신이 하는 일이 바로 위대한 존재가 되는 일이다. 당신은 과거로, 어제로 돌아갈 수 있을까? 아니다. 돌아갈 수 없다. 어제는 이미 사라졌다. 당신도, 나도, 그리고 당신의 의식도 그것을 알고 있다. 그렇기에 당신이 할 수 있는 일은 어제의 이미지를 오늘 속에서 다시 창조하는 것뿐이다. 마치 미국이 로마의 토대 위에 세워졌던 것처럼, 역사는 언제나 오늘에 존재한다. 당신은 지금의 행위를 멈추고, 그저 깨어 있는 사람처럼 살 수는 있다. 하지만 깊은 내면 어딘가에는 언제나 채워지지 않는 그리움과 갈망이 남아 있을 것이다. 그리고 이런 말을 들을 때, 원인 모를 눈물이 강물처럼 흘러내릴 것이다. "신을 바라보라." 이 말은 당신 안에서 영원히 울려 퍼질 것이다. "당신은 위대한 존재다." 이 말을 듣는 순간, 당신은 깨닫게 될 것이다. 자신이 될 수 있었던 모든 것이 되는 길을 스스로 외면했음을. 당신의 삶에는 늘 채워지지 않은 무언가가 있었다. 모든 것을 열어 줄 바로 그 길 말이다.

그렇다면, 당신 안의 연금술사는 얼마나 위대해질 수 있을까? 위대하다는 것은 남과 비교할 필요도 없는, 그 자체로 완전한 상태를 말한다. 당신도 그렇게 될 수 있다. 이 여정의 끝은 당신 자신이 정한다. 그 길이 어디까지 이어질지는, 언제나 당신의 의지와 당신만의 방식으로 결정된다. 이 여정은 억지로 버리는 과정이 아니라, 이제 더 이상 필요 없는 것들이 자연스럽게 흘러가도록 두는 과정이어야 한다. 그러니 정말 사랑하고 소중히 여기는 것은 억지로 버리려 하지 말라. 그것은 아직 내려놓을 준비가 되지 않았다는 뜻일 뿐이다. 만약 준비되지 않은 상태에서 억지로 포기한다면, 나중에 후회하고 자신을 원망하게 될 수도 있다. 심지어 이 가르침까지 모두 버리고 싶어질지도 모른다. 그러니 그러지 말라. 당신은 그냥 자기 속도와 리듬에 맞추어 가면 된다. 당신 안의 신성이 연금술사로서 가야 할 길을 자연스럽게 이끌어 줄 것이다. 떨어져 나갈 것들은 때가 되면 저절로 사라진다. 그러니 일상으로 돌아가 억지로 뭔가를 만들려 하지 말라. 그럴 필요 없다. 모든 것은 자연스럽게 일어나게 되어 있다. 지금 내가 말하는 게 잘 와닿지 않을 수도 있다. 하지만 기억하라. 당신이 이 훈련을 한다면, 이미 현실은 움직이고 있다. 억지로 무언가를 만들려 애쓸 필요없다. 그리고 일상으로 돌아가면 많은 변화가 일어날 것이다. 그때 당신은 선택해야 한다. 선택이 바로 이 여정에서 맡은 당신의 역할이며, 반드시 넘어야 할 관문이다.

물질의 변성, 자아의 승화

　당신의 삶에 누가 있든 — 자매, 어머니, 형제, 남편이나 아내, 연인, 혹은 자녀일지라도 — 그 누구도 당신을 소유할 수 없다. 그들은 당신의 주인이 아니며, 당신의 운명을 대신 결정할 수도 없다. 그리고 무엇보다, 어느 누구도 당신을 대신해 죽어줄 수 없다. 오직 당신 자신만이 선택해야 한다. 당신이 성장하고 앞으로 나아갈수록, 내면에서는 더 깊고 순수한 사랑이 피어날 것이다. 그것이 바로 은총이라 불리는 사랑이다. 만약 누군가가 당신 곁을 떠나려 한다면, 억지로 붙잡지 말고 조용히 보내주어야 한다. 은총은 그들을 있는 그대로 사랑할 힘을 준다. 그리고 그 사랑은 곧, 자신을 있는 그대로 사랑하는 힘이 된다. 혹시 그들이 당신의 선택을 이해하지 못한다 해도, 그것은 그들이 아직 깨닫지 못했을 뿐이다. 사실 그들이 잃은 것은 당신이 아니라, 당신을 통해 비치던 자기 자신이었다. 그들은 한 번도 당신을 있는 그대로 본 적이 없고, 언제나 당신을 통해 자기 모습을 보고 있었기 때문이다. 그러나 이제 당신은 그들의 현실에서 조용히 빠져나왔다. 그래서 그들은 당신이 돌아오기를 바란다. 예전처럼 익숙한 관계로 이어가기를 원한다. 하지만 그 길로 돌아간다면, 다시 이미지로 들어가는 것과 같다. 그 이미지가 바로 그들이 현실이라 믿어온 세계였기 때문이다. 여기서 당신은 선택해야 한다. 무엇보다 중요한 것은 자신에게 진실해지는 것이다. 관계보다 앞서는 것은 바로 자기 자신에게 솔직해지는 것이다. 그것이야말로 당신이 이 여정을 선택한 이유다. 그러니 아무도 당신의 선택을 이해하지 못하거나 존중하지 않는다 해도, 당신만큼은 반드시 그 선택을 존중해야 한다.

　"내 아버지 집에는 있을 곳이 많다. 내가 너희를 위해 그곳을 준비하러 간다." 이 말은 진실이다. 의식의 세계와 저 별들 너머에는 수없이 많은 집들이 있다. 거기에는 상상할 수 없는 모험과 무한한 현실들이 당신을 기다리고 있다. 직접 보기 전에는 믿기 어려운, 아주 다른 모습과 본질을 가진 생명들도 그곳에 산다. 여기서 말하는 기쁨의 저택들은 바로 이런 의식의 집들을 뜻한다. 당신은 결국 모든 고통과 상처를 뒤로하고 그곳으로 가게 될 것이다. 천국에는 고통도, 슬픔도, 상처도, 질병도 없다. 천국은 단순한 장소가 아니라, 변화된 당신이 들어가게 되는 하나의 의식 상태이기 때문이다. 그곳에서 당신은 마침내 모든 환상을 내려놓게 된다. 마지막 날이 오면, 이 모든 여정은 두루마리처럼 접히며 끝난다. 진화라는 위대한 이야기의 마지막 장이 닫히는 순간, 이 땅에는 당신의 흔적이 남지 않게 될 것이다. 당신이 가는 곳은 위험하거나 혼란스러운 곳이 아니다. 과거의 고통으로 되돌아가고 싶어질 만큼 불안한 장소도 아니다. 육신을 넘어선, 놀라운 모험이 기다리는 새로운 의식의 세계, 미지의 영역이다. 이것이야말로 변화된 존재에게 주어지는 진짜 보상이며, 내가 가장 사랑하는 여정이다.

결국 핵심은 당신이 평생토록 찾아온 것, 그리고 많은 스승이 어설프게 가르치려 했던 것, 바로 영의 부활이다. 영의 부활은 다시 태어남을 뜻한다. 단순한 상징이 아니다. 진정한 의미는 낡은 자아의 이미지를 불태우고, 새로운 현실, 새로운 왕국을 창조하는 데 있다. 그렇게 해서 과거의 이미지, 육체적 자아는 해체되고, 의식 안에서 새롭게 태어난다. 당신은 어떤 십자가 위에서 또다시 죽을 필요가 없다. 왜냐하면 이미 수많은 죽음을 경험해 왔다. 지금 필요한 것은 또 하나의 죽음이 아니라, 진정한 변형(Transfiguration)이다. 그리고 지금 이 여정을 통해, 변형은 실제로 일어나고 있다. 이것은 오직 이 작은 학교에서만 배울 수 있는 진실이며, 당신은 진리를 배울 자격을 스스로 얻은 존재이다. 머물지 못한 이들은 이미 떠났다. 그러나 남은 이들에게 이 진리는 실제로 작동한다. 만일 당신이 매일 아침 진정한 주인으로서의 자각으로 하루를 시작하고, 식사 전에 의식과 에너지(C&E®) 훈련을 통해 힘을 해방한다면, 어느 날 아침 당신은 잔 속에서 푸른

강이 흘러가는 것을 보게 될 것이다. 강물 위에는 별들이 반짝이며 속삭일 것이다. "집으로 오라." 그러하리라(So be it).

당신 앞에는 아직 펼쳐지지 않은 수많은 모험이 기다리고 있다. 그리고 지금, 이 순간에도 당신은 도전을 끌어당기고 있다. 그 모든 것은 당신이 스스로 창조한 것이기에, 당신은 마땅히 그것을 누릴 자격이 있다. 당신은 나의 여정에 함께하면서도 절대로 나보다 낮은 존재로 머물 수 없다. 나는 당신을 이끌고, 때로는 몰아붙이기도 한다. 그러나 나는 알고 있다. 당신은 본질적으로 나와 동등한 존재이며, 곧 그 사실을 스스로 깨닫게 될 것이다. 그러니 믿어라. 나는 이미 그 길을 걸어 되돌아온 자이다. 나는 그 길의 모든 굽이와 끝에서 보게 될 모습까지 알고 있다. 내가 때때로 엄격하고 단호하게 보일 수 있지만, 그것은 당신을 탓해서가 아니다. 오직 단 하나, 당신 안의 신성이 깨어나 진짜 자신이 되는 그 영광의 순간을 위해서다. 그 순간 육체는 새로운 모습으로 바뀌며, 의식 안에서 영원 위의 영원이라 불리는 모든 차원이 당신을 위해 열릴 것이다. 나는 바람 속에서,

그리고 이 학교에서 다시 당신을 만날 것이다. 나는 당신을 사랑한다.

변모의 순간을 향하여.
나는 존재한다.
그러하리라(So be it).

집중의 예술과 C&E® 훈련:
의식적 접촉을 위한 안내서

"이 가르침이 UFO와 무슨 관련이 있을까? 깊은 관련이 있다. 이것은 오래전 고대 학교들에서 전해 내려온 지혜이다. 삼위 코드, 곧 트라이어드는 차원 간 소통을 가능케 하는 상징이다. 그리고 당신이 하게 될 훈련은 언어를 넘어서는 힘이며, 의식을 연결하는 힘이다. 연결된 의식은 '영원과 영원, 또 영원히', 모든 시간이 포개어져 존재하는 지금, 이 순간 작고도 거대한 차원 안에서 모든 생명체의 의식과 당신을 하나로 이어 준다."

- 람타

이 모든 일이 벌어지는 가운데서도 당신은 여전히 자유의지를 가지고 있다. 언제든지 스스로 선택할 수 있는 자유가 있다는 뜻이다. 그래서 지금 당신에게 권하고 싶은 것이 있다. 편안한 곳에서, 당신의 속도에 맞추어 하나의 이미지, 하나의 '초대장'을 만들며 의식과 에너지 (C&E®) 훈련을 하라. 이 초대장은 바로 당신 자신을 위한 것이다. 이것은 아주 중요한 일이다. 만든 초대장은 하나도 빠짐없이 우주로 전해지기 때문이다. 당신은 무엇을 경험할지, 또 그 경험을 어떻게 받아들일지 스스로 정할 수 있다. 이 모든 과정에는 시간이 필요하지 않다. 시간은 환상일 뿐이기 때문이다. 정부도 그 환상 속에서 길을 잃고 있다. 그것뿐이다. 가능성은 이미 열려 있으니, 필요한 것은 오직 요청하는 일뿐이다. 가장 중요한 것은 그 초대장을 얼마나 선명하게 떠올리고, 실제처럼 느끼며 만드는가이다. 당신이 자신을 피해자라고 여기면 실제로 피해를 입을 것이고, 스스로 겁이 많다고 생각하면 결국 두려움에 갇히게 된다. 하지만 더 배우고 싶고, 지식을 직접 경험하려는 마음이 있다면 어떤 일이 일어나더라도 긍정적으로 받아들일 수 있다. 결국 모든 것은 당신의 마음가짐에 달려 있다. 이런 사람들이 바로, 인류 역사상 어떤 존재도 숭배하지 않으면서 스스로 깨어 있는 의식으로 외계 존재들과 소통할 준비가 된 자들이다. 지금까지 배운 것을 진심으로 삶에 적용하고, 자신의 속도에 맞추어 실천하고 싶다면, 지금이 바로 그 순간이다.

나는 지금 이 자리에서 의식과 에너지 (C&E®) 훈련 전체 과정을 하나하나 설명하려는 것은 아니다. 다만 당신에게 꼭 전하고 싶은 핵심 지침이 있다. 당신이 이 훈련을 할 때는, 정면에서 보았을 때 당신의 자세가 삼각형(피라미드의 한 면)처럼 보이도록 앉아야 한다. 이렇게 앉으면 몸은 마치 세 면을 가진 피라미드가 되며, 각각의 면이 하나의 에너지 센터 역할을 한다. 첫째는 피라미드의 밑변, 둘째는 정점, 그리고 그 둘을 이어 주는 축이다. 이 자세로 앉으면 제4 봉인(또는 제4실)이 열리는데, 그 위치는 피라미드 밑변으로부터 약 3분의 2지점, 당신의 영혼이 자리한 곳이다. 하체(둔부)에서부터 올라오는 에너지가 중심에 집중되고, 그 에너지가 더 위로 올라가면 발현의 힘을 가진 제5 봉인(또는 제5실)이 활성화된다. 이 자세를 트라이어드(Triad)라 부른다. 이 트라이어드는 위대한 의식들과 접촉하기 위한 필수 조건이다. 이 자세는 단순히 앉는 방법이 아니라, 시간과 공간, 거리를 초월해 의식 그 자체와 연결되는 방식이기 때문이다. 그러므로 이 자세를 취할 때는 반드시 몸을 바로 세우고 단정히 앉아야 한다. 구부정하거나 흐트러진 자세는 에너지의 흐름을 방해한다. 당신의 몸은 성스러운 그릇이며, 결코 아무렇게나 다루어서는 안 된다. 몸을 곧게 세우고 중심을 바로잡는 순간, 당신 안에서 새로운 힘이 생겨난다. 그 힘은 바로 제4 봉인, 즉 영혼의 중심으로 모인다. 지금까지 그 일이 일어나지 않았던 이유는 단 하나, 당신이 아직 그 힘을 제대로 일깨우지 않았기 때문이다.

인간의 몸에는 일곱 개의 봉인, 곧 일곱 개의 씰(Seal)이 있다. 이것은 의식의 일곱 개 문이며, 신체 구조상으로는 내분비샘에 해당한다. 봉인들은 의식의 축을 따라 차례로 배열되어 있고, 그중 제7 봉인은 그리스도 의식이라 불린다. 지금 이 자리에 있는 대부분의 사람들은 아직 제3 봉인에 머물러 있으며, 제4 봉인으로 나아가기 위해 의식의 다리를 놓는 과정에 있다. 제4

봉인은 사랑이 깨어나는 지점이며, 영이 처음으로 육신과 접촉하는 문이기도 하다.

이 가르침이 UFO와 무슨 관계가 있을까? 아주 밀접한 관계가 있다. 이것은 오래전 고대 학교에서 내려온 지혜이다. 삼위 코드, 곧 트라이어드는 차원과 차원을 이어 주는 상징이다. 당신이 하게 될 이 훈련은 언어를 초월하는 힘을 일으킨다. 의식을 연결하고, 연결된 의식은 모든 시간이 겹쳐 존재하는 지금, 이 순간, 모든 생명체의 의식과 당신을 하나로 이어 줄 것이다. 이것이 바로 당신을 '모든 것 안의 모든 것'과 연결하는 방법이다. 이제 당신은 생명의 근원인 자궁, 곧 성적 중심부에서 에너지를 끌어올리게 될 것이다. 에너지는 위로 상승하여 당신의 영혼이 자리한 중심, 곧 트라이어드 안의 네 번째 에너지 센터에 도달한다.

당신이 의식과 에너지 (C&E®) 훈련에서 올바른 손 자세를 배우게 되면, 의식 상태에 따라 에너지가 흐르기 시작한다. 이 자세는 자신을 의식과 에너지라는 근본 원리에 맞추는 행위이다. 이 원리는 현실을 창조하고, 균형과 조화로 이끌며, 동시에 강력한 자기장을 만들어 에너지를 끌어당긴다. 그 순간 당신은 불필요한 것이 없는 순수한 의식과 에너지로 존재하게 된다. 그리고 바로 그것이 '모든 것 안의 모든 것'이다. 이 훈련을 통해 당신은 의식의 장 안에 있는 또 하나의 의식과 연결되며, 그 만남 속에서 자신과 같은 진동을 가진 존재를 창조하게 될 것이다.

당신은 무언가를 기다리는 존재가 아니다. 당신은 스스로 창조하는 신적인 존재이다. 무릎 위로 선물이 떨어지기를 바라거나, 하늘에서 기적이 쏟아지기를 기대하는 존재가 아니다. 당신은 이곳에 존재하기 위해 자신을 스스로 창조했듯이, 지금 이 순간에도 계속 창조하고 있다. 존재하는 모든 것, 있는 그대로의 모든 것은 이미 당신 안에 있다. 중요한 것은 당신 안에 있는 모든 것을 의식 속에서 끌어내어 정렬하고, 현실로 드러내는 일이다. 그럴 때 당신은 자신이 원하는 경험과 실제로 연결될 것이다.

에너지를 끌어올리는 일은 절대 어렵지 않다. 의식과 에너지 (C&E®) 훈련을 통해 그 방법을 쉽게 익힐 수 있다. 훈련은 내 학교에서 직접 가르치며, 당신이 그 기술을 실천할 수 있도록 친절히 안내할 것이다. 트라이어드의 상징을 그리는 행위와 의식을 정렬하는 과정은, 당신의 의식을 성장시키고, 궁극적으로는 모든 것과 하나 되는 길을 열어 줄 것이다.

의식과 에너지 (C&E®) 훈련 자세를 취하면 에너지가 손을 통해 흘러 나가기 시작한다. 그 순간 당신의 손은 창조의 손이 된다. 의식은 지금 무언가와 연결되고 있으며, 추상적 세계에 접속하거나 직접적인 접촉을 만들어내고 있다. 에너지는 의식의 도구이자 시녀로서 몸 안에서 점차 상승하다가 제4 봉인에 도달해 강렬하게 분출된다. 그 에너지는 두 손을 통해 흘러나와 현실을 만들어낼 것이다. 그 현실이 무엇이든 상관없이. 그리고 이 훈련 방법을 배우게 되면, 당신은 곧 자신의 두 손이 뜨겁게 달아오르는 것을 느끼게 될 것이다.

이 훈련을 할 때 아주 조용히 무언가가 일어난다. 그것이야말로 고대인들이 그토록 가르치려 했던 정렬(Alignment)이다. 여기서 말하는 정렬이란, 의식과 에너지가 하나의 초점으로 모여 같은 방향으로 흐르는 상태를 뜻한다. 그리고 이 정렬은 크리스털, 지르콘, 부적, 약물, 식이요법, 옷차림 등으로 얻을 수 있는 것이 아니다. 오직 집중을 통해서만 얻을 수 있다. 바로 그것이다.

에너지의 변화는 곧 온도의 변화다. 당신은 몸속에서 열이 점점 차오르는 것을 느끼게 될 것이다. 이 접촉을 만들어내기 위해 이 동작을 수행하면, 손은 매우 따뜻해지며 손끝은 저릿하게 반응하기 시작한다. 이 현상을 '백색

집중의 예술과 C&E® 훈련: 의식적 접촉을 위한 안내서

불꽃(White Fire)'이라 부른다. 언젠가 당신은 그 백색 에너지가 손에서 뿜어져 나오는 모습을 직접 보게 될 것이다. 이것은 의식이 현실을 창조하기 위해 일으킨 에너지다. 의식과 에너지는 말과 음악처럼 서로 떨어질 수 없는 하나의 흐름이다. 이것이 바로 창조의 본질이며, 당신이 현실을 만들어내는 방식이다. 당신의 모든 생각은 현실을 만든다. 지금, 이 순간 당신은 처음으로 의식을 통해 현실에 직접 영향을 주고 있다. 당신은 의식으로 이미지를 만들거나, 의식을 통해 무의식, 신, 존재, 아직 깨어나지 않은 의식과 연결된다. 바로 그 순간 에너지가 움직이기 시작하며, 그 흐름 속에서 새로운 현실이 만들어진다.

사실 이 단순해 보이는 정렬 뒤에는 깊은 배움과 통찰이 숨어 있다. 당신이 어떤 자아 이미지를 가지고 살아왔는지, 또 앞으로 어떤 삶을 살 것인지와도 연결되어 있다. 지금 이 자리에 있는 당신은 분명한 목적을 가지고 있다. 습격자들, 형제들, 외계 존재들, 그리고 그들의 함선에 대해 더 깊이 이해하고, 의도적으로 그들과 접촉하고, 만남에서 얻은 지혜를 온전히 자기 것으로 만드는 것이다. 외계 존재에 대한 이해와 접촉을 통해 지혜를 얻는 이 일은 삶의 일부다. 또한, 이는 과학이 한때 외면했지만, 여전히 존재하는 진실이다. 이제 당신은 그들과 만나는 방법과, 경험을 삶에서 활용하는 법을 배우게 될 것이다.

당신의 삶은 결국 당신의 의식과 생각이 드러난 모습이다. 자신을 좋아하지 않으면서 더 나아지려 애쓴다면, 삶은 점점 무너지고 결국 원하는 것을 이루지 못할 것이다. 하지만 자신을 진심으로 사랑한다면, 당신은 자기 존재와 꼭 맞는 현실을 끌어당기게 된다. 당신의 현실은 곧 당신 자신이며, 당신이 살아가는 방식 그 자체다. 이 점을 깊이 되새겨 보라. 의식은 '모든 것 속에 존재하는 모든 것'이다. 그것은 이미 당신 안에 존재한다. 당신은 신이 될 필요가 없다. 당신은 이미 신이다. 당신이 없애야 할 것은 이미지다. 타인의 기준이나 과거의 경험이 덧씌워 놓은, 진짜 당신을 가리는 가짜 모습이다. 그 이미지를 지워낼 때 비로소 의식이 무엇인지 알게 될 것이다. 의식은 영원하며, 그 의식에서 태어난 모든 것 — 외계 존재들까지도 — 다 그 의식과 연결되어 있다.

당신은 이 제한된 환경 속에서도 스스로 현실을 만들고 있다. 그러나 지금 바라보는 이 현실 너머에는 훨씬 더 많은 가능성이 존재한다. 중요한 것은 내면을 바라보고, "나는 할 수 있다"라는 사실을 인정하는 것이다. 이제 스스로의 의식과 가능성을 확장하는 일, 바로 그 일을 하게 될 것이다. 당신은 의식 안에서 원하는 모습과 결과를 그려내고, 모든 창조는 마음에서 시작된다. 그러면 의식은 확장되고, 그 안에서 에너지가 일어나 손끝을 통해 강물처럼 흘러나온다. 에너지는 결국 물질을 만들고, 그 물질은 상황을 형성한다. 그리고 그 상황이 바로 당신의 현실이 된다. 이 과정은 사소한 일에만 적용되는 것이 아니라 모든 것에 적용된다. 이것이야말로 당신이 실현할 수 있는 강력한 창조의 법칙이다. 그렇기에 당신은 지금도 현실을 직접 만들어낼 수 있는 존재다.

'숨', 곧 생명의 숨결은 고대 문헌에서 생명을 창조하는 힘이라 불렸다. 당신은 그 숨 속에 자신이 원하는 이미지를 담는다. 의식과 에너지 (C&E®) 훈련에서 내쉬는 강한 숨은 이미지를 점점 크게 만들고, 마침내 손에 뜨거운 열기를 일으킨다. 그 이미지가 가장 강하게 그려졌을 때, 당신은 깊이 숨을 내쉬며 그 형상을 법으로 고정한다. 그리고 이렇게 선언한다. "내 존재 안에 계신 주 하나님으로부터, 나는 이 형상을 내 삶으로 부른다. 그러하리라(So be it)."

당신이 생각하는 모든 것은 에너지를 통해 현실을 드러난다. 당신 안에는 가장 경이로운 창조 장치, 의식 전체가 온전히 들어 있다. 의식 안에는 생명을 창조하는 힘이 존재한다. 힘을 의도적으로 끌어올리는 순간, 에너지는 당신을 위한 하나의 현실을 만들어낸다. 당신이 해야 할 일은 단 하나, 에너지에 원하는 모습을 보여주는 것이다. 마음속에 거대한 우주선을 떠올려 보라. 당신이 원하는 빛의 형태로, 보고 싶은 모습 그대로 그려라. 그리고 의식과 에너지 (C&E®) 훈련 자세로 두 손을 올리면, 당신의 몸과 에너지가 조화를 이루며, 그 이미지는 훨씬 더 선명하게 드러나기 시작할 것이다.

이미지를 계속 바라보라. 가슴에서 감정이 치밀어 오를 때까지. 그리고 감정이 폭발하듯 솟구치고, 손이 뜨겁게 달아오르며, 에너지가 손끝에서 흘러나오는 순간 당신은 우주선의 이미지를 자신의 에너지를 통해 강력히 내뿜는다. 그리고 선언하라. "그러하리라(So be it)." 그 순간, 그것은 곧 '법'이 된다. 이제 중심으로 돌아와 그 이미지를 다시 창조하라.

이것이 바로 의도된 창조다. 그것은 막연한 상상이 아니라, 오래전부터 알려진 실제적인 방식이다. 당신은 다시 자리에 앉아 접촉하고 싶은 존재 ― 그것이 외계 형제일 수도 있고, 더 높은 차원의 의식일 수도 있으며, 혹은 당신 안에 있는 의식의 한 부분일 수도 있다 ― 그 얼굴을 떠올린다. 에너지가 끌어올려지고, 그 힘이 머릿속에서 폭발하듯 퍼져 나가는 순간, 그 얼굴을 똑바로 바라보라. 그리고 형상이 또렷해지는 순간, 당신의 손에서 그 얼굴이 에너지와 함께 뿜어져 나온다. 그 에너지는 바로 당신의 존재에서 흘러나온 것이다. 이것이 바로 의도된 현실 창조다. 에너지는 조화와 균형을 이루며, 자성을 통해 당신과 그 존재를 하나의 현실 안에서 만나게 한다. 얼굴이 더 이상 떠오르지 않을 때까지 이 과정을 반복하라. 의식 속에서 그 모습이 사라지는 순간, 당신은 마침내 만남을 이루게 된다. 이것이 바로 이 원리가 작동하는 방식이다. 당신은 지금 이미지를 불태우고 있다. 이미지를 불태우는 순간, 그 형상은 더 이상 남의 것이 아니라 온전히 당신의 것이 된다. 단순하지만 강력한 법칙이다.

접촉을 이루는 이들은 바로 이런 추상적 마음과 직접 연결할 줄 아는 이들이다. 그들은 이미 방법을 배웠고, 지금은 의식을 통해 절대성 - 형상이나 언어, 이미지에 갇히지 않은 순수하고 무한한 의식의 차원 - 을 향해 나아가고 있다. 이것이 바로 그들이 하는 일이다. 그들은 아직 알려지지 않은 영역으로 들어가 의식과 접촉한다. 그곳에는 고정된 이미지가 없다. 모든 것은 순수한 추상에서 시작된다. 이것은 그들 안의 신성이 자유롭고 무한한 방식으로 상황을 만들어내고 있다는 뜻이며, 그 과정에서 깊은 배움이 일어난다는 의미다. 그들이 이렇게 하는 이유는 에너지를 끌어올려 머리로 보내고, 마침내 제7 봉인을 열기 위해서이다. 그들의 의식은 이미 뇌의 한계를 넘어 더 넓은 차원으로 확장된다. 그것은 형태나 언어, 이미지에 얽매이지 않은 순수하고 무한한 차원 - 순수한 추상의 영역 - 으로 들어간다. 그들은 지금 자신의 몸을 넘어 의식의 장으로 나아간다. 의식을 확장하고, 제7 봉인을 열기 위해 에너지를 끌어올린다. 그것이 바로 지금, 그들이 하는 일이다.

모든 신화와 전설은 항상 창조를 생명의 숨결이 물질에 불어 넣어지는 행위로 묘사해 왔다. 생명의 숨결에서 유전적 패턴이 시작된다. 당신이 의도적으로 마음속에 이미지를 만들면, 이미지는 에너지로 채워지고, 그 에너지가 물질 속으로 스며든다. 형체가 작고 비물질적인 외계 존재들, 곧 작은 존재들은 그 물질을 흡수해, 이미지만으로도 신체를 만들어낼 수 있다. 그들의 머리가 큰 이유가 바로 여기에 있다. 그들은 의식으로 이루어져 있지만 감정은 지니지 않는다. 지금 당신은 그들과 같은 창조 방식을 배우고 있다. 당신은 이미지를 존재 속으로 불어넣고 있다. 숨 불어넣기란 존재에서 터져 나오는 에너지가, 마음속에서 그린 이미지에 따라 움직이며 창조를 만들어내는 과정이다. 추상의 상태와 펌프질이라 불리는 과정은 에너지를 봉인(씰)이라는 통로들을 따라 끌어올려, 결국 제7 봉인에 이르게 한다. 봉인이 열리면 두뇌는 새롭게 깨어나고, 의식은 활성화되어 한계를 넘어 확장된다. 이것이 지금 당신 안에서 일어나는 일이다.

훌륭한 이미지를 만들고 싶다면, 먼저 훌륭한 생각부터 하라. 그들의 얼굴을 보고 싶다면, 그들의 형상을 그려라. 사실 그들이 어떤 모습인지 당신은 이미 알고 있다. 그리고 그들은 분명 모습을 드러낼 것이다. 하지만 그것을 만들어내는 이는 바로 당신 자신이다. 그들과 접촉하는 유일한 방법은 당신이 이미지를 창조하고, 균형을 이루며, 끌어당기는 것이다. 그리고 지금, 당신은 바로 그 일을 하게 될 것이다.

그들과 접촉하는 일에 대해 여전히 주저하거나 부끄러워한다면, 당신은 결코 특별한 것을 창조할 수 없다. 당신이 이 형상을 내 존재 안에 계신 주 하나님으로부터 불러와 삶 속에 두는 순간, 그것은 하나의 율법이 된다. 눈을 감고 이미지를 만들기 시작할 때는, 가능한 한 정확하고 구체적으로 그려라. 왜냐하면 그 이미지가 그대로 당신의 현실에서 실현되기 때문이다. 그리고 마침내 이미지가 완성되고 손이 뜨겁게 달아오르는 순간, 그 형상과 함께 숨을 내뿜어라. 형상을 다시 떠올리고, 다시 바라보라. 그러나 이번에는 더욱 강한 의도와 더욱 깊은 확신을 담아 숨을 내뿜어라.

당신은 더 이상 약하고 움츠러든 존재가 아니다. 당신은 창조자의 길을 배우고 있다. 이것이야말로 이 여정의 핵심이며, 자신만의 방식으로 이루는 것 또한 매우 중요하다. 당신이 무엇을 원하는지 분명히 하라. 그리고 형상을 마음 깊이 그려라. 그 형상을 '당신 존재 안에 계신 주 하나님'으로부터 당신의 삶 속으로 불러내라. 그러하리라(So be it). 수줍어하지 말라. 망설이지 말라. 지금 실행하라.

접촉 창조를 위한 람타 민족의 우주선에 대한 설명

"이 설명이 다소 부족하게 들릴지라도, 귀 기울여 듣기를 바란다. 그 이미지를 마음속에 그려보고, 직접 창조하라. 당신이 그렇게 한다면, 그 운명은 곧 당신과 하나가 될 것이다.

- 람타

이제 아주 주의 깊게 들어라. 내 종족의 거대한 우주선에는, 마치 시녀처럼 그 곁을 따르는 작은 선박들이 있다. 이 소형 우주선들은 학교의 대강당만큼 길고, 너비는 이 방의 절반 정도다. 본체를 따라 이동하는 수행선들이다. 거대한 우주선 본체는 당신이 사는 마을 전체만큼이나 넓고 길며, 높이는 그 절반을 더한 규모다. 밤이 되면 이 우주선은 거의 눈에 띄지 않지만, 하부에 달린 등불들만 어렴풋이 보인다. 불빛은 흔히 V자 모양이나 날개처럼 보이는 별 무리로 오해받는다. 사람들은 여러 개의 별, 개별 비행체들이 모여 있는 것으로 착각한다. 그러나 본질적으로 하나의 거대한 비행체다. 선체는 한밤의 하늘빛을 닮은 금속으로 만들어져 있으며, 빛을 발할 때는 태양 만 개보다도 더 눈부시게 빛난다. 이 우주선이 지닌 유일한 표식은 삼위 코드(트라이어드)다. 움직일 때마다 밝기가 달라지며, 눈부시게 아름다운 광채가 난다. 빛이 우주선의 경로를 만들어내고, 그 광채가 향하는 방향으로 선체가 나아가기 때문이다. 이제, 이 거대한 우주선을 떠올려 보아야 한다.

우주선은 정말 거대하다. 앞서 말한 것처럼, 옆에는 작은 우주선들이 따라다닌다. 겉으로는 출입구가 보이지 않지만, 마치 봉인된 것처럼 감춰져 있다. 문이 열릴 때는 선체의 바닥이 아니라 옆면에서 커다란 아치 모양의 통로가 나타난다. 그 순간 안에서 눈 부신 빛이 쏟아져 나오고, '혀'처럼 생긴 구조물이 펼쳐진다. 빛은 안전한 길을 만들어 주어 우주선의 중심부로 들어갈 수 있게 한다. 내 설명이 조금 부족하게 들리더라도 잘 들어주기 바란다. 이미지를 마음속에 떠올리고 직접 만들어 보라. 그렇게 할 수 있다면, 운명은 당신의 것이 될 것이다. 깊은 어둠 속에서 갑자기 나타나 하늘을 밝히며 저녁 하늘을 천천히 지나가는 우주선은 정말 장관이다. 그럴 때 당신은 분명히 알게 될 것이다. 그 우주선이 실제로 그 자리에 있음을. 의식과 에너지(C&E®) 훈련으로 현실을 만들어낼 때, 그것이 당신 자신과 맞고 조화를 이루어야 비로소 하나가 된다. 나는 당신이 자신의 깨달음을 주도적으로 이루어내기를 바란다. 람타 깨달음 학교의 대강당을 마음속에 떠올려 보라. 그 넓이와 높은 천장을 느껴보아야 한다. 우주선의 크기를 정확히 상상하기는 어렵지만, 이 방보다 절반쯤 더 높은 공간을 생각해 보아야 한다. 그것을 돔 모양으로, 삼각 구조물 안에 놓인 모습으로 그려보라. 그리고 구조물이 밝은 빛으로 환히 빛나는 장면도 함께 상상하라. 당신이 할 수 있는 만큼, 당신만의 방식으로 그 모습을 떠올려 보라. 조금 부족해도 괜찮다. 지금, 이 순간, 최선을 다해 상상하라.

내가 한 말을 마음에 새기고, 이 방을 바라보며 거대한 우주선을 떠올려 보라. 그리고 다음에 의식과 에너지(C&E®) 훈련을 할 때, 그 이미지를 눈앞에 두고 오직 그것에 집중하라.

그들과 놀라운 접촉을 원하는가? 특별한 경험을 원한다면, 먼저 당신 자신이 특별한 존재가 돼라. 그리고 의식이 자연스럽게 피어나도록 하라. 여기 있는 모든 이는 그것을 할 수 있다. 누구나 그 능력을 갖추고 태어났으며, 모두 평등하게 창조되었고, 같은 잠재력을 지니고 있으며, 자기 안에서 신을 볼 수 있는 존재들이다. 자세를 곧게 하고, 고귀하게 앉으라. 의식을 확장하고, 이 경험을 통해 빛나는 현실을 창조하라. 지금, 이 순간 당신이 하는 일이 곧 엄청난 현실을 만들어낼 것이기 때문이다. 엄청난 현실이라는 말을 기억하라. 그것은 정말로 놀랍고, 더욱 위대한 현실이다.

당신은 할 수 있다. 힘은 이미 당신 안에 있다. 이제 그것을 끌어올려라. 눈을 감고, 몸의 경계를 넘어 완전히 자유로워져야 한다. 자, 이제 시작한다.[19]

Cosmic Man C&E B&W lighter version

---

19) 용어 해설에서 의식과 에너지의 7단계(Seven Levels of Consciousness and Energy), 일곱 봉인(Seven Seals), 그리고 의식과 에너지(C&E®)를 함께 참고하라.

맺는말,
먼저 자신을 알라.

"자신을 사랑하는 법을 배우고 신으로 성장할 때, 당신은 비로소 타인을 사랑할 수 있다. 그리고 자신과 닮은 존재들로 가득한 온 우주와 교류할 자격을 얻게 된다."

- 람타

외계인이 존재할까? 그렇다. 존재한다. 그리고 내가 알기로는, 이 세상에도 외계인은 존재한다. 대륙을 건너가면 그곳 사람들은 당신을 이방인이라 부르지 않는가? 아름다운 우주선들이 실제로 존재할까? 그렇다. 분명 존재한다. 그들은 인류의 역사와 문명 속에 언제나 얽혀 있었다. 문명의 모든 결마다 그들은 스며 있다. 어떤 집단이 공격하든, 그들이 행한 모든 일은 언제나 인간의 영광과 신을 위한 것이었다. 그러나 무엇보다 먼저 알아야 할 것은 '당신이 누구인가'라는 사실이다. 다른 존재들을 찾기 전에 먼저 자신을 알라. 당신은 이 행성의 어떤 언어로도 다 설명할 수 없는 우주적 존재다. 당신이 바로 그 본질 자체이기 때문이다. 바로 신이며, 의식과 에너지, 곧 생명력 그 자체다. 당신의 지성과 잠재력은 어느 별의 존재나 어떤 차원의 생명과도 동등하다. 당신은 모든 것이 될 수 있는 열쇠를 이미 가지고 있다. 그러니 세상 곳곳을 헤매며 찾기 전에, 먼저 자신이 누구인지 아는 것, 그것이 가장 중요하다.

이 존재들은 실제로 존재한다. 그들의 위대함은 전설로 전해지고, 그들이 할 수 있는 일은 실로 경이롭고, 그들이 당신과 나눌 수 있는 것들은 한마디로 장엄하다. 그러나 모든 현실에는 하나의 법칙이 있다. 현실은 현실을 만든 존재와 깊이 연결되어 있다는 것이다. 당신이 의식 속에서 어떤 존재인가에 따라, 그에 맞는 현실이 당신의 삶에 나타난다. 이것이 현실이 형성되는 방식이며, 이 법칙에는 예외가 없다. 그들이 어떤 모습이든, 어떤 탈것을 타고 다니든, 어디에 살든 이 법칙은 똑같이 적용된다. 그리고 이 법칙을 누구보다 깊이 이해하고, 기술적으로 활용하는 방법까지 터득한 존재들이 있다. 왜냐하면 그들은 이 원리를 완전히 깨달았고, 그것을 기술적으로 활용하는 방법까지 익혔기 때문이다.

당신은 의식과 에너지(C&E®) 훈련을 통해 자기장의 법칙, 즉 서로가 같아지고 조화를 이루는 원리를 배우고 있다. 당신이 겪는 모든 일은 언제나 당신이 가진 위대함과, 당신의 수준에 맞게 일어난다. 당신의 의식이 계속 깨닫고 확장한다면, 자기장을 통해 그에 맞는 현실이 자연스럽게 끌려온다. 어떤 차원이나 시간, 어떤 모습의 현실이든 상관없다. 결국 당신은 언제나 자신의 의식 수준에 맞는 현실을 살게 된다.

위대한 사람의 삶은 언제나 알려지지 않은 것들로 가득하다. 그들을 진정으로 위대하게 만드는 것은 다름 아닌 의식이다. 그들의 의식은 그들의 업적, 지성, 그리고 살아낸 삶의 깊이와 품격 속에서 드러난다. 문명화된 인간보다 괴짜가 더 높은 존재다. 언제나 새로운 것을 믿고 받아들일 수 있었던 이들이 바로 괴짜였기 때문이다. 그 믿음이야말로 모든 것을 가능하게 만든 힘이었다. 의식과 에너지(C&E®) 훈련은 모든 현실의 문을 여는 열쇠다.

당신은 스스로 의식적으로 창조하지 않은 것을 쫓지 않는다. 그리고 미지(未知), 곧 존재 그 자체를 어떤 형상이나 이미지로 표현할 수 없다. 미지는 당신 앞에 놓인 가장 위대한 모험이며, 우주선들과 탑승자들보다 훨씬 더 큰 차원에 있다. 그들 역시 그 미지를 향해 나아가고 있기 때문이다. 그러나 미지는 그들에게만 가까운 것이 아니다. 당신에게도 똑같이 가까이 있으며, 오직 한순간의 깨달음 안에 존재한다. 미지는 어떤 이미지로 실현될 수

맺는말, 먼저 자신을 알라

없다. 만약 형상화된다면, 그것은 더 이상 미지가 아니기 때문이다. 미지는 의식이 새로운 차원, 아직 알 수 없는 차원과 만나는 것이다. 만남은 당신을 끌어당기고 의식을 넓혀 새로운 현실을 만든다. 그 일부가 되고 싶거나 그것을 배우고 싶어 하는 것은 당연한 일이다. 당신이 아직 그들과 가까워지지 못한 이유는, 자신을 그들과 동등하게 여기지 못했기 때문일 수 있다. 자신을 피해자라고 믿는 사람은 더 큰 피해를 끌어당긴다. 그리고 '나는 피해자다'라는 생각이 강할수록, 그에 맞는 가해자도 현실 속에서 더 강하게 나타난다. 동등하다는 것은, 의식과 에너지 안에서 그것을 현실로 만들어내는 것을 뜻한다. 오늘 당신이 상상한 것은 모두 실현될 수 있다. 당신이 직접 그것을 불러냈고, 그 가능성에 참여했기 때문이다.

당신이 배운 것은 내면의 신성과 우주적 의식, 그리고 현실을 창조하는 원리와 연결되는 열쇠다. 그것은 오직 당신만의 방식으로 열릴 수 있다. 당신은 자신만의 방식으로만 균형을 이룬다. 지금 당신이 의식을 확장해 가는 바로 그 행위가 거대한 현실을 창조하는 근원의 힘이다.

이 모든 것을 정리하면, 가장 놀라운 깨달음은 이것이다. 지금, 이 순간, 당신은 우주 안에 씨앗을 심고 있다는 사실이다. 당신이 심은 씨앗 중 어떤 것은 이미 어딘가에서 자라나, 기쁨 속에 삶을 살고 있을지도 모른다. 그것은 당신 존재가 얼마나 위대한지를 보여주는 증거이며, 동시에 당신을 향한 위대한 찬사다. 또 다른 찬사는, 당신 또한 별에서 비롯된 존재라는 사실이다. 당신은 빛과 아름다움을 지닌 위대한 신적인 존재로부터 태어났다. 설령 그것이 생명공학적으로 만들어진 것이라 해도, 생명의 나무와 가지들은 온 우주에 퍼져 있고, 당신은 나무에 맺힌 하나의 작은 도토리와 같다. 나무의 뿌리는 의식의 깊은 곳까지 뻗어 있어 모든 생명을 살리고 있다. 이것을 안다는 것은 정말 아름답고 놀라운 일이다.

의식은 아주 가까이 있다. 머리카락 한 올 거리, 단 한 번의 숨결만큼 가깝다. 비록 당신이 작은 움막에 앉아 있더라도 의식과 연결될 수 있으며, 뿌리로부터 더 깊은 깨달음을 얻을 수 있다. 어쩌면 고향에 씨앗을 뿌리려 애쓰는 형제들보다 더 큰 통찰을 얻게 될지도 모른다. 의식은 누구도 차별하지 않는다. 생명나무의 뿌리이며, 모든 사람이 그 뿌리에 똑같이 연결되어 있다. 그러니 당신 역시 그들을 이해할 자격이 있다. 사랑을 배운 이에게, 사랑은 모든 경계를 넘어선다. 그 사랑은 황홀하고 강렬하며, 때로는 집요하고 집착처럼 보일 수 있지만, 결국 본질로서의 사랑은 모든 조건을 뛰어넘는다. 바로 그 사랑이 서로 다른 별에서 온 존재들조차 하나로 잇는 힘이다. 그 사랑의 씨앗은 의식 안에 심어진 영원한 생명력이다.

자신을 사랑하는 법을 배우고 신으로 성장해 갈 때, 당신은 타인을 사랑할 수 있게 된다. 그리고 자신과 닮은 존재들로 가득한 우주 전체와 교류할 자격을 얻게 된다. 당신을 그들과 갈라놓았던 유일한 것은 무지, 그리고 그 무지를 붙잡으려는 고집뿐이었다. 당신이 빛의 우주선을 보고 싶다고 말할 때, 그것은 미친 것이 아니라 용기 있는 일이다. 작은 신비한 존재들을 보고 싶어 할 때, 그것은 소심함이 아니라 대담함이다. 빛의 흐름을 타고 차원을 넘는 여행을 원할 때, 그것은 정신 나간 것이 아니라 축복받는 일이다. 그리고 그 모든 가능성의 문을 여는 열쇠는 바로 당신 자신이다. 당신은 의식과 에너지(C&E®) 훈련을 통해 그 기회를 스스로 창조했고, 자신의 현실에 생명을 불어넣었기 때문이다. 그래서 지금, 당신은 바로 이 자리에 존재하는 것이다.

이제 마지막으로 이 말을 기억하라. 자기장은 단순히 빛으로 우주선을 떠받치는 힘이 아니다. 모든 것을 똑같이 만드는 근본 원리다. 당신은 의식 안에서 만든 것을 감정의 에너지로 끌어당겨 삶으로 끌어당긴다. 지금 이

자리에서 당신은 아름답고, 흥미롭고, 모험 가득한 다리들을 놓고 있다. 당신은, 지평선 너머뿐 아니라, 태양 넘어, 북극성 너머까지 닿아 있는 자기장을 이미 만들어냈기 때문이다. 이제부터 펼쳐질 현실은 나, 람의 것이 아니다. 당신 자신이 창조한 현실이다. 그리고 그 현실은 아름답고, 놀랍고, 때로는 엉뚱한 방식으로 당신을 찾아온다. 가장 예기치 못한 순간에 창조되는 현실은 당신을 향해 직접 다가온다. 즐거운 일이 생기면 나를 기억하라. 그러하리라(So be it).

나는 빛의 우주선이 흥미롭다는 것을 안다. 하지만 사랑은 그보다 더 위대하다. 지금, 이 순간 당신이 의식을 고정하면 에너지가 영혼을 가득 채운다. 그리고 호흡할 때마다 그 에너지가 자기장처럼 당신을 근원으로 끌어당긴다.

기억하라. 나는 당신을 처음부터 끝까지, 그리고 당신이 집으로 돌아가는 그 여정 내내 변함없이 사랑한다.

내 존재 안에 계신 주 하나님으로부터 사랑을 부른다.

그러하리라(So be it). 나는 당신을 사랑한다.

> "당신이 집으로 돌아갈 때, 더 이상 예전의 당신이 아니다.
> 세상의 모든 환상을 꿰뚫어 보고, 기쁨을 발견한다.
> 그리고 지금, 이 세상에 꼭 필요한 현실을 스스로 창조할 힘을 지닌다. 그 여정의 모든 순간을 끝까지 견뎌낼 수 있도록, 은총이 당신과 함께한다. 단 하나의 실, 곧 하나님이라는 이름 아래, 그 모든 것은 오직 당신을 위한 것이다."

- 람타

에필로그

JZ 나이트가 밝히는 설명, 람타의 크롭 서클의 의미

당신께 꼭 보여 드리고 싶은 것이 있습니다. 그것은 바로 우리가 입고 있는 셔츠에 새겨진 상징, '담배 피우는 외계인' 크롭 서클입니다. 제 오랜 친구 레베카 카페지오는 영국 남부를 헬리콥터로 여행하던 중, 이 크롭 서클을 발견하여 직접 사진으로 남겼습니다.

누군가가 이 크롭 서클을 만들었다는 이야기는 사실이 아닙니다. 이것은 기존의 어떤 크롭 서클과도 비교할 수 없을 만큼 압도적입니다. 과연 누가 이것을 만든 것일까요? 이것이 바로 지금 제가 당신께 묻고 싶은 질문입니다.

람은 몇 해 전 이렇게 말했습니다. "내가 하나의 크롭 서클을 만들 것이다. 그리고 당신이 그것을 보게 되면, 단번에 그것이 무엇인지 알아볼 것이다. 내가 무슨 말을 해왔는지를 그때야 이해할 것이다." 지금 나는 그가 했던 말을 내 식으로 전하고 있습니다. 그렇다면 이 크롭 서클은 과연 그가 예고했던 일이 실제로 미래에서 실현된 것일까요? 이 크롭 서클을 한번 보십시오. 머리 위에 그려진 일곱 개의 도형은 각각 무엇을 의미하는지 아시겠습니까? 가장 바깥쪽부터, 의식과 에너지가 펼쳐지는 스펙트럼을 하나씩 떠올려 보십시오. 무한 미지, 감마, 엑스선, 자외선 블루, 여기까지가 네 번째 단계입니다. 그리고 그 위에는 외계인의 형상이 놓여 있습니다. 혹시 눈치 채셨나요? 이 크롭 서클에는 가시광선도, 적외선도, 헤르츠 주파수도 보이지 않습니다. 아마 이쯤에서 이렇게 생각하게 될지도 모르겠습니다. "왜 나는 지금까지 한 번도 이런 식으로 생각해 본 적이 없었을까?"

우리가 아는 개념으로 표현하자면, 이 외계 존재는 자외선 푸른빛의 모습입니다. 하지만 람타의 가르침을 배우지 않았다면, 이 상징의 의미를 이해하기 힘들 것입니다. 그러나 만약 당신이 의식과 에너지는 본질적으로 하나이며, 모든 정보는 주파수를 통해 전달된다는 원리를 이해하고 있다면, 당신은 곧 알게 될 것입니다. 모든 주파수는 그 자체로 하나의 정보라는 사실을.

당신이 원리를 이해하고 있다면, 이제 이 그림을 보며 이렇게 말할 수 있을 것입니다. "좋아, 이 그림을 한번 읽어보자. 왜냐하면 이 그림은 하나의 이야기를 담고 있기 때문이다." 그리고 그 이야기는 이와 같습니다. 찬란한 존재로부터 일곱 개의 광선이 퍼져 나오고 있습니다. 당신이 람타의 가르침을 받은 사람이라면, 이 그림을 바라보며 자연스럽게 이런 질문을 던지게 될 것입니다. "이 존재는 지금 나에게 무엇을 말하고 있는가?" "이 그림은 어떤 메시지를 전하려 하는가?" 메시지는 분명합니다. 그는 블루바디 (Blue Body®) [20]로 나타났으며, 그 안에는 가시광선도, 적외선도, 헤르츠 주파수도 존재하지 않습니다. 즉, 에너지는 네 번째 단계에서 멈춰 있는 것입니다. 그렇다면 이 그림과, 이 특이한 필드의 형상이 전하려는 메시지는 무엇일까요? 우리는 곧 깨닫게 됩니다. 이 외계 존재는 바로 람타 자신을 묘사하고 있다는 것을. 그렇다면 우리는 어떻게 그것을 확신할 수 있을까요? 이유는 단순하면서도 상징적입니다. 그가 파이프를 피우고 있기 때문입니다. 단지 하나의 행위가 아니라, 개체로서의 개성과 본질을 드러내는 고유한 표현이

---

20) 블루바디 용어 정리 참조

에필로그: JZ 나이트가 밝히는 설명, 람타의 크롭 서클의 의미

며, 람타를 아는 사람이라면 누구나 알아볼 수 있는 그의 상징적 특징입니다. 비록 우리가 모든 것에 전적으로 동의하지 않는다 해도, 어떤 부분에서는 각자 다른 생각과 느낌을 가질 수 있습니다. 그러나 결국 우리는 성장하게 될 것입니다. 그리고 마침내, 모든 존재는 저마다 고유한 방식으로 자신을 표현하고 있다는 사실을 이해하는, 아름답고 넓은 마음을 지니게 될 것입니다. 이것은 매우 중요한 전환입니다. 우리는 이제 더는 옳고 그름, 좋고 나쁨을 가르던 낡은 사고방식에 갇혀 있지 않다는 뜻이며, 그러한 이원적인 판단의 틀을 벗어났다는 것을 의미합니다. 우리는 더 이상 그처럼 신경질적이고 제한적인 판단의 영역에 머무르지 않습니다. 이제 우리는 그곳으로부터 자신을 해방한 존재들입니다.

자, 여기 람타가 파이프를 피우는 외계 존재의 모습으로 등장합니다. 그는 분명히 블루바디 형태로 구현되어 있으며, 나에게 나타날 때도 언제나 블루바디(Blue Body)로 다가왔습니다. 잠시만요. 당신이 이 이야기를 어디로 이끌고 싶어 하는지 나는 알고 있습니다. "아, 그렇다면 그는 파란색 존재란 말인가요?" 아닙니다. 그는 파란 존재가 아닙니다. 이 개념의 본질은 그가 가시광선의 양극성 영역을 초월한 존재라는 데에 있습니다. 그는 빛의 스펙트럼 전체를 넘어선 차원에 존재하며, 그의 본성과 인격 또한 그러한 모든 한계를 훌쩍 뛰어넘고 있습니다. 람타의 개성과 존재성은, 그가 늘 물고 있는 파이프와도 깊이 연결되어 있습니다. 그것은 단순한 습관적 행위가 아니라, 그가 누구인지를 상징적으로 드러내는 표식입니다. 어디에서 보더라도, 결코 놓칠 수 없는 특징이지요. 그래서 우리는 그를 때때로 애정 어린 마음으로 종종 노인이라 부르곤 합니다. 그는 실제로 오래된 존재이며, 이제는 들판 위에 기묘한 형상의 그림 하나를 남겨 그것을 볼 줄 아는 눈과, 이해할 줄 아는 마음을 지닌 이들에게 암호화된 메시지를 전하고 있는 것입니다. 그리고 우리는 알고 있습니다. 파이프를 문 외계 존재, 몸에서 광선이 뻗어 나오는 그 형상은 의심할 여지 없이 람타 자신이라는 것을.

— JZ 나이트, 「Fresh Air III」,
2014년 7월 27일, 워싱턴주 옐름 강연 중에서

용어 정리

람타의 가르침과 훈련법, 그리고 개인의 변형과 집중을 위한 다양한 기법들에 대해 더 알고 싶다면, 다음 주소로 문의하시거나 웹사이트를 방문하시기를 바랍니다.
Ramtha's School of Enlightenment
P.O. Box 1210, Yelm, WA 98597, U.S.A.
www.ramtha.com

람타의 저서 **『현실 창조 입문 가이드』(제3판, JZK 퍼블리싱, 2004)**에는 그의 가르침과 훈련법, 그리고 깨달음 학교에 대한 람타의 서문이 담겨 있습니다.

아날로지컬 마인드(Analogical Mind)
아날로지컬 마인드는 지금, 이 순간에 살아가는 것을 의미합니다. 창조적인 순간이며, 시간과 과거, 감정의 영역을 벗어난 상태입니다.

밴드(Bands, The)
밴드는 인체를 감싸며 뭉쳐 있게 하는 7가지 주파수를 가진 두 개의 띠를 의미합니다. 각 밴드의 7가지 주파수는 인체 내에 있는 7개의 의식 차원과 연결된 7개의 썰과 상호 작용을 합니다. 밴드는 바이너리 마인드와 아날로지컬 마인드의 처리를 허용하는 오라장입니다.

바이너리 마인드(Binary Mind)
두 개의 분리된 마음을 의미합니다. 바이너리 마인드는 개별적 존재들의 지식과 육체적 경험들이 잠재의식과 연결되지 않은 채 만들어진 마음 상태를 말합니다. 바이너리 마인드는 1, 2, 3차원을 기준으로 얻은 지식과 이해 그리고 신피질의 사고방식에만 의존합니다. 이러한 마음 상태에서는 4, 5, 6, 7차원의 썰들은 닫혀 있습니다.

블루 바디(Blue Body)
4차원, 즉 브릿지 의식과 자외선 주파수 밴드에 속한 육체이며 라이트 바디와 물질계 위에 존재합니다. 람타가 가르치는 훈련 중 하나로 학생들이 자신의 의식을 4차원의 의식 수준으로 끌어올리는 훈련입니다. 우리를 블루 바디에 진입하게 하고 4번째 썰을 열게 합니다. 람타가 전수하는 훈련으로 학생이 치유와 육체의 변화를 목적으로 자신의 의식을 4차원 의식과 블루 바디로 올리는 것입니다. 이 기법은 람타의 깨달음 학교에서만 독점적으로 가르쳐집니다.

육체/마음 의식(Body/Mind Consciousness)
물질계와 인간의 육체에 속하는 의식입니다.

생명의 서(Book of Life)
람타는 영혼을 생명의 서라고 말합니다. 영혼에는 개인의 하강과 진화의 모든 여정이 지혜의 형식으로 기록되어 있습니다.

C&E®
창조의 호흡, 의식과 에너지가 현실의 본질을 창조한다는 뜻입니다.

C&E®
의식과 에너지의 약자입니다. C&E는 람타 깨달음 학교에서 가르치는 기초 훈련법으로 의식을 끌어올리고 구현하는 훈련을 말합니다. 이 훈련을 통하여 학생들은 아날로지컬 마인드 상태로 들어가는 법, 상위의 4개의 씰을 여는 법, 그리고 보이드(Void)로부터 현실을 창조하는 법을 배웁니다. 람타 스쿨에 처음 입문하는 학생들을 위한 소개 워크숍이며 이 워크숍에서 학생들은 람타의 가르침에 대한 기본적 개념과 훈련 방법을 배웁니다.

하루 창조하기(Create Your Day)
람타가 만든 훈련으로 하루를 시작하기 전인 이른 아침, 의식과 에너지를 끌어올려 그날 일어날 다양한 경험과 사건들을 강한 의도로 창조하는 기술입니다. 이 기술은 람타의 깨달음 학교에서만 독점적으로 가르칩니다.

필드워크(Fieldwork®)
람타 깨달음 학교의 기초 훈련 중 하나입니다. 학생들은 자신이 알고 싶거나 경험하고 싶은 것을 종이 카드에 상징으로 그려 창조하는 법을 배웁니다. 그런 후 카드의 뒷면이 밖으로 향하도록 큰 운동장 울타리 사면에 부착합니다. 학생들은 안대를 하고 그들의 상징에 정신을 집중한 채 자유롭게 걸으면서 자신의 카드를 찾습니다. 의식과 에너지 그리고 아날로지컬 마인드의 법칙이 이 훈련에 적용됩니다.

제이지 나이트(JZ Knight)
제이지 나이트는 람타가 자신의 채널로 선정한 유일한 사람입니다. 람타는 제이지를 자신의 사랑스러운 딸이라고 말합니다. 그녀의 이름은 라마야였는데, 람타의 생애 동안 그에게 주어진 아이 중 가장 나이가 많았다고 합니다.

리스트(List, The)
람타가 가르치는 훈련 중 하나입니다. 학생들은 그들이 알고 경험하기를 원하는 사항들을 리스트로 적은 다음, 아날로지컬 의식 상태에서 집중하는 법을 배웁니다. 이 리스트는 사람의 신경망을 새롭게 디자인하고 바꾸며 재프로그래밍하기 위해 사용하는 지도와 같습니다. 이것은 그 사람의 내면에서 그리고 그들의 현실 속에서 의미 있고 지속적인 변화가 일어나도록 도와주는 도구입니다.

용어 정리

모/부 원리(Mother/Father Principle)
모든 생명의 근원, 아버지, 영원한 어머니, 보이드를 뜻합니다. 람타의 가르침에서 근원과 창조주(God)는 다릅니다. 창조주(God)는 제로 포인트 및 최초 의식으로 간주하지만, 근원이나 보이드 그 자체는 아닙니다.

이웃 걷기(Neighborhood Walk)
의식과 에너지를 끌어올려서 더 이상 원치 않는 신경망과 고정된 사고의 패턴을 우리가 선택한 새 신경망으로, 의도적으로 연결하고 변경시켜 새롭게 대체하는, 제이지 나이트가 고안한 훈련 기술의 서비스마크입니다. 이 테크닉은 람타 깨달음 학교(RSE)에서만 독점적으로 가르칩니다.

송신과 수신(Sending-and-Receiving)
송신과 수신은 람타가 가르치는 훈련의 명칭입니다. 이 훈련에서 학생은 감각을 배제하고 중뇌의 능력만을 사용하여 정보에 접속하는 법을 배웁니다. 이 훈련은 학생들의 텔레파시와 예지력 등을 발달시킵니다.

의식과 에너지의 일곱 단계
람타가 제시한 현실의 모델로서, 인간의 기원과 궁극적인 운명을 설명합니다. 이 모델은 시각적으로 삼각형 구조로 표현되며, 제7 단계가 가장 높은 꼭짓점에, 그 꼭대기에는 제로 포인트(Point Zero)가 위치합니다. 의식과 에너지는 결코 분리될 수 없는 하나이며, 이 일곱 단계는 전자기 스펙트럼의 7가지 파장에 각각 대응합니다. 또한 이 단계들은 에너지의 수준, 주파수, 질량의 밀도, 공간, 시간의 층위를 함께 나타냅니다.
각 의식 수준과 그에 상응하는 에너지의 단계는 다음과 같습니다:
 1. 잠재의식 - 헤르츠 주파수(Hertzian)
 2. 사회적 의식 - 적외선(Infrared)
 3. 자각 의식 - 가시광선(Visible Light)
 4. 다리 의식 - 자외선 블루(Ultraviolet Blue)
 5. 초의식 - 엑스선(X-ray)
 6. 초월의식 - 감마파(Gamma)
 7. 초초의식(Ultraconsciousness) - 무한 미지(Infinite Unknown)
이 일곱 단계는 인간 의식의 진화 여정이자, 존재가 점차 더 미세한 에너지와 고차원의 주파수로 자기 자신을 확장해 나가는 길을 상징합니다.

의식과 에너지의 일곱 개의 씰
의식과 에너지의 일곱 개의 씰(Seven Seals)은 인간의 몸에 존재하는 강력한 에너지 중심들로, 각각은 의식의 일곱 단계와 대응하며 에너지의 통로이자 의식의 관문 역할을 합니다. 이

씰들이 형성하는 에너지 밴드는, 인간의 신체가 에너지적으로 구조화되고 유지되는 방식을 보여줍니다. 모든 인간 존재의 처음 세 개의 씰에서는 나선형 에너지가 밖으로 뻗어 나오고 있으며, 이 에너지는 각각 다음과 같은 방식으로 나타납니다: 성(性), 고통, 권력. 이는 각각 인간 존재의 근원적 충동과 생존 본능을 상징합니다. 그러나 위쪽의 네 개의 씰이 열리게 되면, 더 높은 수준의 의식과 자각이 활성화되며, 인간은 자기 존재의 보다 깊고 높은 차원을 체험하게 됩니다.

탱크(Tank, The)
람타 깨달음 학교의 훈련 중 하나로 미로를 사용하는 훈련의 이름입니다. 학생들은 안대로 눈을 가린 채 손으로 벽을 만지거나 눈 혹은 다른 감각을 사용하지 않고 오직 보이드에만 집중해 입구를 찾아 들어가는 것을 배웁니다. 이 훈련의 목표는 안대로 눈을 가린 상태에서 그 미로의 중앙이나 보이드를 대표하는 지정된 방을 찾는 것입니다.

트와일라잇 심상화 과정(Twilight Visualization Process)
리스트 훈련 또는 다른 심상화 형태로 된 훈련을 연습하기 위한 과정입니다. 학생은 의식적으로 깨어 있는 상태를 유지하면서도, 깊은 수면에 가까운 이완 상태 속에서 집중된 의도를 통해 뇌의 알파파 상태에 접근하는 방법을 배우게 됩니다.

미지의 신(Unknown God)
미지의 신(God)은 람타의 선조들인 레무리아인들이 알았던 유일신입니다. 미지의 신(God)은 인간의 잊혀진 신성과 신성한 본질을 표현합니다.

보이드(Void, The)
물질적으로 아무것도 없는 광대함이지만 잠재적으로 모든 것이 존재하는 상태를 의미합니다. 부/모 원리(Mother/Father Principle) 참고.

람타 깨달음 학교에 대하여

람타 깨달음 학교(RSE)는 깨달은 존재 람타에 의해 설립된 의식 훈련을 위한 아카데미입니다.

이 학교는 고대의 지혜와 신경과학 및 양자물리학의 최신 발견을 통합하여, 모든 연령과 문화적 배경을 지닌 학생들에게 뇌의 비범한 잠재력에 접근하는 방법을 가르칩니다. RSE는 집중 훈련과 리트릿, 워크숍을 통해 학생들이 자신의 삶을 새롭게 창조하고 진정으로 '비범한 삶'이 되는 것을 실현할 수 있도록 안내합니다.

람타는 수 세기 전, 자신의 인간적 한계를 완전히 극복하고 깨달음에 이른 전설적인 스승입니다. 그는 현대에 다시 모습을 드러내어, 자신의 이야기를 전하고, 그 삶을 통해 얻은 지혜를 우리에게 가르치고 있습니다. 람타는 살아 있는 동안 인간 존재의 본질과 삶의 의미에 관한 질문을 스스로에게 던졌고, 깊은 관찰과 성찰, 고요한 사유의 여정을 통해 깨달음의 경지에 도달했습니다. 그는 이 과정을 통해 물질세계의 한계를 넘어섰고, 죽음마저도 초월했습니다. 그의 철학은 다름 아닌, 직접 살아낸 삶의 체험에서 우러나온 진실 위에 세워져 있습니다.

람타의 가르침은 하나의 종교가 아닙니다. 인생이라는 미스터리를 바라보는 데 있어, 기존의 틀을 뛰어넘는 독창적인 관점을 제시합니다. 람타는 각 개인이 자신의 현실에 온전히 책임이 있으며, 자신의 생각과 태도가 곧 삶을 형성하고 창조하는 힘임을 강조합니다. 따라서 누구든지, 의도적으로 자신의 생각을 바꾸고 다듬는 과정을 통해, 삶 역시 변화시킬 수 있다고 말합니다.

람타는 JZ 나이트(JZ Knight)의 몸을 매개로 하여, 자신의 지혜를 채널링이라는 방식으로 전달합니다. JZ 나이트는 1979년부터 공개적으로 람타를 채널링하기 시작했습니다. 람타 깨달음 학교(RSE)는 1988년 미국 워싱턴주 옐름(Yelm)에 설립되었으며, 그 이후 전 세계 10만 명이 넘는 사람들이 람타의 강연과 훈련 프로그램에 참여해 왔습니다.

JZ 나이트는 람타의 유일한 채널이자, 베스트셀러 자서전 『마음의 상태, 나의 이야기(A State of Mind, My Story)』의 저자입니다. 그녀의 삶과 활동을 오랫동안 연구해 온 역사학자들과 종교학자들은 JZ 나이트를 "위대한 미국의 채널(The Great American Channel)"이라 부르며, 현대 영성계에서 가장 카리스마 있고 강력한 영향력을 지닌 영적 지도자 중 한 사람으로 평가합니다. 람타는 오직 JZ 나이트만을 통해 자신의 메시지를 세상에 전하기로 선택했습니다. 지난 30여 년 동안, JZ 나이트와 람타는 고대의 지혜와 의식의 힘을 현대 과학의 최신 발견과 연결 지으며, 전 세계 수많은 이들에게 깊은 영감을 전해왔습니다.

람타 깨달음 학교(RSE) 본교 캠퍼스는 미국 워싱턴주 옐름(Yelm)의 80에이커(약 32만 제곱미터)에 달하는 목가적이고 울창한 자연 속에 자리하고 있습니다. 장대한 삼나무와 전나무 숲이 교정을 둘러싸고 있으며, 그곳에는 마치 시간의 흐름을 초월한 듯한 깊은 고요와 영적 정적이 감돌고 있습니다. 주요 강의와 훈련은 최대 1,000명까지 수용할 수 있는 대강당에서 진행됩니다. RSE는 이 옐름 캠퍼스를 중심으로 세계 각국의 주요 도시와 공식 인터넷 플랫폼 www.ramtha.tv를 통해 다국어로 실시간 프로그램을 제공하고 있습니다.

더 자세한 정보는 공식 웹사이트 www.ramtha.com을 방문해 주시기 바랍니다.

> "위대한 스승의 역할은 무엇인가? 그것은 인간의 마음이 평범한 질문을 넘어, 경계를 초월한 놀라운 질문들, 감히 상상조차 하지 못한 차원의 질문들을 던지도록 이끄는 것이다. 그리고 바로 그 질문이 던져지는 순간, 우리 안의 영이 깨어나며, 잠들어 있던 참된 영적 본성이 눈을 뜨게 된다."

> "당신은 무엇이든 할 수 있다. 그 열쇠는 집중이다."

> "언젠가 나는 이 학교에서 그리스도들을 길러낼 것이다. 그날이 오면 세상은 기뻐할 것이다. 왜냐하면 그것이 바로 이 학교가 존재하는 이유이기 때문이다."

― 람타